普通高等教育电气信息类应用型规划教材

数据库技术及应用

（Access 2007）

江若玫　陆丽娜　主编

科 学 出 版 社

北 京

内 容 简 介

本书共七章，主要包括数据库与数据库技术的基本概念和基础知识，使用 Access 2007 创建数据库与数据表及关系、查询、窗体，创建与打印报表，创建与使用宏和模块等。本书采用全程情景式教学、详细的图文对照等方式，并提供多媒体教学资源包，包括书中各章习题的参考答案、书中各个示例对应的素材与模板等，读者可以到网站下载或向本书责任编辑索取。

本书既可作为高等院校经济管理、信息管理及相关专业的教材，也可以作为各类 Access 用户以及办公人员的自学指导用书或各类培训班的教材。

图书在版编目（CIP）数据

数据库技术及应用：Access 2007 / 江若玫，陆丽娜主编. —北京：科学出版社，2012

（普通高等教育电气信息类应用型规划教材）

ISBN 978-7-03-033058-1

Ⅰ. ①数… Ⅱ. ①江… ②陆… Ⅲ. ① 关系数据库–数据库管理系统，Access 2007–高等教育–教材 Ⅳ.① TP311.138

中国版本图书馆 CIP 数据核字（2011）第 263864 号

责任编辑：陈晓萍／责任校对：刘玉靖

责任印制：吕春珉／封面设计：耕者设计工作室

科学出版社 出版
北京东黄城根北街16号
邮政编码：100717
http://www.sciencep.com

北京鑫丰华彩印有限公司印刷
科学出版社发行　各地新华书店经销

*

2012 年 1 月第 一 版　　开本：787×1092　1/16
2012 年 1 月第一次印刷　　印张：16 3/4
字数：395 000

定价：30.00 元
（如有印装质量问题，我社负责调换〈鑫丰华〉）

销售部电话 010-62142126　编辑部电话 010-62138978-8003

普通高等教育电气信息类应用型规划教材
编　委　会

前　言

数据库技术是有关数据管理的技术，它应数据管理任务的需要而产生于20世纪60年代中期。它的出现使计算机应用进入了一个新的时期——社会的每一个领域都与计算机应用发生了联系。数据库是数据管理的最新技术，是计算机科学的重要分支，数据库是建立管理信息系统的核心技术，当数据库与网络通信技术、多媒体技术结合在一起时，计算机应用将无所不在，无所不能。

Access是一种能对数据库进行维护、管理的系统软件，用户可以通过Access提供的各类视图、向导访问数据库，或者编写程序形成数据库应用软件，使非计算机专家也能自如地使用数据库系统。

学生只有带着目标学习才会有动力，因此我们在认真分析三本院校非计算机专业学生的认知特点的基础上，以"数据库技术应用"课程设置学习目标，以学以致用为原则，以全国计算机二级等级考试Access考试大纲为纲，以实习就业中的实际上岗应用需求为领来编写本书，帮助非计算机专业学生轻松取得计算机相关专业认证证书。

本书力求不拘泥于纯理论知识的论述或工具软件的介绍，以目前流行的桌面关系型数据库管理系统Access 2007作为教学软件，通过范例的教学方式，用通俗易懂的语言将数据库抽象的理论知识结合到各章Access数据库经典示例的学习中，对于容易出现问题之处给出了必要的提示信息，并且介绍了一些实用的操作技巧。

本书共七章，包括数据库技术概论、Access 2007数据库基础、表和关系、查询、窗体、报表、宏和模块。本书采用全程情景式教学、详细的图文对照等方式，并提供多媒体教学资源包，包括书中各章习题的参考答案、书中各个示例对应的素材与模板等，读者可以到网站（www.abook.cn）下载或向本书责任编辑索取（cxp666@yeah.net）。

在编写本书的过程中，我们参阅了许多数据库系统、计算机网络和计算机程序设计方面的教材和著作，并在书后的参考文献中列出，在此谨向其作者和出版社致以衷心的感谢。

由于编者水平所限，加之数据库技术发展日新月异，书中难免存在不妥之处，敬请广大读者指正。电子邮件地址：jiangruomei@126.com。

江若玫

2011年9月

目　　录

第 1 章

数据库技术概论

━━━━━━━━ **本章要点** ━━━━━━━━

　　数据库技术是数据管理的最新技术，是计算机科学的重要分支。本章从数据库系统的基础知识入手，为进一步学习与使用数据库打下必要的基础。本章重点介绍数据库的基本概念和基本理论，并结合 Microsoft Office Access 2007 讲解与关系数据库相关的基础知识。

本章内容主要包括：

- ➢ 数据库系统概念与组成
- ➢ 数据模型
- ➢ 关系数据库
- ➢ 关系的完整性
- ➢ 关系的规范化
- ➢ 数据库设计方法与步骤

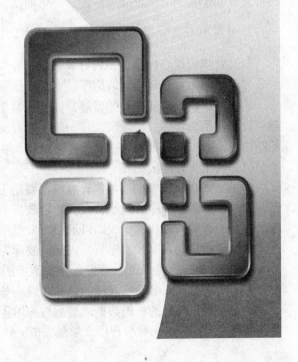

1.1 数据库基础知识

1.1.1 计算机数据管理的发展

在数据库系统中，首先遇到的最基本的概念便是数据。数据从何而来？它和人们常说的信息有何关系？

1. 数据、信息与数据处理

（1）数据

数据是现实中对事物的描述。例如，可以使用数字、文字、图表、图形、图像、声音等多种符号来描述事物，它们都可以经过数字化后存入计算机。例如，在 CCTV 的天气预报节目中，对于天气情况可以使用数字、声音、图形、图像和文字等多种数据形式来表示，数字只是其中非常简单的一种数据形式。

（2）信息

信息是从某些已知的数据出发，根据用户要求推导加工出的新数据。这些经过加工所得到的信息仍以数据的形式表现，此时的数据是信息的载体，而信息则是数据的内涵。

（3）数据处理

数据处理是将数据转换为信息的过程。在通过计算机处理数据获得信息时，数据是原料，信息是产品，工具是计算机。例如，美国苹果公司根据当年 iPad2 在各个国家的销售情况（数据），使用计算机（工具）统计分析出占全球市场份额最大的国家（信息），该信息有利于帮助公司管理者制定下一年的产品营销策略。

2. 计算机数据管理

数据处理的核心问题是如何对数据进行分类、组织、编码、存储、检索和维护，这一系列工作称为数据管理。数据库技术是数据管理技术发展的必然结果。

随着计算机软件和硬件的发展，计算机数据管理技术经历了人工管理、文件系统管理、数据库系统管理三个阶段。每一阶段的发展以数据存储冗余不断减小、数据独立性不断增强、数据操作更加方便和简单为标志，各有其特点。

（1）人工管理阶段

20 世纪 50 年代中期以前，计算机主要用于科学计算，硬件方面没有磁盘来存储数据，因此，数据和程序必须结合在一起，数据不独立，在计算某一课题时，把程序和对应的数据一起装入，计算完成即可退出，数据不保存；软件方面没有专门管理数据的软件，数据管理只能人工（程序员）进行，故称为人工管理阶段。

如图 1.1 所示的是人工管理阶段处理数据的方式。这两个 Visual Basic（简称 VB）程序分别用于计算五名学生成绩的总分和最高分。程序员将程序和数据编写在一起，每个程序都有属于自己的一组数据，数据与应用程序一一对应，所以数据不能共享，即便是几个程序（程序 1 求和与程序 2 求最大值）处理同一批数据（同样的五名学生成绩），运行时也必须重复输入，导致程序与程序间存在大量的重复数据，称为数据冗余。另外，数据的存储结构、存取方法、输入/输出方式完全由程序员在程序中自行设计和安排，数据的改变必然要修改程序。

```
Rem程序1. 求五名学生成绩的总分

Dim score As Variant .
Private Sub Form_Load()
Show
Dim Sum As Integer
score=Array(89, 76, 61, 99, 70)
Sum=0
For i=0 to 4
    Sum=Sum+score(i)
Next i
Print Sum
End Sub


            对同一批数据求和
```

```
Rem程序2. 求五名学生成绩的最高分

Dim score As Variant
Private Sub Form_Load()
Show
Dim Max As Integer
score=Array(89, 76, 61, 99, 70)
Max=score(0)
For i=1 to 4
  If Max < score(i) Then
      Max=score(i)
  End If
Next i
Print Max
End Sub
        对同一批数据求最大值
```

图 1.1　人工管理阶段应用程序处理数据的示例

（2）文件系统管理阶段

20 世纪 50 年代后期到 60 年代中期，计算机开始大量应用于管理方面。这时在硬件方面可直接存取的磁盘成为主要外部存储器（简称外存），这样大量需要长期保留的数据就可以与程序分离，并以数据文件的形式独立保存在计算机外存上，以便对其进行反复处理。在操作系统中也出现了专门的数据管理软件，称为文件系统。用户只需知道数据文件的名称，而不必知道数据存放在什么地方以及如何存储，文件系统就可以将相应的数据提供给用户使用，实现了"按文件名进行访问、按记录进行存取"的管理技术。

如图 1.2 所示的是文件系统管理阶段处理数据的方式。这两个 VB 程序仍然是计算五名学生成绩的总分和最高分，但是数据相对于程序有一定的独立性，可以以文件的形式独立保存。两个程序所处理的数据都来自存储在硬盘上的同一个数据文件"D:\Score.txt"，程序与数据之间形成了多对多的关系。一组数据可以被多个程序使用，一个程序可以使用多组数据，实现了数据共享。

```
Rem 程序3. 求五名学生成绩的总分

Private Sub Form_Load()
Show
Dim Sum As Integer
Sum=0
Open "D:\Score.txt" For Input As #1
Do While Not EOF(1)
    Input #1,x
    Sum=Sum+x
Loop
Close #1
Print Sum
End Sub

        对同一文件中的数据求和
```

```
Rem 程序4. 求五名学生成绩的最高分

Private Sub Form_Load()
Show
Dim Max As Integer
Max=0
Open "D:\Score.txt" For Input As #1
Do While Not EOF(1)
    Input #1 , x
    If Max<x Then
      Max=x
    End If
Loop
Close #1
Print Max
End Sub
      对同一文件中的数据求最大值
```

图 1.2　文件系统管理阶段应用程序处理数据的示例

但是在文件系统中，数据共享只能以文件为单位，造成了在不同的数据文件中可能会出现大量的重复数据，这不仅浪费了存储空间，同时也给数据的维护带来困难。为解决数据的独立性问题，实现数据的统一管理，达到数据共享的目的，产生并发展了数据库技术。

（3）数据库系统管理阶段

自 20 世纪 60 年代后期以来，计算机性能得到很大提高，应用也越来越广泛。同时，硬件方面出现了大容量且价格低廉的磁盘，软件方面操作系统已开始成熟。这种背景下，以文件系统作为数据管理手段已经不能满足应用的需求，于是为解决多用户、多应用共享数据的需求，使数据为尽可能多的应用服务，数据库技术便应运而生，出现了统一管理数据的专门软件系统——数据库管理系统，从而将传统的数据管理技术推向一个新阶段，即数据库系统管理阶段。

在这一阶段，数据库系统对数据的处理方式是将所有应用程序中使用的数据汇集在一起，使数据的组织和管理与具体的应用相脱离，全部交由数据库管理系统统一管理，这样不仅实现了数据与程序的完全独立，而且大大减少了数据冗余，真正实现了数据的共享。

通过上述内容，可以总结出三个阶段的特点，如表 1.1 所示。

表 1.1　数据管理技术发展的三个阶段

		人工管理阶段	文件系统管理阶段	数据库系统管理阶段
背景	应用背景	科学计算	科学计算、管理	大规模管理
	硬件背景	无直接存取存储设备	磁盘、磁鼓	大容量磁盘
	软件背景	无操作系统	有文件系统	有数据库管理系统
特点	数据的管理者	用户（程序员）	文件系统	数据库管理系统
	数据面向的对象	某一应用程序	某一应用	现实世界
	数据的共享程度	无共享，冗余度极高	共享性低、冗余度高	共享性高，冗余度低
	数据的独立性	不独立，完全依赖于程序	独立性差	具有高度的物理独立性和一定的逻辑独立性
	数据的结构化	无结构	记录内有结构、整体无结构	整体结构化，用数据模型描述
	数据的控制能力	应用程序自己控制（数据不保存）	应用程序自己控制（数据可长期保存）	由数据库管理系统提供数据安全性、完整性、并发控制和恢复能力

1.1.2　数据库系统

1. 数据库

数据库，顾名思义，就是存放数据的"仓库"，只不过这个仓库是"修建"在计算机的磁盘上，而且其中的数据必须按照一定的格式来存放。这就如同图书馆里的图书一样，为了便于查找，所有的书籍不能胡乱地堆放在一起，必须分门别类，按一定的规则来摆放。所以，数据库（database，DB）就是为实现一定的目的并按一定的组织方式存储于某种存储介质上的相关数据的集合。

2. 数据库管理系统

当人们将越来越多的数据组织成数据库后，需要经常对数据进行增加、删除、修改和检索等工作。既然图书馆有图书管理员帮人们快速地查找、整理图书，那么能不能在数据库系统中也安排一个"数据管理员"呢？

如图 1.3 所示为数据库管理系统（database management system，DBMS）。它是由一些编制好的计算机程序组成的系统软件，它能像图书管理员一样，为人们管理数据库中的数据，实现数据管理的各项功能，具体主要包括以下四大功能。

图 1.3　Access 2007 数据库管理系统

（1）数据定义功能

DBMS 提供了数据描述语言（data description language，DDL）来定义数据库的结构和数据之间的联系等。

（2）数据操纵功能

DBMS 提供了数据操纵语言（data manipulation language，DML）来完成用户对数据库提出的各种操作要求，实现数据的插入、检索、删除、修改等任务。

（3）数据运行管理

DBMS 可以完成对数据库的安全性控制、完整性控制、多用户环境下的并发控制等。例如，为了防止未经授权的用户对数据库的数据进行访问，保证数据不被恶意更改或破坏，DBMS 可以提供口令密码检查或者其他手段来验证登录用户身份，防止非法用户使用系统；也可以对数据的存取权限进行限制，只有通过检查后才能执行相应的操作，使每个用户只能按指定的权限使用数据库。例如，在教学管理系统中，学生对课程的成绩只能查询，不能修改。

（4）数据库维护功能

DBMS 还可以对已经建立好的数据库进行维护，主要包括数据库初始数据的输入，不同数据库之间数据的转换功能，数据库的备份，数据库的恢复。例如，当计算机系统发生硬件故障、软件故障或者因操作员的失误以及故意的破坏影响到数据库中数据的正确性，甚至造成数据库部分或全部数据的丢失时，DBMS 必须具有将数据库从错误状态恢复到某一已知的正确状态的功能。

事实上，数据库的建立、使用和维护等工作只靠 DBMS 是远远不够的，还要有专门的人员来完成，这些人员被称为数据库管理员（database administrator，DBA）。DBA 管理数据库系统为外部用户开发应用系统，使用数据提供良好的服务平台，但它们始终是充当一个不可或缺的配角。数据库系统中的主角还是终端用户，因为终端用户才是数据库系统的最终服务对象，也是它存在的根本目的。

3. 数据库应用系统

数据库应用系统（database application system，DBAS）指应用程序员使用数据库管理系统，所开发的解决终端用户实际问题的软件系统。例如，利用 Access2007 开发的图书馆管理系统、企业信息管理系统、财务管理系统、教学管理系统等，都属于数据库应用系统。

4. 数据库系统的特点

与人工管理和文件系统相比，数据库系统的特点主要表现为以下几个方面。

（1）数据结构化

在文件系统中，相互独立的文件内部是有结构的。传统文件的最简单形式是等长同格式的记录集合。例如，一个学生人事记录文件，每个记录都有如图 1.4（1）所示的记录格式。

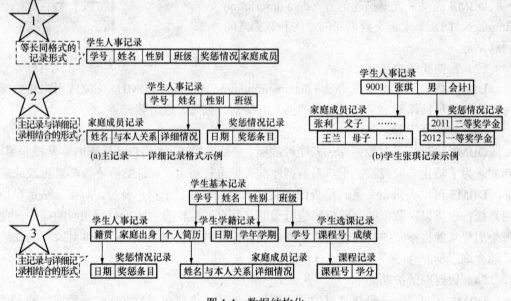

图 1.4　数据结构化

其中前四项数据是任何学生都必须具有的而且基本上是等长的，而各个学生的后两项数据的信息量大小变化较大。如果采用等长记录的形式存储学生数据，则为了建立完整的学生档案文件，每个学生记录的长度必须等于信息量最多的记录的长度，因而会浪费大量的存储空间。所以，最好是采用变长记录或主记录与详细记录相结合的形式建立文件。也就是将学生人事记录的前四项数据作为主记录，后两项数据作为详细记录，则每个记录为如图 1.4（2a）所示的记录格式，其中学生张琪的记录如图 1.4（2b）所示。

这样可以节省许多存储空间，灵活性也相对提高。但这样建立的文件还有局限性，因为这种结构上的灵活性只是针对一个应用而言。而一个学校或一个组织通常会涉及许多应用，在数据库系统中不仅要考虑某个应用的数据结构，还要考虑整个组织的数据结构。例如，在一个学校的信息管理系统中不仅要考虑学生的人事管理，还要考虑学籍管理、选课管理，同时还要考虑教工的人事管理、科研管理等应用，可按如图 1.4（3）所示的方式为该校的信息管理系统组织其中的学生数据。

这种数据组织方式为各部分的管理提供了必要的记录，使数据结构化。这就要求在描述数据时不仅要描述数据本身，还要描述数据之间的联系。

在文件系统中，尽管其记录内部已有了某些结构，但记录之间没有联系。数据库系统则在整体上实现了数据的结构化，这是数据库的主要特征之一，也是数据库系统与文件系统的本质区别。

在数据库系统中，数据不再针对某一应用，而是面向全组织，具有整体的结构化。不仅数据是结构化的，而且存取数据的方式也很灵活，可以存取数据库中的某个数据项、某组数据项、某个记录或某组记录。而在文件系统中，数据的最小存储单位是记录，且粒度不能细到数据项。

（2）数据的共享性高，冗余度低，易扩充

数据库系统从整体角度看待和描述数据，数据不再面向某个应用而是面向整个系统，因此数据可以被多个用户、多个应用共享使用。数据共享可以大大减少数据冗余，节约存储空间。数据共享还能够避免数据之间的不相容性与不一致性。

所谓数据的不一致性是指同一数据不同拷贝的值不一样。采用人工管理或文件系统管理时，由于数据被重复存储，当不同的应用使用和修改不同的拷贝时就很容易造成数据的不一致。在数据库中数据共享，减少了由于数据冗余造成的不一致现象。

由于数据面向整个系统，并且是有结构的数据，不仅可以被多个应用共享使用，而且容易增加新的应用，这就使得数据库系统弹性大，易于扩充，可以适应各种用户的要求。还可以取整体数据的各种子集用于不同的应用系统，当应用需求改变或增加时，只要重新选取不同的子集或加上一部分数据便可满足新的需求。

（3）数据独立性高

数据独立性是数据库领域中一个常用术语，包括数据的物理独立性和数据的逻辑独立性。物理独立性是指用户的应用程序与存储在磁盘上的数据库中的数据是相互独立的。也就是说，数据在磁盘上的数据库中怎样存储是由 DBMS 管理的，用户的应用程序不需要了解，应用程序要处理的只是数据的逻辑结构。因此当数据的物理存储改变时，应用程序不用改变。逻辑独立性是指用户的应用程序与数据库的逻辑结构是相互独立的，也就是说，当数据的逻辑结构改变时，应用程序可以不变。

数据与程序的独立，把数据的定义从程序中分离出去，加上数据的存取又由 DBMS 负责，从而简化了应用程序的编制，大大方便了应用程序的维护和修改。

综上所述，数据库（DB）、数据库管理系统（DBMS）、数据库应用系统（DBAS）和数据库系统（DBS）是四个不同的概念。数据库系统是一个整体系统，由计算机硬件与操作系统、数据库及数据库管理系统和数据库应用系统以及各类人员组成。如图 1.5 所示，数据库管理系统是在操作系统支持下，对数据库进行管理的工具软件。数据库管理系统如同一座桥梁，一端连接面向用户的数据库应用系统，另一端连接存放数据的数据库。数据库管理系统的操作对象是数据库，也是数据库与外界交互的唯一接口；数据库管理系统的服务对象是数据库应用系统，数据库应用系统和用户必须通过数据库管理系统才能实现对数据库的定义、查询、更新、插入和删除等功能。所以说，数据库管理系统是数据库系统的核心。

计算机硬件与　　数据库　　数据库管理系统　　数据库应用系统
操作系统

图 1.5　DB、DBMS、DBAS 和 DBS 之间的关系

1.1.3　数据模型

现实世界是设计数据库的出发点，也是使用数据库的最终归宿。数据库中存储和管理的数据都来自现实生活中的客观事物，而计算机不能直接处理现实世界中的具体事物。那么，如何才能将现实生活中这些"看得见"、"摸得着"的真实存在的具体事物都转换成数据库中计算机能够处理的数据呢？

如图 1.6 所示，这个转换过程需要经历以下两个必不可少的步骤。

1）抽象化。将现实世界的数据特征抽象为人类大脑中（概念世界）既不依赖于具体的计算机系统又不依赖于具体的 DBMS 的概念模型。

2）数字化。将概念模型转换为计算机中某个 DBMS 支持的数据模型。

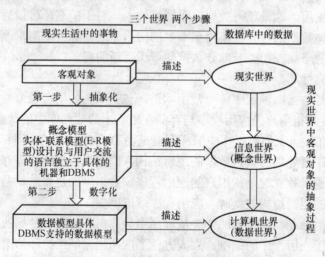

图 1.6　现实世界中客观对象的抽象过程

上述过程是一个从现实到概念再到数据的过程，其中用于描述现实世界的工具就是数据模型（data model）。根据模型应用的不同层次和目的，可以将模型分为两类：第一类是概念模型，是概念世界中的通用语言；第二类是数据模型，是数据库中数据的存储方式。

 **提　示**

> 模型的概念对人们来说并不陌生，如建筑设计中的模型、精巧的航模等，它们都能预先将具体实物的外观和结构展现在人们面前，是可直接感知的具体模型。一眼望去，就能让人感觉到真实生活中的事物。所以，模型是现实世界特征的模拟和抽象。那么，数据模型也是一种模型，与一般模型不同的是，它的感官效果没有那么直接和具体，它是现实世界数据特征的抽象。

1. 概念模型

在数据库设计阶段，人们使用概念世界的通用语言——概念模型，来将现实世界中的客观事物及事物之间的关系真实地描述出来。因为概念模型是现实世界中的客观对象在人脑中（概念世界）的反映，所以它既不依赖于具体的计算机系统又与某一数据库管理系统无关。

（1）基本概念

在概念世界中，将现实世界里客观存在并可相互区分的事物，称为实体。实体所具有的外在特征，称为属性。属性值的集合表示一个实体，而属性的集合表示一种实体的类型，称为实体型。同类型实体的集合称为实体集。

例如，要管理学生信息，在概念世界中，就可以用学生（学号，姓名，性别，班级）实体型，将现实世界中的学生描述出来。（010501，张晓兰，女，电子商务 01 班）就代表现实世界中一名具体的学生。属性的取值范围称为域，如，可以限定学号的域为六位数字，性别只能是"男"或"女"。而全体学生的集合就是一个实体集。如果某个属性或属性组合能够唯一地标识出实体集中的各个实体，则称为码，如学号。

（2）实体间的联系

现实世界中的客观事物往往不是孤立存在的，还需要将现实世界中相关事物之间错综复杂的关系抽象为概念世界里实体之间的联系。从参与联系的两个实体集的数量关系来说，实体之间的联系可以分为三种：一对一，一对多和多对多。

一对一联系表示对于实体集 A 中的每一个实体，实体集 B 中至多有一个实体与之联系，反之亦然，则称实体集 A 与实体集 B 之间具有一对一联系，记为 1∶1。例如，现实世界中的国家与行政首都、班级和班长都是典型的 1∶1 联系。

一对多联系是最基本的联系类型。如果对于实体集 A 中的每一个实体，实体集 B 中可以有多个实体与之关联，而对于实体集 B 中的每一个实体，实体集 A 至多有一个实体与之联系，则称实体集 A 与实体集 B 之间具有一对多联系，记为 1∶n。例如，一个班级可以有多名学生，但一名学生只能属于一个班级，则班级与学生之间具有一对多联系。

多对多联系类型是客观世界中事物间联系的最普遍形式，如果对于实体集 A 中的每一个实体，实体集 B 中可以有多个实体与之联系，而对于实体集 B 中的每一个实体，实体集 A 也可以有多个实体与之联系，则称实体集 A 与实体集 B 之间具有多对多联系，记为 m∶n。实际生活中多对多联系的实例也很常见。例如，一门课程同时有若干名学生选修，而一名学生可以同时选修多门课程，则课程与学生之间具有多对多联系。

提 示

> 一对一联系是一对多联系的特例，一对多联系又是多对多联系的特例。多对多联系直接处理起来很困难，通常是将多对多联系转化为几个一对多联系来处理。概念模型和各种数据模型均不支持多对多联系，只支持一对一联系和一对多联系。

（3）概念模型的表示方法

概念模型用于概念世界的建模，是现实世界到概念世界的第一层抽象，是数据库设计人员进行数据库设计的有力工具，也是数据库设计人员和用户之间进行交流的语言。因此概念模型一方面应该具有较强的语义表达能力，能够方便、直接地表达应用中的各种语义知识；另一方面它还应该简单、清晰、易于用户理解。概念模型的表示方法很多，其中最为常用的是实体-联系模型（entity-relationship model），简称 E-R 模型。图 1.7 为学生成绩管理系统部分 E-R 图与制图规则。

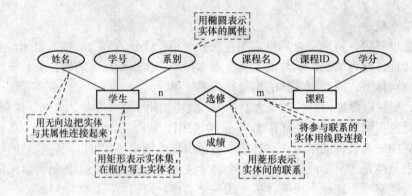

图 1.7　E-R 图实例

人们把概念模型用 E-R 图表示仅仅是为了更清晰地表示实体及实体之间的联系。在 E-R 图中，实体型、属性和联系的表示方法如下。

1）实体型：用矩形表示，矩形框内写明实体名。

2）属性：用椭圆形表示，并用无向边将其与相应的实体连接起来。

例如，学主实体具有学号、姓名、性别、出生年份、系别、入学时间等属性，用 E-R 图表示，如图 1.7 所示。

3）联系：用菱形表示，菱形框内写明联系名，并用无向边分别与有关实体连接起来，同时在无向边旁标上联系的类型（1∶1，1∶n 或 m∶n）。

 **提 示**

> 需要注意的是，联系本身也是一种实体型，也可以有属性。如果一个联系有属性，也应用无向线段将属性与该联系连接。如图 1.7 所示，学生选修某门课程所取得的成绩，既不是学生的属性也不是课程的属性。由于"成绩"既依赖于某名具体的学生又依赖于某门具体的课程，所以它是学生与课程之间的联系"选修"的属性。

2. 数据模型的分类

将概念世界中的概念模型（E-R 模型）进一步转化为数据世界中便于数据库管理系统处理的数据模型。

为了准确地反映事物本身及事物之间的各种关系，数据库中的数据必须有一定的结构，这种结构用数据模型来表示。数据模型将概念世界中的实体及实体间的联系进一步数据化为便于计算机处理的形式。目前，数据库领域中常用的数据模型有三种，它们的区别在于数据结构不同，即实体之间联系的表示方式不同。常用的模型有层次模型、网状模型和关系模型三种。其中，层次模型和网状模型统称为非关系模型。

 提　示

> 数据世界是概念世界数据化后的产物，即概念模型的数据化实现。在数据世界中，概念模型被抽象为数据模型，概念世界的实体被数据化为记录，概念世界的实体属性被数字化为数据项，而实体间的联系反映为记录间的联系。由于数据世界中数据模型与所选用的计算机系统及数据库管理系统密切相关，因此数据世界也称为机器世界（或计算机世界）。

下面以上一节的学生选课成绩管理为例，来对层次模型、网状模型、关系模型进行介绍。

（1）层次模型

层次数据模型（hierarchical data model，简称层次模型）用一棵倒置的树来表示实体及实体间的联系，树由节点和带箭头的连线组成，树中每个节点表示一个记录类型，描述一个实体，每个记录类型包含若干个字段，描述实体的属性。树有根、枝、叶，在这里都称为节点，这些节点应满足：有且仅有一个节点没有双亲，该节点称为根节点；根以外的节点有且仅有一个双亲。节点之间使用带箭头的连线连接以反映它们之间的关系，上一层实体与下一层实体间的联系形式为一对多。

如图 1.8 所示，该层次数据模型有四个记录型：记录型"系"是根节点，由"系编号"、"系名"和"系办地址"三个字段组成。它有两个子女节点，即班级和教师。记录型"班级"是系的子女节点，同时又是学生的双亲节点，它由"班级编号"和"班主任"两个字段组成。记录型"学生"由"学号"、"姓名"和"性别"三个字段组成。记录型"教师"由"职工号"、"姓名"和"性别"三个字段组成。学生与教师都是叶节点，它们没有子女节点。记录型之间的联系通过指针实现。系到班级、系到教师、班级到学生均是一对多联系。任何一个给定的记录值只有按其路径查看，才能显示其全部意义，没有一个子女记录值能够脱离双亲记录值而独立存在。也就是说，对子女节点的存取操作必须通过对祖先节点的遍历才能进行。

从图 1.8 中可以看出，层次模型的特点是全部数据必须以有序树的形式组织起来，即通向每个节点的存取路径是唯一的。不同层次间的数据直接关联，但它们很难建立横向联系，这就使得层次数据库系统只能处理 1：1 或 1：n 的实体联系，但不能直接表示多对多联系。适于描述现实世界中具有层次结构的事物，如行政机构、家族关系等。但在城市交通管理系统中，每一条道路都可能与另外几条道路相联系，很显然用层次结构是难以实现对其管理的。

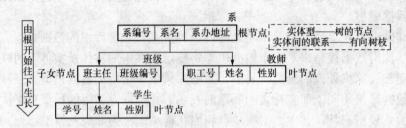

图 1.8 层次模型

（2）网状模型

网状数据模型（network data model，简称网状模型）克服了层次模型难以表示多对多联系的缺陷，可以直接表示多对多的数据关系，它用网状结构来表示实体及实体间的联系，并且突破了层次模型的两大限制：它允许任何一个节点有多个双亲节点；或者可以有多个节点而没有双亲节点。网状模型中的每一个节点代表一个记录型（实体），每个记录可包含若干个字段，记录之间的联系是通过指针来实现的。

图 1.9 给出了学生选课成绩管理的网状模型。该模型中每门课程可以被多名学生选修，每名学生可以选修多门课程，即学生记录中的一个值可以与选课记录中的多个值对应，而选课记录中的一个值只能与学生记录中的一个值联系。同样，课程与选课之间的联系也是一对多的联系。

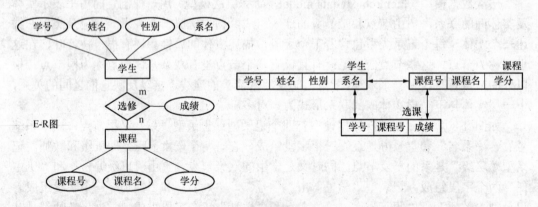

图 1.9 网状模型

但由于网状模型结构复杂，难以实现数据结构的独立，即数据结构的描述保存在程序中，改变结构就要改变程序，因此目前已不再是流行的数据模型。

（3）关系模型

用二维表结构来表示实体之间联系的模型称为关系数据模型（relational data model，简称关系模型）。关系数据库采用关系模型作为数据组织方式。概念模型中的每个实体和实体之间的联系都可以直接转换为对应的二维表形式，一个关系表示一个实体集，联系也用关系表示，不同关系间的联系还可通过共同属性表现。

　　每个二维表称为一个关系，一个二维表的表头，即所有列的标题称为关系的型（结构），其表体（内容）称为关系的值。二维表中的每一列代表实体或实体间联系的某种属性，二维表中的一行称为一个元组，是记录类型的实例，代表了某个具体的实体或具体实体间的特定联系。

　　如图 1.10 所示，"学生"表由两部分组成，即表头和表中的若干行数据。从纵向看，表由若干列组成，每列都要有一个列名，如学号、姓名、系名等，且同一列数据的值取自同一个域，如性别的域为{男，女}。每一行的数据代表一名具体学生的信息，每一名具体学生的信息在表中占据一行。

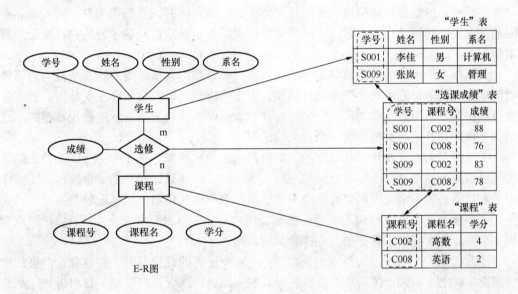

图 1.10　关系模型

　　关系模型不仅可以方便的表示两个实体类型间的 1∶1 和 1∶n 联系，而且可以直接描述它们之间的 m∶n 关系。如图 1.10 所示，"学生"表存放学生实体数据，"课程"表存放课程实体数据，"选课成绩"表存放学生的选课成绩数据，前两个文件存放的是实体本身的数据，最后一个文件存放的是学生实体与课程实体间的联系（选课）。

　　表的关联是指数据库中的表与表之间使用相应的字段实现表的连接。通过使用这种连接，无需再将相同的数据多次存储，同时，这种连接在进行多表查询时也非常重要。如图 1.10 所示，在选课成绩表中，使用"学号"列将选课成绩表和学生表连接起来；使用"课程号"列将"选课成绩"表和"课程"表连接起来。例如，要在这个学生成绩数据库中查询张岚的英语成绩，只需在"学生"表中的"姓名"列中找到"张岚"，记下其学号"S009"，再到"课程"表中"课程名"列中找到英语，并记下其课程号"C008"；再到"选课成绩"表中"课程号"行横向找到"C008"，在"学号"列纵向找到"S009"，交叉处就是张岚的英语成绩 78。如果将来需要调整英语课程的学分，只需修改"课程"表中的相应数据，而不影响其他表中的各项数据。通过这三个表中的记录，可对学生、课程及学生成绩情况一目了然。

> 关系模型自 1970 年被提出后，迅速取代层次模型和网状模型成为流行的数据模型。在关系模型中采用相互关联而又互相独立的多个二维表格来反映实体以及实体之间的联系。这些称为"关系"的二维表格中，既存放着实体本身的数据，又存放着实体间的联系。这些表以行和列的形式来组织数据，从而简化了数据的存取和操作。

与层次模型和网状模型相比，关系模型有如下特点。

关系模型的数据结构简单，无论是实体还是实体之间的联系都用关系表来表示。不同的关系表之间通过相同的数据项或关键字构成联系。正是这种表示方式可直接处理两实体间 m∶n 的联系。

关系模型最大的优点是简单。一个关系就是一个数据表格，用户容易掌握，只需要用简单的查询语句就能对数据库进行操作。用关系模型设计的数据库系统是用查表方法查找数据的，而用层次模型和网状模型设计的数据库系统是通过指针链查找数据的，这是关系模型和其他两类模型的一个很大的区别。

关系模型的数据操作是从原有的二维表得到新的二维表，这说明：一，无论原始数据还是结果数据都是同一种数据结构——二维表；二，其数据操作是集合操作，即操作对象和结果是若干个元组的集合，而不像层次模型和网状模型中是单记录的操作方式；三，关系模型把存取路径向用户隐蔽起来，用户只需要指出要做什么，而不必详细地指出如何做，大大提高了数据的独立性和系统效率。

由此可见，关系模型的特点也是其优点，它有坚实的理论基础，并建立在严格的数学概念基础之上，因而关系模型从诞生以后发展迅速，深受用户欢迎，目前得到广泛的应用。

通过以上的介绍，可以总结出三个世界之间的对应关系如图 1.11 所示。从图中可以看出，概念世界的概念模型是不依赖于具体的数据世界的。概念模型是从现实世界到数据世界的中间层次。现实世界只有先抽象为概念世界，才能进一步转化为数据世界。

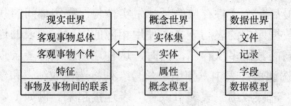

图 1.11　三个世界之间的对应关系

> 在层次模型和网状模型中，文件中存放的是数据，各文件之间的联系是通过指针来实现。在关系模型中，文件存放两类数据：实体、实体间的联系。

1.2　关系数据库基础

关系数据库系统采用关系模型作为数据组织方式。在关系数据库中，数据元素是最基本的数据单元。可以将若干个数据元素组成数据元组，若干个相同的数据元组组成一个数据表（即关系），而所有相互关联的数据表则可以组成一个数据库。这样的数据库集合即称为基于关系模型的数据库系统，其相应的数据库管理软件称为关系数据库管理系统（relational database management system，RDBMS）。

采用关系模型构造的数据库系统，称为关系数据库系统（relationd database system，RDBS）。关系模型是当前使用最广泛的数据库系统模型，自 20 世纪 80 年代以来，软件开发商提供的数据库管理系统几乎都是支持关系模型的。Access 就是一个典型的关系型数据库管理系统，由其建立的数据库则属于关系型数据库。本节将结合 Access 来集中介绍关系型数据库系统的基本概念。

1.2.1　关系数据模型

关系数据模型（简称关系模型）是用二维表格结构来表示实体及实体间联系的模型。

1. 关系术语

现在以"教师"表为例，来介绍关系模型中的基本术语，如图 1.12 所示。

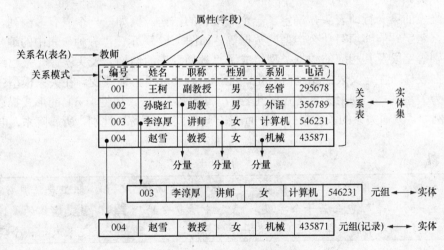

图 1.12　关系术语示例

（1）关系

一个关系就是一张由行与列构成的二维表，每张表具有一个表名，即关系名。不同的实体集必须用不同的表来表示，不能保存在同一个表中，即表之间是不允许嵌套的。如图 1.12 所示的是一个四行六列的教师关系，对应一个教师实体集。

（2）属性

表中的列称为属性或字段，列的名字称为属性名，在列中填写的数据称为属性值。

如图 1.12 所示，"教师"表有六列，分别对应六个属性：编号，姓名，性别，职称，所属院系，电话。

（3）元组

表中第二行开始的每一行称为"元组"，即通常所说的"记录"，是构成关系的一个个实体。所以说，"关系"是"元组"的集合，"元组"是属性值的集合，一个关系模型中的数据就是这样被逐行逐列组织起来的。如图 1.12 所示，"教师"表是由六个字段四行记录构成，其中的每一行记录都代表客观世界的某个实体，对应于现实世界的一位具体的教师。

（4）分量

元组中的每一个属性值称为元组的分量。

（5）域

属性的取值范围称为域，是一组具有相同数据类型的值的集合。例如，教师职称的集合{助教，讲师，副教授，教授}就是一个域。性别的域是{男，女}，专业的域为学校所有专业的集合。

（6）关键字

一个关系中的某个属性或属性的组合，其值能够唯一地标识关系中的各个元组，且又不含多余的属性，则该属性（组）称为该关系的关键字（key），也称为键，对应概念模型中的码。在 Access 中，关键字是字段或字段的组合。在一个表中可以选一个关键字作为主关键字（primary key），而其他关键字则称为候选关键字（candidate key）。

（7）关系模式

二维表的第一行即表头，确定了一个二维表的结构。例如，一个表有多少列，每一列叫什么名字？能够填写什么类型的数据等。如图 1.12 所示，"教师"表中的编号、姓名、性别等字段及其相应的数据类型组成了"教师"表的结构。表头就像一张已经绘制好的空白表格，在定义表的结构时规定，在使用时一般不再被改变。在关系模型中，把表头称为关系模式，使用关系名（属性名 1，属性名 2，…，属性名 n）的形式描述一个关系。例如，教师关系的关系模式：教师（编号，姓名，职称，性别，所属院系，电话）。

 提 示

在 Access 中，用"表"来存放同一类实体，即实体集。例如，职工表、图书表等。Access 的一个"表"包含若干个字段，"表"中所包含的"字段"就是实体的属性。字段值的集合组成表中的一条记录，代表一个具体的实体，即每一条记录表示一个实体。

2. 关系的特点

从形式上看，一个关系就是一个二维表，但并不是所有的二维表格都可以称为关系。只有满足下列要求和限制的二维表格才能称为关系。

（1）关系的每一个分量都必须是不可分的数据项

在概念世界中，实体与属性的区别：属性是实体所具有的某一特征，一个实体由若干个属性来描述；而属性不能再具有需要描述的特征，也不能再由另一些属性组成。这一区别反映在数据世界就表现为关系中的所有属性值都是不可再分的最小数据单元。在

如图 1.13 所示的表格中，"成绩"又分为"英语"、"高数"和"体育"三项，即在"学生"表中还包含着"成绩"表。所以这是一个复合表，而不是关系。

学号	姓名	系别	成绩		
			英语	高数	体育
9901	张丽	管理	78	66	90
9902	王岚	管理	75	90	80
9103	孙楠	经济	80	78	78
9204	马钰	电子	90	75	66

图 1.13　复合表

（2）关系中同一列的数据类型必须相同

表中每一列的取值范围都应属于同一类型的数据，并来自同一个域。例如，"学生选课成绩"表的"成绩"的属性值不能有的是百分制，有的是五分制，而必须统一为一种语义（如都用百分制），否则会出现存储和数据操作错误。

提　示

同一字段的域是相同的，不同字段的域也有可能相同。例如，产品表中的"库存量"与"再订购量"两个字段的取值范围都可以是大于等于 0 的整数。在同一个关系中不允许出现相同的属性名，但允许不同的关系中有同名属性。

（3）在同一个关系中不允许出现相同的属性名

在现实世界中人们直接用自然语言（如汉语）描述客观事物时，不会也没有必要将事物的同一特征重复多遍。同理，在概念世界用 E-R 图描述某个实体时，当然也没有必要将事物的同一属性重复用多个椭圆来表示。所以在数据世界里，定义表结构时，一张表中也不能出现重复的字段名。因为这样的重复不仅会造成数据的冗余，而且会产生列标识混乱的问题。

提　示

在数据库设计过程中，所有的数据表名称都是唯一的。因此不能将不同的数据表命名为相同的名称。但是在不同的表中，可以存在同名的列。

（4）在一个关系中列的次序无关紧要

在现实世界中人们直接用自然语言（如汉语）描述客观事物时，先说哪个特征是无关紧要的。同理，在概念世界用 E-R 图描述某个实体时，先将哪个属性用椭圆表示也是无关紧要的。所以在数据世界里，交换表中任意两列的位置并不影响数据的实际含义。例如，在"工资"表中，"奖金"和"基本工资"哪一列放在前面都不重要，重要的是实际数额。

（5）在一个关系中元组的次序无关紧要

二维表的表体部分是由填写在表格中的数据所构成的一条一条的记录。一条记录由若干个字段的值组成，所有的记录形成一个表，即表是记录的"容器"。数据库中的数据是在不断更新的，如可以在表中录入、删除、插入记录等，因此表体部分一般是随着表的使用过程而不断变化的。在使用表的过程中，可以按各种排序要求对元组的次序重新排列。例如，可以分别对"教师"表中的记录按"教师编号"的值升序或降序重新排序。所以在一个表中任意交换两行的位置并不影响数据的实际含义。

（6）在同一个关系中不允许有完全相同的元组

为了确保在数据世界里能够使用关系模型真实地描述现实世界，当然需要遵循现实世界中基本的逻辑准则。众所周知，"世界上没有两片完全相同的叶子"，所以表中的每一行都是唯一的，即表中任意两行不能完全相同。否则不仅会增加数据量，造成数据的冗余（重复存储），而且会造成数据查询和统计的错误，产生数据不一致问题。因此，应绝对避免元组重复现象，确保实体的唯一性和完整性。

 **提　示**

　　一个数据库可以包含多个表，所有的数据表名称都是唯一的。因此不能将不同的数据表命名为相同的名称。一个表可以包含多条互不相同的记录。但是在不同的表中，可以存在同名的列。在同一个表中不允许出现同名的列。

上述六条就是关系的基本性质，也是用来衡量一个二维表格是否为关系的基本要素。

 **提　示**

　　在数据世界中，人们之所以规定关系模型必须满足上述限制条件的真正原因，在于概念模型、数据模型的根本目的都是为了真实地描述现实世界，而它们之间的区别仅在于分属于不同世界，是各自世界中所使用的描述语言，所以三个世界之间必须是一一对应的。

　　数据世界的概念是和概念世界的概念相对应的：数据表（data table）是实体集的数据表示；记录（record）是实体的数据表示；记录由若干个数据项组成，数据项（item）是属性的数据表示。

1.2.2　关系的基本运算

使用数据库的目的就是为了能够随时找到感兴趣的数据。在关系数据库中，用对关系的运算来表达查询的要求。在 Access 中，用户只需明确提出"要干什么"，而不需要指出"怎么去干"，系统将自动对查询过程进行优化，可以实现对多个相关联的表的高速存取。然而，要正确表示复杂的查询并非是一件简单的事。在关系数据库中，有些查询操作需要多个基本运算的组合。所以掌握关系的基本运算有助于正确表达查询需求。

关系运算的运算对象和运算结果都是关系，即元组的集合，按运算符的不同可分为传统的集合运算和专门的关系运算两类。

1. 传统的集合运算

传统的集合运算包含并、差、交、广义笛卡儿积，它们都是双目运算，需要两个关系作为操作对象。其中前三个运算（并、差、交）要求参加运算的两个关系必须具有相同的关系模式，即元组（记录）有相同的结构，运算的结果也是一个相同结构的新关系。

例如，有已通过计算机二级考试的学生关系 R 和已通过英语四级考试的学生关系 S，这两个关系结构相同，仅名称不同，如图 1.14 所示。

R

学号	姓名	性别	班级	专业
040101	王洪	男	国贸01	管理
040102	李娜	女	市场01	管理
040103	陈颖	女	会计02	经济

S

学号	姓名	性别	班级	专业
040101	王洪	男	国贸01	管理
040201	孙磊	男	市场01	管理
040203	孙英	女	会计02	经济

图 1.14　关系 R 和 S

 提示

> 关系模式中属性的数目称为关系的元数，又称为关系的目，或称为关系的度。如只有一个属性的关系称为一元关系，只有两个属性的关系称为二元关系。

（1）并

现在想要查看所有通过了计算机二级考试或英语四级考试的学生信息，那么只需将第二个表中的学生记录追加到第一个表中学生记录的后面即可，像这样合并两个相同结构的数据表的操作就是一个并运算，如图 1.15 所示。

关系R和关系S具有相同的结构

R

学号	姓名	性别	班级	专业
040101	王洪	男	国贸01	管理
040102	李娜	女	市场01	管理
040103	陈颖	女	会计02	经济

S

学号	姓名	性别	班级	专业
040101	王洪	男	国贸01	管理
040201	孙磊	男	市场01	管理
040203	孙英	女	会计02	经济

R∪S

学号	姓名	性别	班级	专业
040101	王洪	男	国贸01	管理
040102	李娜	女	市场01	管理
040103	陈颖	女	会计02	经济
040201	孙磊	男	市场01	管理
040203	孙英	女	会计02	经济

两个关系的产集R∪S还是一个关系，依然要遵守关系的性质，即在同一个关系中不允许有完全相同的元组。所以在合并两个关系的元组时，若有完全相同的元组，只保留一个，例如王洪

将两个关系的所有元组组成一个新的关系，结构不变，称为两个关系的并集，记为R∪S

图 1.15　并运算

关系 R 和关系 S 具有相同的结构，将两个关系的所有元组组成一个新的关系，结构不变，称为两个关系的并集，记为 R∪S。

 提 示

　　两个关系的并集 R∪S 还是一个关系，依然要遵守关系的性质，即在同一个关系中不允许有完全相同的元组。所以在合并两个关系的元组时，若有完全相同的元组，只保留一个。

（2）交

　　下面来看看有哪些学生既通过了计算机二级考试又通过了英语四级考试呢，答案一定是由既属于 R 又属于 S 的元组组成，这样的操作就是一个交运算，如图 1.16 所示。

关系R和关系S具有相同的结构

R

学号	姓名	性别	班级	专业
040101	王洪	男	国贸01	管理
040102	李娜	女	市场01	管理
040103	陈颖	女	会计02	经济

S

学号	姓名	性别	班级	专业
040101	王洪	男	国贸01	管理
040201	孙磊	男	市场01	管理
040203	孙英	女	会计02	经济

将两个关系的共同元组组成一个新的关系，结构不变，称为两个关系的交集，记为R∩S

R∩S

学号	姓名	性别	班级	专业
040101	王洪	男	国贸01	管理

图 1.16　交运算

　　关系 R 和关系 S 具有相同的结构，将两个关系的共同元组组成一个新的关系，结构不变，称为两个关系的交集，记为 R∩S。

（3）差

　　现在想要查看只通过了计算机二级考试，但没有通过英语四级考试的学生信息，就应当进行差运算，差运算的结果集由属于 R 而不属于 S 的元组组成，即只考虑关系 R，而不考虑关系 S，如图 1.17 所示。

关系R和关系S具有相同的结构

R

学号	姓名	性别	班级	专业
040101	王洪	男	国贸01	管理
040102	李娜	女	市场01	管理
040103	陈颖	女	会计02	经济

S

学号	姓名	性别	班级	专业
040101	王洪	男	国贸01	管理
040201	孙磊	男	市场01	管理
040203	孙英	女	会计02	经济

R-S

学号	姓名	性别	班级	专业
040102	李娜	女	市场01	管理
040103	陈颖	女	会计02	经济

S-R

学号	姓名	性别	班级	专业
040201	孙磊	男	市场01	管理
040203	孙英	女	会计02	经济

从关系R中删去与关系S中相同的元组，结果集的结构不变，称为两个关系的差集，记为R-S

在差运算中，运算对象的次序不同，运算结果也不同。在该例中，R-S和S-R的结果是不相同的

图 1.17　差运算

关系 R 和关系 S 具有相同的结构，从关系 R（或 S）中删去与关系 S（或 R）中相同的元组，结果集的结构不变，称为两个关系的差集，记为 R−S（或 S−R）。

 **提示**

在差运算中，运算对象的次序不同，运算结果也不同。在该例中，R−S 和 S−R 的结果是不相同的。

（4）广义笛卡儿积

设 R 和 S 是两个关系，如果关系 R 的元组数为 3，表示学生的集合，关系 S 的元组数为 4，表示课程的集合，那么学生选课的所有可能情况又该有多少种呢？答案是 3×4=12 种。

请仔细想一想，这 12 种选课情况是如何得到的呢？人们在实际操作时，可从 R 的第一个元组开始，依次与 S 的每一个元组相组合，然后对 R 的下一个元组进行同样的操作，直到 R 的最后一个元组也进行完同样的操作为止，即可得到一个 2+3=5 列的元组集合。每个元组的前两个分量来自 R 的一个元组，后三个分量来自 S 的一个元组。因为 R 有三个元组，S 有四个元组，则 R×S 有 3×4=12 个元组，即所有 12 种可能的选课情况，并称其为关系 R 与 S 的广义笛卡儿积 R×S，如图 1.18 所示。

学生R

学号	姓名
040101	王洪
040102	李娜
040103	陈颖

课程S

课程号	课程名	学分
T231	高等数学	5
C508	经济学	3
S450	大学物理	2
D620	会计学	4

选课R×S

学号	姓名	课程号	课程名	学分
040101	王洪	T231	高等数学	5
040101	王洪	C508	经济学	3
040101	王洪	S450	大学物理	2
040101	王洪	D620	会计学	4
040102	李娜	T231	高等数学	5
040102	李娜	C508	经济学	3
040102	李娜	S450	大学物理	2
040102	李娜	D620	会计学	4
040103	陈颖	T231	高等数学	5
040103	陈颖	C620	会计学	4
040103	陈颖	S450	大学物理	2
040103	陈颖	D620	会计学	4

可从关系R的第1个元组开始，依次与关系S的每一个元组相组合，然后对R的下一个元组进行同样的操作，直到R的最后一个元组也进行完同样的操作为止，即可得到一个2+3=5列的元组集合。每个元组的前2个分量来自R的一个元组，后3个分量来自S的一个元组。因为R有3个，S有4个元组，则R×S有3×4=12个元组，即所有12种可能的选课情况。我们称其为关系R与S的广义笛卡儿积R×S

图 1.18　学生选课的所有可能情况的集合 R×S

设 R 和 S 是两个关系，如果 R 是 m 元关系，有 i 个元组，S 是 n 元关系，有 j 个元组，则关系 R 和 S 的广义笛卡儿积 R×S 是一个 m+n 元关系，有 i×j 个元组。图 1.19 所示为广义笛卡儿积运算的示例。

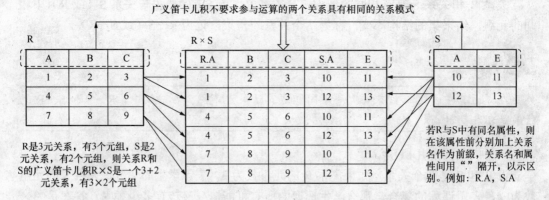

图 1.19　广义笛卡儿积运算

 **提　示**

> 若关系 R 与 S 中有同名属性，则在该属性前分别加上关系名作为前缀，关系名和属性间用"."隔开，以示区别。例如，R.A，S.A。
> 广义笛卡儿积不要求参与运算的两个关系具有相同的关系模式。

2. 专门的关系运算

专门的关系运算包括选择、投影和连接等运算。其中，选择和投影运算都属于单目运算，操作对象只是一个关系，相当于对一个二维表进行切割；连接运算是双目运算，需要两个关系作为操作对象。

（1）选择

例如，从关系学生成绩（学号，姓名，性别，专业，英语成绩）中查询专业为"计算机"的学生成绩信息，符合条件的记录是从水平方向被读取的。使用的查询操作就是选择运算，可以记为，$\sigma_{专业="计算机"}$（学生成绩），如图 1.20 所示。

图 1.20　选择运算

再如，从"学生成绩"表中筛选出所有英语成绩在 80 分以上的记录，也是通过选择操作来完成的，可以记为 $\sigma_{\text{英语成绩}>80}$（学生成绩），如图 1.20 所示。

选择运算是指从指定的关系中选择出满足指定条件的元组（记录）组成一个新关系，记为 $\sigma_F(R)$，其中 σ 是选择运算符，R 是关系名，F 是筛选元组的条件。此关系是以逻辑表达式形式给出的。

（2）投影

例如，从"学生成绩"表中查询学生的学号和姓名信息，即只显示所有学生的学号、专业，那么可以使用投影运算来实现，可记为 $\pi_{\text{学号,专业}}$（学生成绩），如图 1.21 所示。

投影运算是指从指定关系中挑选若干个属性，并且按要求排列成一个新的关系，记为 $\pi_T(R)$，其中 π 是投影运算符，R 是关系名，T 是被投影的属性或属性组。

学生成绩R

学号	姓名	性别	专业	英语成绩
040101	王洪	男	经济	70
040102	李娜	女	计算机	98
040103	陈颖	女	计算机	90
040201	孙磊	男	网络	83
040203	孙英	女	管理	72

$\pi_T(R)$
从R中筛选列

$\pi_{\text{学号,专业}}$(学生成绩)

学号	专业
040101	经济
040102	计算机
040103	计算机
040201	网络
040203	管理

图 1.21 投影运算

 提 示

因为投影相当于从列的角度（垂直）方向对关系进行分解，投影之后不仅取消了原关系中的某些列，而且依然要遵守关系的性质，即在同一个关系中不允许有完全相同的元组。所以，若新关系中出现重复元组，则要删除重复元组。

（3）连接

选择和投影运算的操作对象只是一个表，而连接运算需要两个表作为操作对象。如果需要连接两个以上的表，则应当进行两两连接。

在图 1.22 中有两张数据表，一个是存放学生选课成绩的 R 表，另一个是存放学生基本信息的 S 表，现在需要查询每个学生的信息及其选修课程的成绩信息。

成绩 R

学号	课程	成绩
040101	英语	70
040101	高数	98
040101	体育	90
040102	高数	83
040102	体育	72

学生 S

学号	姓名	性别	专业
040101	王洪	男	经济
040102	李娜	女	计算机
040103	张玉	女	计算机
040104	孙磊	男	网络

图 1.22 关系 R 和 S

由于学号、姓名等属性在表 S 中，而成绩在表 R 中，所以本查询实际上涉及 R 与 S 两张表，这两张表之间的联系是通过两张表都具有的公共属性"学号"来实现的。现在要查询学生及其选修课程的情况，就必须将这两张表通过公共属性"学号"横向拼接起来，合并的条件为两张表的"学号"值对应相等。由上例可以看出，不同的关系之间通过公共属性来体现相互之间的联系，这是一个等值连接。

在默认情况下，对相关表处理查询时，Access 只会选择那些在两张表的匹配字段中都有匹配值的记录。如图 1.23 所示，Access 执行连接操作的过程：首先在表 S 中找到第一个元组，然后从头开始扫描表 R，逐一查找满足连接条件的元组，找到后就将表 S 中的第一个元组与该元组拼接起来，形成结果表中一个元组。表 R 全部查找完后，再找表 S 中第二个元组，然后再从头开始扫描表 R，逐一查找满足连接条件的元组，找到后就将表 S 中的第二个元组与该元组拼接起来，形成结果表中一个元组。重复上述操作，直到表 S 中的全部元组都处理完毕为止。

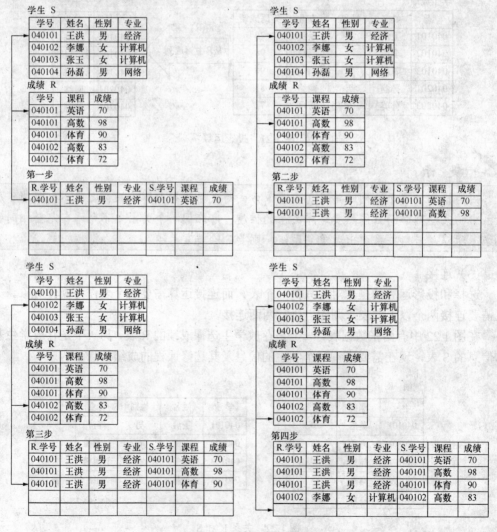

图 1.23 连接操作的过程

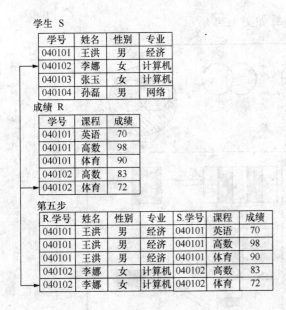

图 1.23　连接操作的过程（续）

　　当一个查询请求涉及数据库的多个表时,必须用一定的连接条件将这些表连接起来,才能提供用户需要的信息。连接运算是从两个关系的笛卡儿积中选取属性之间满足一定条件的元组形成新关系,记为 $R \underset{A\theta B}{\infty} S$。其中, $A\theta B$ 是用来连接两个关系的条件称为连接条件(或称为连接谓词),它涉及对两个关系中的属性的比较。A,B 分别为两个关系中属性组作为连接条件中的列名称为连接字段。连接条件中的各连接字段类型必须是可比的,但不必是相同的。其中,比较运算符主要有有=、>、<、>=、<=、!=。当比较运算符为"="时,称为等值连接,使用其他运算符称为非等值连接。

　　等值连接从两个关系的笛卡儿积中选取公共属性值相等的元组形成新关系,记为 $R \underset{A=B}{\infty} S$。其中, A,B 分别为两个关系中的公共属性名。

　　自然连接是去掉重复属性的等值连接,记为 $R \infty S$。自然连接是在广义笛卡儿积 R × S 中选出同名属性上符合相等条件的元组,再进行投影,去掉重复的同名属性,组成新的关系。

 知识拓展

　　Access 中默认的连接类型为等值连接或称为内连接。内连接所返回的记录没有包括那些连接双方无匹配项的记录。然而,内连接并不是 Access 所支持的唯一连接类型,与内连接不同,外连接会显示一个表中的所有记录,以及另外一个表中任何可以匹配的记录。在第 4 章学习查询时,再作详细介绍。

综上所述，概括本节所介绍的关系运算如图 1.24 所示。

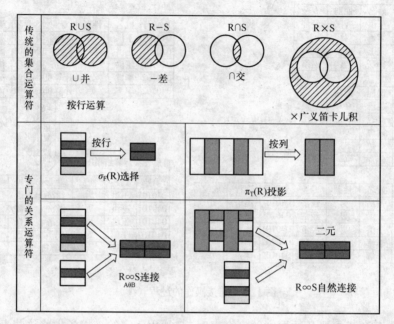

图 1.24 关系运算

传统的集合运算将关系看成元组的集合，其运算是从关系的"水平"方向即行的角度来进行；而专门的关系运算既从关系的"水平"方向又从关系的"垂直"方向来进行运算，即同时涉及关系的行与列。

1.2.3 关系数据库完整性

数据库中的数据是从外界输入的，而在输入数据时会发生意外，如输入无效或错误信息等。保证输入的数据符合规定，是多用户的关系数据库系统首要关注的问题。因此，在设计数据库时，最重要的是确保数据正确存储到数据库的表中。

关系数据库完整性（relational database integrity）是对关系的某种约束条件，以确保关系中的数据都是正确的、有效的和相容的。

 提 示

正确性是指数据的合法性，如年龄数据属于数值型数据，只能包含 0,1,…,9，不能包含字母或者特殊符号。有效性是指数据是否在其定义的有效范围内，如月份只能用 1～12 之间的正整数表示。相容性是指表示同一事实的两个数据应相同，否则就不相容，如一个人不能有两个性别。

关系数据库完整性是由各种各样的完整性约束来保证的，具体体现为对关系中各属性的取值范围进行限制，可分为实体完整性、参照完整性和用户自定义完整性（域完整性）三类。

1. 主键与实体完整性

在关系模型中，数据是在关系中存储的，关系是表的正式术语。一个关系通常对应现实世界的一个实体集。假设有一个"学生"表，结构为学生（学号，姓名，系名）。学生关系对应现实世界中学生的集合。表中的每个元组代表一名具体的学生。现实世界中的实体是可区分的，即它们具有某种唯一性的标识特征；相应地，关系中的元组也必须是可区分的，不允许在一个表中出现两个完全相同的记录。由关系的特点可知，表中的行是无序的，所以行在表中的位置不能标识该行数据。那么，当出现同名同姓、同日入学、性别相同且同属一个系的两名学生，该怎样区分他们呢？为了应对上述情况的发生，数据库中的每张表都必须有一个列或列的组合可以唯一标识表中的一行，以保证表中每条记录都是互不相同的。因此，在关系数据库中引入了主键的概念。

1）主键（primary key），也称为主关键字或主码，在 Access 中，一个表只能有一个主键。主键可以是一个字段，也可以由若干个字段组合而成。这些字段是表中所存储的每一条记录的唯一标识。

如图 1.25 所示，"学生"表的主键是"学号"，"学号"字段可以区别表中的各个记录，也就是说，"学生"表中不可能出现学号相同的记录，因为每名学生都与一个学号相对应，不会出现不同学生具有相同的学号，因此"学号"是表的主键。而"姓名"字段由于有可能出现重名的情况，所以不适合作表的主键。"课程"表的主键是"课程号"。而"成绩"表的主键则为"学号"和"课程号"。由于"学生"表与"课程"表是多对多关系，因此在"成绩"表中"学号"和"课程号"字段的取值可以各自重复出现，但"学号"和"课程号"的组合却只会出现一次，可以唯一确定一名学生的某一门课程的成绩，确保成绩表中记录的唯一性，所以是表的主键。

"成绩"表

学号	课程号	成绩
9901	C001	90
9901	C002	75
9902	C002	80
9103	C003	78
9204	C004	66
9204	C005	90

"课程"表

课程号	学分
C001	2
C002	2
C003	3
C004	3
C005	1

"学生"表

学号	姓名	系别
9901	张丽	管理
9902	王岚	管理
9103	孙楠	经济
9204	马钰	电子

图 1.25　各个表间的关系

 提示

关键字、主关键字、候选关键字、主属性、码、主码、候选码、键和主键的区别。
关键字（key）：由表中的一个或多个属性组成，若它的值唯一地标识了一个元组，则称该属性（组）为关键字，也称为键，对应概念模型的码。

主关键字（primary key）：一个表中可能有多个关键字，但在实际的应用中只能选择一个，被选用的关键字称为主关键字，也称为主键或主码，未被选用的关键字称为候选关键字（candidate key），也称为候选码。一个表只有一个主关键字，即关系中主关键字是唯一的。例如，学生（学号，姓名，性别，专业，出生年月，身份证号）中，学号、身份证号都可以作为关键字（码），可以在学号和身份证号中选定一个作为主关键字（主码）。如果选定学号为主关键字，则身份证号为候选关键字。

主属性：包含在任一候选关键字中的属性称为主属性。

2）实体完整性规定如果属性 A 是基本关系 R 的主属性，则属性 A 不能取重复值，也不能取空值。主键的设置是为了确保每个记录的唯一性，因此各个记录的主键字段值是不能相同的。此外，主键字段值也不能为空值，所谓空值（null）即跳过或不输入该属性值，表示"不知道"或"无意义"。如果主键字段取空值，就意味着关系中的某个元组是不可标识的，即存在不可区分的实体，这与实体的定义也是相矛盾的，因此这个实体一定不是一个完整的实体。

 提 示

一个基本关系对应着现实世界的一个实体集，而现实世界的实体是可区分的（独立的）。若一个关系的主关键字值为空值或者出现重复值，则说明存在某个不可标识或不可区分的实体，这和实体独立性相矛盾。

实体完整性规则规定关系中的所有主键都不能取空值，而不仅是主键整体不能取空值，这里的属性包括基本关系的所有主属性，而不仅是主码整体。主码中的任一属性都不可以为空。例如，在"成绩"表中，主关键字为字段组合（学号，课程号），那么"学号"和"课程号"两个字段都不能取空值。而学生表中的其他属性可以是空值，如"出生日期"字段或"性别"字段如果为空，则表明不清楚该学生的这些特征值。

 提 示

实体完整性也可以理解为表中数据的完整性。在 Access 中，当希望用户输入某一个关键字段（如身份证号码）时不允许为空，即不输入且不允许输入重复的号码，则可以把身份证号码设置为主键，这样就可以保证数据是完整的。所以说，实体完整性是通过主键实现的。

2. 外键与参照完整性

在数据库理论中，每个表都是数据库独立的一部分，但不是孤立的，表之间同样也保持着联系，从参与关联的两个实体集的数量关系来说，实体之间的关联可以分为三种：一对一，一对多和多对多。这些联系同时也制约着表中字段的取值方式与范围。

下面以"导师"表和"系"表为例进行说明，如图 1.26 所示。

"系"表

系编号	系名	电话
D01	计算机	34358
D02	社科	76843
D03	生物	67890

"导师"表

导师编号	姓名	性别	职称	系编号
101	陈平林	男	教授	D02
102	李向明	男	副教授	D01
103	马大可	女	研究员	
104	李小严	女	副教授	D02

图 1.26　表间的完整性规则示意图

　　仔细分析这两张表，不难发现，不同表中有相同的字段名，如"系"表中的主键字段是"系编号"，"导师"表中也有"系编号"字段，通过这个字段，就可以建立起两个表之间的关系。一旦两个表之间建立了关系，就可以很容易地从中找出所需要的数据。

　　假如问及"李向明"是哪个系的导师，可以检索"导师"表的"姓名"属性，得到李向明的"系编号"是"D01"。至于"D01"究竟属于哪个系，就必须再查阅"系"表，得知李向明属于计算机系。这个例子说明，"导师"表依赖于"系"表，"系编号"成为联系两个表的纽带；离开了"系"表，则导师的信息不完整。

　　（1）外键

　　在数据库技术术语中，如果两个表之间呈一对多联系，则"一"方表的主键字段必然会出现在"多"方表中，"多"表中出现的这个字段被称为外键（foreign key），也称为外关键字或外码；通常，将"一"方的表称为主表，"多"方的表称为该外键的参照表。通过外键，可以实现关系之间的动态连接，否则就成了孤立的关系，只能查找本关系的内容。在进行关系模式设计时应特别注意这方面的问题。

 提　示

　　公共关键字和外关键字的区别如下。

　　公共关键字（common key）：在关系数据库中，关系之间的联系是通过相容或相同的属性或属性组来表示的。如果两个关系中具有相容或相同的属性或属性组，那么这个属性或属性组被称为这两个关系的公共关键字。

　　外关键字（foreign key）：如果公共关键字在一个关系中是主关键字，那么这个公共关键字被称为另一个关系的外关键字。由此可见，外关键字表示了两个关系之间的联系，外关键字也称为外键。

　　（2）参照完整性

　　现实世界中的实体之间往往存在某种联系，在关系模型中实体及实体间的联系都是用关系来描述的。这样两个关系之间就自然存在着属性的引用，即"导师"表引用了"系"表的主码"系编号"。显然，"导师"表中的"系编号"值，必须是确实存在的"系"表的"系编号"，即"系"表中有该系的记录。这就是说，"导师"表中的某个属性的取值需要参照"系"表对应属性的取值。

参照完整性规则就是定义外键与主键之间的引用规则。规定"多"表中的外键的值或者为空，或者是"一"表中主键的有效值；外键的值可以重复，它要求关系中不允许引用不存在的实体，即保证了表之间的数据的一致性，防止数据丢失或无意义的数据在数据库中扩散。以"导师"表和"系"表为例，因两者为一对多关系，"系"表中的主键"系编号"字段在"导师"表中出现，因此"系编号"在"导师"表中被称为外键，该外键的参照表是"导师"表。例如，"导师"表中每个元组的"系编号"属性只能取下面两类值，而不可能取其他的值。

1）空值，如图 1.26 所示，"马大可"的"系编号"为空值是允许的，表示该导师暂时还没有分配到某个系。

2）非空值，其取值必须是系表中某个记录的"系编号"值（主关键字值），表示导师已经分配到某个确定的系，且该系存在。如图 1.26 所示，"导师"表中"陈平林"的系编号是"D02"，在"系"表的"系编号"字段中出现，但如果将"陈平林"的系编号改为"D04"将违反参照完整性约束，因"系"表中不存在值为"D04"的系编号。

参照完整性是相关联的两个表之间的约束，当输入、删除或更新表中记录时，保证各相关表之间数据的完整性。DBMS 一般都提供参照完整性的自动检查和约束能力，而不是由应用程序承担这一功能。当用户在有外键的表中插入元组时，DBMS 自动地将新插入元组的外键属性的值与主表中的主关键字值进行比较，如果此值在主表中，则允许插入，如果不在，则拒绝插入，并向用户提示相应的信息。删除的情况也是类似的。当在主表中删除某元组时，DBMS 首先查看此元组的相应属性值是否在某个子表中存在，如果存在，也不允许删除主表中的此元组。因为如果删除了主表中的此元组，那么就会出现在子表中存在的某个值在主表中不存在，由此破坏了参照完整性。

当将"系"表和"导师"表建立关系并实施参照完整性，并且在向"导师"表中输入一条新记录时，系统要检查新记录的"系编号"是否在"系"表中已存在。如果存在，则允许执行输入操作；否则拒绝输入，以保证数据库中的数据的完整性与合法性。

上一小节中提到的学生和课程两个实体之间的多对多关系可以用如下三个关系表示。

学生（学号，姓名，系别）
课程（课程号，学分）
成绩（学号，课程号，成绩）

这三个关系之间也存在着属性的引用，成绩关系引用了学生关系的主码"学号"和课程关系的主码"课程号"。"学号"或"课程号"中的任何一个都不能唯一地确定"选课成绩"表中的记录，但它们的组合属性集（学号，课程号）是"选课成绩"表的主关键字，因此，对于"选课成绩"表而言，"学号"或"课程号"都是外关键字。这里学生关系和课程关系均为被参照关系，选课成绩关系为参照关系。

对于成绩关系，按照参照完整性规则，"学号"和"课程号"属性也可以取两类值：空值和目标关系中已经存在的值。但由于"学号"和"课程号"是成绩关系中的主属性，按照实体完整性规则，它们均不能取空值。所以成绩关系中的"学号"和"课程号"属性实际上只能取相应被参照关系中已经存在的主码值。也就是说，"成绩"表中的"学号"值必须是确实存在的学生的"学号",即"学生"表中有该学生的记录;"成绩"表中的"课程号"值,也必须是确实存在的课程的"课程号",即课程关系中有该课程的记录。

 提 示

> 需要指出的是,外键表示的是两个表之间的逻辑关系,外键字段的名字与参照表主键字段的名字是否相同是无关紧要的。例如,将"导师"表中的"系编号"字段改名为"系号"并不影响这种关系的存在。不过在实际应用当中,为了便于识别,当外码与相应的主码属于不同关系时,往往给它们取相同的名字。这里需要指出的是,外关键字均为同名属性,但不同表中的同名属性不一定是外关键字。例如,给出两个关系模式如下:
>
>   学生(学号,姓名,……,籍贯)
>
>   教师(教师编号,姓名,……,籍贯)
>
> 其中,"籍贯"是两个关系的同名属性,但它不能唯一确定一个元组,因此不是任何关系的关键字。

3. 用户自定义完整性

实体完整性和参照完整性是关系模型必须满足的完整性约束条件,被称为是关系的两个不变性,由关系数据库自动支持,适用于任何关系数据库系统。除此之外,不同的关系数据库系统根据其应用的环境的不同,往往还需要一些特殊的约束条件。

用户自定义完整性指由用户针对某一具体数据库的约束条件,定义完整性。它反映某一具体应用所涉及的数据必须满足的实际要求,最常见的是限定属性的取值范围,即对值域的约束,所以也将用户定义完整性称为域完整性约束。

域完整性规则的作用是将某些字段的值限制在合理的范围内,对于超出正常值范围的数据系统将报警,同时这些非法数据不能进入数据库中。例如,对于"性别"字段的取值只能是"男"或"女",在职职工的年龄不能大于65岁等,这些都是针对具体关系提出的完整性条件。

目前,大多数关系数据库管理系统提供了定义和检验这类完整性的机制和实施方法,以便能用统一的方法处理它们,而不是由应用程序承担这一功能。具体内容将在第3章中详细介绍。

1.2.4 关系的规范化

通过前面的学习,已经知道用关系模型描述现实世界缘比较直观、明了。一个关系(二维表)可以定义一个实体集或实体之间的联系。二维表的表头确定了表的结构,称为关系模式,而表体中的行称为元组,在 Access 中称为记录,对应于一个具体的实体;表中的列称为属性,在 Access 中称为字段,一条记录由若干个字段的值组成。表是记录的"容器",记录之间用主关键字确保每条记录的唯一性。相关的表之间用外键来反映实体之间的联系。

但随之又产生了新的问题。

问题一：在用关系模式描述现实世界的问题上，如何评判一个设计方案的优劣呢？

问题二：应该如何将一个设计不当的关系模式修改为设计合理的关系模式呢？

其实，这两个问题有着同一个答案——关系数据库的规范化理论。

1971 年，关系数据库的创始人之一——IBM 公司的科德博士提出了规范化理论，从而提供了判别关系模式优劣的标准。如同法国人给葡萄酒按质量评级一样，科德博士给关系模式按消除数据冗余的程度，设立了不同级别的规范的模式，即"范式"（normal form，NF）。一般而言，关系模型的范式级别越高，设计的数据结构质量就越高。

关系的规范化理论不仅可以发现问题，更重要的还在于，它同时也提供了解决问题的方法。另外，它还给出了如何消除一个表的重复信息（冗余），提高表的性能的方法。由第一范式到第三范式实际就是关系数据库结构的逻辑设计与优化过程。所以关系型数据库规范化理论也就成为了数据库设计阶段中一个非常有用的辅助工具。

由于关系数据库仅仅是存储数据的框架，而真正存储数据的是表。因此关系数据库的规范化理论的核心就是表的规范化。

一个好的关系表应该没有冗余、查询效率较高，其检验标准就是看数据库中的每张表是否符合一定的要求，即规范（也称为范式）。每种范式都规定了一些限制约束条件。其中以第一范式的要求为最低，在第一范式的基础上进一步满足更多要求的称为第二范式，其余范式以此类推。如果一个关系满足某个范式要求，则它也会满足较其级别低的所有范式的要求。一般说来，数据库只需满足第三范式即可。下面重点介绍第一范式、第二范式和第三范式。

1. 第一范式

第一范式（1st normal form，1NF）是指表中的每个字段都是不可再分的，即每个记录的每个字段中只能包含一个数据，不能取复杂的组合值。

例如，现在需要设计一个教学管理数据库来管理学生、课程、成绩等信息，图 1.27 给出了第一个设计方案。

学号	姓名	系别	系办地址	选修课程成绩					
				课程号	学分	成绩	课程号	学分	成绩
9901	张丽	管理	管201	C001	2	90	C002	2	75
9902	王岚	管理	管201	C002	2	80			
9103	孙楠	经济	经201	C003	3	78			
9204	马钰	电子	电101	C004	3	66	C005	1	90

图 1.27　第一个设计方案

注意到表格中有些同学（张丽和马钰）已经选修了多门课程，所有记录在"选修课程成绩"字段都包含了多个值。这样的设计很难使用。因为一般而言，数据表的表头部分在设计阶段确定之后，在后续使用过程中通常是不再改变的，而针对各个学生而言，"选修课程成绩"列的内容大小区别却很大。所以在设计时就必须添加足够的列来提供一名学生可选修课程的最大数量。例如，一名学生在校选修的课程总数不超过 50 门。这就意味着需要向表中添加 150 列（每选修一门课程都需要三列，即"课程号"、"学分"和"成绩"）。如果有的学生只选修了一门课程，那么表中的另外 147 列就为"空白"，这样既是空间的浪费，同时效率也很低。

显然，这样的表格不满足第一范式。"选修课程成绩"字段不是最小的不可再分的数据项，"课程号"、"学分"和"成绩"三类数据全都"挤"到"选修课程成绩"一个字段中。因此，不能使用这样的结构设计关系模型，必须对它进行规范化处理，转换的方法就是把可以拆分的字段进行拆分，即把"选修课程成绩"分解成三个字段，即"课程号"、"学分"和"成绩"，转换成如图 1.28 所示的满足第一范式的表。

学号	姓名	系别	系办地址	课程号	学分	成绩
9901	张丽	管理	管201	C001	2	90
9901	张丽	管理	管201	C002	2	75
9902	王岚	管理	管201	C002	2	80
9103	孙楠	经济	经201	C003	3	78
9204	马钰	电子	电101	C004	3	66
9204	马钰	电子	电101	C005	1	90

图 1.28 满足第一范式的表

转换后的"选课成绩"表不再将多门课程累积到一条记录中，而是让每条记录都仅包含一名学生所选修的某一门课程的信息。这样会使表体变长，需要更多的记录，但是可以更容易地处理数据。第一范式之所以效率更高是因为表中没有包含未用的"空白"字段。每个字段对于表的用途来说都是有意义的。新表包含的数据与原表中给出的数据相同。不过使用了新的方式，这样就简化了对数据的使用。例如，现在很容易就可以查询出某一名学生所修课程的总数，或确定某一名学生已经选修的课程。

 提 示

> 由前面的学习可知，在关系数据库中，对关系有一定的要求和限制，其中最基本的一条就是关系表的每一个分量必须是不可分割的数据单元，即表中不能再包含表。不满足第一范式要求的表格实际上就不能称为关系。所以说，第一范式是对关系的最低要求，也是最基本的规范形式，属于第一范式的关系才能称为规范化关系，否则称为非规范化关系。这也是它被称为"第一"的原因。在任何关系数据库管理系统中，如在 Access 中，所有的数据表都自动满足第一范式。

2. 第二范式

选课成绩（学号，姓名，系别，系办地址，课程号，学分，成绩）现在满足第一范式，可以看出"学号"和"课程号"属性的组合能唯一标识一个元组，是该关系模式的主关键字。但在进行数据库的操作时，仍会出现以下几方面的问题。

（1）数据冗余

同一门课程由 n 名学生选修，"学分"、"课程号"就重复存储 n−1 次；同一名学生选修了 m 门课程，姓名，系别和系办地址也都要重复存储 m−1 次，重复的数据需占用内存和磁盘存储空间，造成对资源无谓的浪费。

（2）更新异常

假设要重新调整某门课程的学分，则"选课成绩"表中选修过该课程的所有记录都要逐一修改其学分值，稍有不慎，就有可能漏改某些记录，这就会造成数据的不一致性，破坏数据的完整性。

（3）插入异常

如果某一名学生刚入学尚未选课，即课程号未知，则实体完整性约束还规定，主关键字的值不能部分为空，因此，这位刚入学的学生记录也不能录入数据库。同理，假设要开设一门新的课程，暂时还没有人选修。但是由于"学号"为空值，新课程的相关信息也无法录入数据库，同样不能进行插入操作。

（4）删除异常

与插入异常相似，如果某名学生不再选修课程"C002"，则本应该只删去 C002，但"课程号"是主关键字的一部分，为保证实体完整性，必须将整个元组一起删掉，这样，有关该学生的其他信息也将随之丢失。

由于存在以上问题，"选课成绩"表是一个设计不当的关系模式。一个好的关系模式不会发生插入异常、删除异常、更新异常的问题，而且数据冗余应尽可能少。

产生上述问题的原因，直观地说，是因为关系中"包罗万象"，内容太杂；本质的原因是存在于关系模式中的部分依赖引起的。

 提 示

函数依赖、部分函数依赖和完全依赖三者的区别。

函数依赖是属性之间的一种联系，是现实世界属性间相互联系的抽象。也就是说，如果给定一个主关键字，则可以在这个数据表中唯一确定一条记录。通常称这种关系为函数依赖关系，即表中其他数据元素都依赖于主关键字。

部分函数依赖指的是存在组合关键字中的某些字段决定非关键字段的情况。

完全依赖是指每个非主关键字字段都只能取决于整个主关键字字段，而不能取决于部分主关键字字段。

第二范式（2nd normal form，2NF）要求一个数据表在满足第一范式的基础上，消除部分依赖，即每个非主关键字字段都只能取决于整个主关键字字段，而不能取决于部分主关键字字段。

"选课成绩"表就违反了这条规范化规则，因为"学分"（非主关键字字段）实际上仅依赖于"课程号"（主关键字中的一个主属性），与任何一名学生的"学号"（主关键字中的另一个主属性）无关。也就是说，只要知道了某门课程的"课程号"（并不需

要知道学号），就知道了该课程的"学分"。同理，学生的"姓名"与其所属的"系别"及"系办地址"（三个非主关键字字段）实际上仅依赖于"学号"（主关键字中的一个主属性），与"课程号"（主关键字中的另一个主属性）无关。也就是说，只要知道一名学生的"学号"（并不需要知道课程号），即可知道其姓名和其所属的系别及系办地址信息。

然而，只有同时知道了某名学生的"学号"和其所选修的"课程号"（两者缺一不可），才能得知这门课的成绩。因此，成绩完全依赖于"学号"和"课程号"的组合。当然"成绩"在表中可能是重复的，因为多个选课记录可能会有相同的成绩。不过对于每个"学号和课程号"的组合来说，有且只有一个有效的成绩值。

 **提　示**

判断一个表是否满足第二范式的方法。

1）找出表的主关键字。

2）当主关键字只有单个字段时，不会存在部分依赖的情况，它就一定符合第二范式。所以说第二范式是针对主关键字为组合属性的关系来进行分析的。

3）当主关键字是由两个或两个以上字段组合而成的复合主关键字时，若每个非主关键字字段都取决于整个主关键字字段，而不能取决于部分主关键字字段，则表满足第二范式，否则不是。

第二范式要求数据表里的所有数据都要和该数据表的主关键字有依赖关系；如果有哪些数据只和主关键字的一部分有关的话，就得把它们独立出来并转换成另一个数据表。这条规则说明一个表只描述一个概念、一个实体或者实体间的一种联系。若多于一个概念则要将其"分离"出去，因此规范化在实质上是概念的单一化。这正是规范化的基本原则。

 **提　示**

第一范式转化成第二范式的方法。

一个不满足第二范式要求的关系表通常会通过投影被拆分为若干个满足规则要求的表。其实转换的过程就是拆分的过程，也是一个消除部分依赖的过程。

首先找出依赖关系，然后将能完全依赖于整个主关键字的字段从表中提取出来，同主关键字一起组成一个新的关系表；如果有某些数据只和主关键字的一部分有关，则将其独立出来并转换成另一个关系表。

根据如图 1.29 所示的依赖关系，应该将选课成绩表（学号，姓名，系别，系办地址，课程号，学分，成绩）拆分为如图 1.30 所示的符合第二范式的三张表。

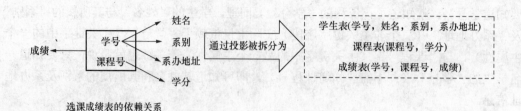

选课成绩表的依赖关系

图 1.29　将选课成绩表转化为满足第二范式

"学生"表

学号	姓名	系别	系办地址
9901	张丽	管理	管201
9902	王岚	管理	管201
9103	孙楠	经济	经201
9204	马钰	电子	电101

"课程"表

课程号	学分
C001	2
C002	2
C003	3
C004	3
C005	1

"成绩"表

学号	课程号	成绩
9901	C001	90
9901	C002	75
9902	C002	80
9103	C003	78
9204	C004	66
9204	C005	90

图 1.30　满足第二范式的三张表

 提　示

> 为了保证分解后的关系模式集合与原关系模式"等价"，即不丢失信息，则拆分后的结果应该包含原表的所有字段，即无损分解。

3. 第三范式

第二范式的关系模式解决了第一范式中存在的一些问题，规范化的程度比第一范式前进了一步，消除了由于非主关键字字段对主关键字字段的部分依赖而带来的重复。然而到目前为止，设计的优化尚未完成。仔细观察可以发现，"学生"表在进行数据操作时，仍然可能存在其他可以消除的数据冗余现象和操作异常现象。

（1）数据冗余

"学生"表中仍包含着大量的冗余信息，张丽和王岚同为管理系的学生，表中管理系的"系名"和"系办地址"字段重复出现一次；如果管理系有 100 名学生，则"系别"和"系办地址"将重复出现 99 次。

（2）插入异常

假设要筹建一个软件工程系，该系目前已有办公地点，但在还没有招生时，系别和系办地址的信息都无法插入到数据库中。因为在这个关系模式中，"学号"是主关键字。根据关系的实体完整性约束，主关键字的值不能为空，而这时没有学生，学号为空值，因此不能进行插入操作。

（3）更新异常

当"管理系"的办公室地点需要更新时，按理系办地址只有一个，只需修改成"管301"即可，而在"学生"表中"管理系"的系办地址却需要修改两次。如果管理系有100 名学生，则系办地址需要修改 100 次。若稍有不慎，就有可能漏改某些记录，则在以后的使用中就会产生这样一个问题：同在管理系，有的学生的系办地址是管 201，而有的则是管 301，究竟哪个是正确的呢？

（4）删除异常

当某系学生全部毕业而没有招生时，删除全部学生的记录，则系名、系办地址也随之删除，而这个系依然存在，那么在数据库中却无法找到该系的相关信息。

由于存在以上问题，"学生"表仍是一个设计不当的关系模式，还需要继续进行规范化。产生上述问题的本质原因是由存在于关系模式中的传递依赖引起的。

第三范式（3rd normal form，3NF）要求一个数据表在满足第二范式的基础上，进一步消除传递依赖关系，即表中所有数据元素不但要能够唯一地被主关键字所标识，而且非主关键字属性之间还必须相互独立，不存在其他的函数关系。

"学生"表就违反了这条规范化规则，学生（学号，姓名，系别，系办地址）的主关键字是"学号"，由于是单个属性作为主关键字，不会存在部分依赖的问题，所以这个关系肯定满足第二范式。知道了一名学生的"学号"，即可知道其所属的"系别"；知道了其所属的"系别"，即可知道其"系办地址"。"系别"和"姓名"完全直接依赖于"学号"。但"系办地址"是通过"系别"间接（不是直接）依赖于"学号"的。故"系办地址"是通过"系别"被主关键字"学号"所标识。这种在同一个表中 A 函数依赖于 B，而 B 函数又依赖于 C，从而导致 A 函数依赖于 C 的现象称为"传递依赖"。

 **提 示**

判断一个表是否满足第三范式的方法。

判断表在满足第二范式的基础上是否有传递依赖的情况，如果有，不是第三范式，否则是。

1）判断表是否满足第二范式。

2）若不满足第二范式，则此表就一定不符合第三范式。

3）若表满足第二范式，则判断是否有传递依赖的情况，如果有，则不满足第三范式，否则满足第三范式。

因为在学生表（学号，姓名，系别，系办地址）中存在非关键字段"系办地址"对主关键字"学号"的传递依赖，即学号→系别，系别→系办地址。所以"学生"表仅满足第二范式，不满足第三范式。

 **提 示**

第二范式转换成第三范式的方法如下。

解决方法：通过投影分解关系模式来消除其中的传递依赖关系。

首先找出依赖关系，然后将产生传递依赖关系的非关键字段抽出来转换成另一个关系表。

因为"系办地址"是由"系别"决定，故将"系办地址"从原表中分出来，同"系别"一起建立一个新的关系，即系表（系别，系办地址）。这样，原表就消除了传递依赖关系。如图 1.31 所示，把学生表（学号，姓名，系别，系办地址）拆分为符合第三范式的两个表："系"表和"学生"表。

"系"表

系别	系办地址
管理	管201
经济	经201
电子	电101

"学生"表

学号	姓名	系别
9901	张丽	管理
9902	王岚	管理
9103	孙楠	经济
9204	马钰	电子

"课程"表

课程号	学分
C001	2
C002	2
C003	3
C004	3
C005	1

"成绩"表

学号	课程号	成绩
9901	C001	90
9901	C002	75
9902	C002	80
9103	C003	78
9204	C004	66
9204	C005	90

图 1.31　满足第三范式的四张表

在关系型数据库技术中，不同的实体集（对象）不应保存在同一个表中，必须用不同的表来表示。例如，在示例中，涉及学生选课成绩管理时，至少要使用四张表，即"系"表、"学生"表、"课程"表和"成绩"表，同时还要确定表与表之间的联系方式，并通过外键建立表间的关系。

提　示

实际上，第三范式就是要求不要在数据库中存储可以通过简单计算或推导得出的数据。这样不但可以节省存储空间，而且在拥有函数依赖的一方发生变动时，避免了修改成倍数据的麻烦，同时也避免了在这种修改过程中可能造成的人为错误。

信息表格

⬇ 消除重复的数据项，简化表头

1NF

⬇ 消除非主属性对码的部分函数依赖

2NF

⬇ 消除非主属性对码的传递函数依赖

3NF

图 1.32　关系模式规范化的基本步骤

通过前面三种范式的对比可以看出，数据表规范化的程度越高，数据冗余就越少，同时造成人为错误的可能性也就越小；并且，规范化的程度越高，在查询检索时需要做的关联等工作就越多，数据库在操作过程中需要访问的数据表以及之间的关联也就越多。因此，在数据库设计的规范化过程中，需要根据数据库需求的实际情况，选择一个折中的规范化程序。

综上所述，概括后的关系模式规范化的基本步骤如图 1.32 所示。

知识拓展

除了上面介绍的三个范式外，还有三种更高级别的范式，如 BC 范式（BCNF）、第四范式（4NF）和第五范式（5NF）。BC 范式可以看成是修正了的第三范式。一般地说，表满足的范式级别越高，则其设计越规范，质量越高，数据冗余度越小，共享性越高，所占的存储空间越少，并将数据的不一致性降低到最低程度，这也是对表进行规范化的目的。但是在数据查询方面，需要进行关系模式之间的连接操作，因而影响查询的速度。考虑到人们在设计数据库时，最终的目标是要平衡两个需要，既要随着时间的推移有效地存储数据，又要轻松地检索和分析数据。因此，不应一味追求高范式，有时故意保留部分冗余可能更方便数据查询，一般满足第三范式或 BC 范式即可。

1.3　数据库设计基础

数据库设计的任务就是以要管理的基本数据项为原始数据，设计出结构优化的满足实际应用需求的关系模型。在 Access 中具体实施时表现为数据库和表的结构要合理，即其不仅存储了所需要的实体信息，而且反映出实体之间客观存在的联系。

1.3.1　数据库设计步骤

本节先集中介绍数据库的设计原则和数据库的设计步骤中需要掌握的知识要点。在下一节中将从系统开发的角度并遵循本节给出的数据库设计原则和设计步骤，以"学分制教学管理"数据库的设计为例，详细论述在 Access 中设计关系数据库的过程。

1．数据库的设计步骤

利用 Access 来开发数据库应用系统，一般步骤如图 1.33 所示。

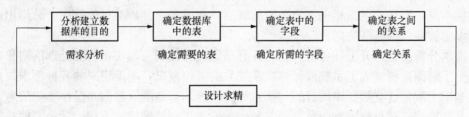

图 1.33　数据库设计步骤

2．数据库的设计原则

为了合理组织数据，应遵从以下基本设计原则。

1）关系数据库的设计应遵从概念单一化的"一事一地"的原则。

2）避免在表之间出现重复字段。

3）表中的字段必须是原始数据和基本数据元素。

4）用外关键字保证有关联的表之间的联系。

1.3.2 数据库设计过程

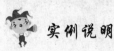

某高校试行学分制教学改革，以选课代替排课，鼓励学生根据自身学业情况和专业学分要求，灵活安排学习计划，甚至可提前或推迟修满学分毕业。这项改革对该校教学管理的内容和管理体制都提出了更高的要求。因此，以现代信息技术环境为依托，将学分制下的教学管理模式与现代数据处理技术融合，设计出能充分适应学分制管理模式的教学管理数据库成为保障改革顺利实施的关键。

本节的任务，就是为该校创建一个"学分制教学管理"数据库。这个实例汇集了数据库设计过程中的核心要点，具有较强的示范功能。

本节的应用要点并不包括任何与 Access 2007 有关的操作，而是主要针对数据库设计过程进行分析，为理解和掌握数据库设计原则和步骤奠定基础。

1. 需求分析

数据库存储在计算机存储设备上，是结构化的相关数据集合。它不仅包括描述事物的数据本身，而且还包括相关事物之间的联系。所以需求分析的目的就在于总结出所建数据库中需要包括哪些数据。

需求分析是整个开发任务的开始，并且是通过详细调查现实世界要处理的对象。它要充分了解原系统（人工系统或计算机系统）的工作概况，明确用户的各种需求，然后在此基础上确定建立数据库的目的与新系统的功能，最终确定数据库保存哪些信息。

某高校准备试行学分制改革，而其与传统的学年制管理模式不同。学分制的核心是允许学生自由选课，即把学习的自主权交给学生。该校内部设立多个学院，每个学院开设多个专业（系部），每个专业（系部）由多名教师和多个班级构成，每个班级由一定数量的学生组成。在自主选课制度教学管理活动中，主要有三类人员参与其中：教师、学生和教务管理人员。

教师是最直接参与教学活动的人，他们直接面对学生，负责日常的教学工作。为了增强教师的竞争意识，提高教学效果，校方规定一位教师每学期可以承担多门课程的教学任务，同一门课程也可以由多位教师分别独立授课。与此同时，为了克服学分制的不足，加强教师对学生的指导与督促，校方规定各系部（专业）的青年教师需要承担本系部（专业）内某一班级的班主任工作，即一个班级的班主任只由校内一名青年教师担任。

　　学生是教学活动最直接的对象，而灵活弹性的学分制打破了学年制以行政班级为单元的集中授课形式，由原先一个班一张课表变为每个学生一张课表。学生以课程为纽带，形成多变的听课群。每学期末，每名学生均可根据学校提供的下学期的所开课程信息、授课教师和上课时间等信息，自主安排下学期的学习计划，选修多门课程。

　　教务管理人员并不直接参与教学活动，而是主要负责对校内所有教师信息、学生信息和课程信息进行管理、更新与维护等工作；并负责将每学期分配给每位教师的教学任务等信息登记并保存于如图 1.34 所示的"教师授课情况"表中，且此表作为学生选课的依据；并于每学期考试结束后将每名学生的选课成绩等信息登记保存于如图 1.34 所示的"学生选课成绩"表中。在上述学分制教学管理工作中，教务管理人员所处理的相关表格的具体内容如图 1.34 所示。

表1 "学生档案"表

学号	姓名	出生日期	班级名称	性别
S980104	欧阳宏	1991/01/12	信管031	男
S970302	张小兰	1991/12/28	国贸032	女
……	……	……	……	……

表2 "教师档案"表

教师编号	姓名	工作日期	学历	性别	职称	系部名称	联系电话
T9601102	刘国栋	2003/07	研究生	男	讲师	电子商务	82626567
T9302110	焦春雨	2008/11	博士	女	教授	经济学	82324552
……	……	……	……	……	……	……	……

表3 "学生选课成绩"表

学号	姓名	课程名称	课程类别	学分	平时成绩	考试成绩	课程成绩
S960102	刘丽	高数	公共基础	3	90	77	81
S990102	刘红	日语	专业必修	2	70	50	56
……	……	……	……	……	……	……	……

表4 "教师授课情况"表

教师姓名	学时	课程名称	课程类别	学分	职称	授课时间	授课地点
方宏海	46	高数	公共基础	3	副教授	周一12节	西237
李跃辉	32	日语	专业必修	2	讲师	周四34节	阶102
……	……	……	……	……	……	……	……

图 1.34　教务管理人员所处理的相关表格

在初步分析了上述教学管理活动中的参与人员和各自的工作职责后，可以确定建立"学分制教学管理"数据库的目的是为了解决教学信息的组织和管理问题，其主要功能及所需信息如表 1.2 所示。

表 1.2　"学分制教学管理"数据库功能与所需信息

人　员	功　能	所需信息
学生	查询教师授课情况	教师授课信息
	录入学生（个人）本学期选课信息	学生（个人）本学期选课信息
	查询学生（个人）选课成绩信息	学生（个人）选课成绩信息
教务管理人员	管理教师档案	教师信息
	管理学生档案	学生信息
	管理课程信息	课程信息
	管理教师授课信息	教师授课信息
	管理学生选课成绩信息	学生选课成绩信息
教师	查询教师（个人）授课信息	教师（个人）授课信息
	（班主任）查询班级与学生信息	班级内学生信息
		班级内学生选课成绩信息
		班级信息

2. 确定所需要的数据表

数据库设计的第二步是在明确了建立数据库的目的之后，先将数据库中保存的所有信息按照不同的主题进行分类，并以表的形式保存；然后用概念数据模型表示为各个独立的实体和实体之间的联系。

为了能够更合理地确定数据库中应包含的表，需要遵从关系数据库设计阶段的第一条基本设计原则，并以该原则对数据进行分类。

原则 1（数据分类原则）　关系数据库的设计应遵从概念单一化的"一事一地"原则，即一个表描述一个实体或实体间的一种联系。

针对教学管理业务中需要处理四类信息：教师档案信息、学生档案信息、教师授课信息和学生选课成绩信息。这些分别包含在如图 1.34 所示的四个表中。依据原则 1，并逐个分析这四个表不难发现，"教师档案"表和"学生档案"表分别只包含关于一个主题的信息，因此可以直接将其作为"学生"表和"教师"表用来存放学生与教师的基本信息，分别对应学生实体集和教师实体集。

而"学生选课成绩"表中却包含了三类不同主题的信息：一是学生信息，如学号、姓名；二是课程信息，如课程名称、课程类别、学分；三是学生选课的成绩信息，如平时成绩、考试成绩和课程成绩。这样必然存在大量的数据冗余，使用户无法独立于其他主题来维护每个主题的信息。例如，当某课程名称发生变化时，"学生选课成绩"表中所有选修过本课程的记录都要随之修改，而只要有一处遗漏，势必造成数据的不一致。将这些信息都放到一个表中，既不符合原则 1，又不利于数据的管理。因此，应将"学生选课成绩"表按照不同主题的信息进行拆分,并将其作为三个单独的主题分散在不同的表中独立保存。将有关学生信息的数据(学号、姓名)保存到"学生"表中以对应学生实体集;将课程信息的数据保存到"课程"表中以对应课程实体集,并将有关学生所修课程的成绩保存在"学生选课成绩"表中以对应课程与学生实体集之间产生的选课联系;同样道理,对教师授课情况表这样大而杂的表也应进行拆分,即把有关教师基本情况的数据(教师编号,姓名,职称等)保存在"教师"表中以对应教师实体集,并把有关教师授课的(包括时间与地点等数据)保存在"教师授课"表中以对应课程与教师实体集之间产生的授课联系。

因此,根据从上述数据分类结果以及已确定的"学分制教学管理"数据库应完成的任务,可将"学分制教学管理"数据分为八类,并分别存放在"教师"、"学生"、"课程"和"学生选课成绩"等八个表中,如表 1.3 所示。

表 1.3 "学分制教学管理"数据库数据分类

表(主题)	详 细 数 据
教师信息	教师编号、姓名、性别、工作日期、学历、职称、系部名称
学生信息	学号、姓名、性别、出生日期、班级名称
课程信息	课程名称、课程类别、学分、学时
学生选课成绩信息	平时成绩、考试成绩、课程成绩
教师授课信息	授课时间、授课地点
班级信息	班级名称
系部信息	系部名称
学院信息	学院名称

"学分制教学管理"数据库对应的概念模型如图 1.35 所示,且其共涉及六个实体集。

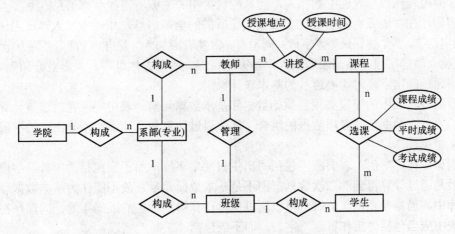

图 1.35 "学分制教学管理"数据库的概念模型

学院实体集对应系统中的学院机构,转化为学院表用来存放学院的信息。

系部(专业)实体集对应系统中的系部(专业)机构,转化为系部表用来存放系部(专业)的各种信息。

班级实体集对应系统中的班级，转化为班级表用来存放班级的信息。

学生实体集是系统中的中心实体，转化为学生表用来存放学生的基本信息。

教师实体集也是系统中的中心实体，转化为教师表用来存放教师的基本信息。

课程实体集是系统中第三个中心实体，转化为课程表主要存放课程的基础信息。

六个实体集之间的联系如下。

实体集学院与专业，专业与班级，专业与教师，班级与学生之间均构成一对多的联系，其中每个系部只能属于一个学院，每位教师只能属于一个系部，每个班级只能属于一个系部，每名学生只能属于一个班级。

班级与负责本班班主任工作的教师之间为一对一的管理联系。

一名学生可自主选修多门课程，一门课程也可由多名学生选修，从而产生学生与课程之间多对多的选课联系，某一名学生的某一门课程的成绩由该生的学号和所选课程的编号共同决定，并保存在学生选课成绩表中。一位教师可讲授多门课程，一门课程也可由多位教师分别独立授课，从而产生教师与课程之间多对多的讲授联系，某一位教师讲授的某一门课程的授课时间与授课地点由该教师的教师编号和所开课程的编号共同决定，并保存在教师授课表中。

3. 确定表结构和主码

数据库设计的第三步是确定表结构和主码（确定表中所需字段），即将 E-R 图中的每一个实体集转化为一个关系（表）。实体集中的实体的属性成为该关系（表）的属性。实体的标识符成为该关系（表）的关键字。每个实体由该关系（表）的一个元组（记录）表示。

对于上面已经确定的每一个表，还要设计其结构，即要确定每个表应包含哪些字段。由于每个表所包含的信息都应该属于同一主题，因此在确定所需字段时，要注意每个字段包含的内容应该与表的主题相关，而且应包含相关主题所需的全部信息。

例如，在"班级"表中应包含班级主题所需的全部信息，故还应加入"班主任"、"联系电话"、"奖惩记录"等字段；同理有，学院表应加入"院办电话"、"院办地址"、"学院简介"等字段，系部表应加入"系办电话"、"系办地址"、"专业介绍"。

下面是确定字段时需要遵从的基本设计原则。

原则 2 表中的字段必须是原始数据和基本数据元素。表中不应包括通过计算可以得到的"二次数据"或多项数据的组合。能够通过计算从其他字段推导出来的字段也应该尽量避免。

例如，在"学生"表中应当包括"出生日期"字段，而不应包括"年龄"字段。因为年龄是通过计算得到的二次数据，而不是基本数据元素，故不能作为基本数据存储在数据库中。当需要查询年龄时，可以通过简单计算得到学生的准确年龄；同理，在"教师"表中应当包括"工作日期"字段，而不应包括"工龄"字段。

例如，在"课程"表中不能同时出现"总学时"、"实验学时"和"课堂学时"字段，因为"总学时=实验学时＋课堂学时"。但考虑到课程学时分配信息的重要性，所以在"课程"表中保留计算字段"总学时"，要将"实验学时"和"课堂学时"等学时分配内容写入"课程介绍"字段。

　　一个基本关系对应着现实世界中的一个实体集，而现实世界的实体是可区分的。主键的设置是为了确保每个记录的唯一性，主键可以是一个字段，也可以由若干个字段组合而成。因此若一个关系的主关键字值为空或者出现重复值，则说明存在某个不可标识或不可区分的实体，这与实体的定义也是矛盾的，因此这个实体一定不是一个完整的实体。所以说，实体完整性是通过主键实现的。实体完整性和参照完整性适用于任何关系数据库系统。所设计的这个系统当然也不例外。所以，还需要为以上各表确定相应的主键。

　　例如，"学生"表的主键是"学号"，它可以区别表中的各个记录，也就是说，"学生"表中不可能出现学号相同的记录，因为每名学生都与一个学号相对应，不会出现不同学生具有相同的学号，因此学号是表的主键。而"姓名"字段由于有可能出现重名的情况，所以不适合作表的主键。当然，"学生"表中的其他属性可以是空值，如"出生日期"字段或"性别"字段如果为空值，则表明不清楚该学生的这些特征值。同理，"教师"表中的主键是"教师编号"。

　　根据实体完整性的规则，应在"系部"表中增加"系部编号"作主键；在"课程"表中增加"课程编号"作主键；在"班级"表中增加"班级 ID"作主键，并确保它们都具有唯一的值。

　　根据以上分析，按照字段的命名原则，可将"学分制教学管理"数据库中的六张表的字段确定下来，如下所示。

　　学院表（学院代码，学院名称，院办电话，院办地址，学院简介）

　　系部表（系部编号，系部名称，系办电话，系办地址，专业介绍）

　　班级表（班级 ID，班级名称，班主任，联系电话，奖惩记录）

　　学生表（学号，姓名，性别，出生日期，奖惩记录）

　　教师表（教师编号，姓名，性别，学历，职称，工作日期，联系电话）

　　课程表（课程编号，课程名称，总学时，学分，课程类别，课程简介）

4. 确定表之间的关系

　　原则 3　用外关键字保证有关联的表之间的联系。在一个数据库系统中，不仅要存储所需要的实体信息，而且要反映出实体之间的客观存在的联系。

　　经过前三个步骤，用户已经把描述各个实体所需的数据分散保存在六个表中。为了进一步反映出实体之间的联系，还需要为其确定外关键字，以便将表中的相关数据联系起来。

　　要建立两个表的联系，可以把其中一个表的主键添加到另一个表中成为外键，使两个表都有该字段。因此，需要分析各个表所代表的实体之间存在的联系。

　　1）如果一个联系的类型是 1：1 或 1：n，且该联系无自身的属性，则在 1 侧的实体集的关键字应加入到另一侧的实体转换成的关系（表）中，联系集本身可不必单独转换成关系。

　　例如，在"学分制教学管理"数据库中，"学院"表和"系"部表之间就存在着一对多的联系，应将学院表中的"学院代码"字段添加到"系部"表中。同理，"系部"表和"班级"表之间，"系部"表和"教师"表之间，"班级"表和"学生"表之间，都存在着一对多的联系，应分别将"系部"表中的"系部编号"字段添加到"班级"表中，将"系部"表中的"系部编号"字段添加到"教师"表中，将"班级"表中的"班级 ID"字段添加到"学生"表中。

再如，在"学分制教学管理"数据库中，一个班主任负责管理一个班级，"教师"表和"班级"表之间就存在着一对一的联系，应将"教师"表中的"教师编号"字段添加到"班级"表中成为"班主任"字段。

2）每一个联系集转换成一个关系（表），该联系集自身所拥有的属性，加入到关系（表）中去，而该关系（表）的主关键字由该联系集所联系的实体集的关键字组成。

在"学分制教学管理"数据库中，由于一名学生自主选修多门课程，对于"学生"表中的每条记录，在"课程"表中都可以有多条记录与之对应。同样，每门课程也可由多名学生选修，对于"课程"表中的每条记录，在"学生"表中也可以有多条记录与之对应。因此，二者之间存在多对多的联系。

同理，在"学分制教学管理"数据库中，由于一名教师可讲授多门课程，对于"教师"表中的每条记录，在"课程"表中都可以有多条记录与之对应。同样，也可由多名教师独立授课。对于"课程"表中的每条记录，在"教师"表中也可以有多条记录与之对应。因此，二者之间也存在多对多的联系。

在"学分制教学管理"数据库中的具体做法是创建一个学生选课成绩表，把"学生"表和"课程"表的主码（学号和课程编号）都放在这个纽带表中。在学生选课成绩表中可以包含学生学习该课程的"成绩"字段，如图 1.36 所示。学生和课程之间的多对多关系由两个一对多关系代替："学生"表和学生"选课成绩"表是一对多关系。每名学生都可以对应多门课程，但每门课程的选课成绩信息只能与一名学生有关。"课程"表和学生"选课成绩"表也是一对多的关系。每门课程可以有许多学生选修，但每名学生的选课成绩信息只能与一门课程对应。

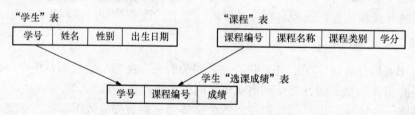

图 1.36　转化学生与课程的多对多关系

同理，根据原则 2，如图 1.37 所示的"讲授"联系可以转化为"教师授课"表。在"学分制教学管理"数据库中的具体做法是创建一个"教师授课"表，把"教师"表和"课程"表的主码（教师编号和课程编号）都放在这个纽带表中。在"教师授课"表中可以包含教师讲授该课程的"授课时间"、"授课地点"等字段，如图 1.37 所示。教师和课程之间的多对多关系由两个一对多关系代替："教师"表和"教师授课"表是一对多关系。每位教师都可以对应多门课程，但每门课程的授课时间、授课地点信息只能与一位教师有关。"课程"表和"教师授课"表也是一对多关系。每门课程可以由多位教师讲授，但每位教师的授课时间、授课地点信息只能与一门课程对应。

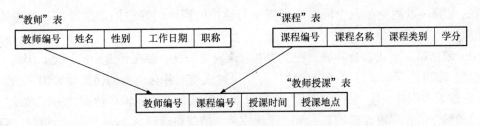

图 1.37 转化教师与课程的多对多关系

在"学分制教学管理"数据库中的八张表之间的关系如图 1.38 所示。

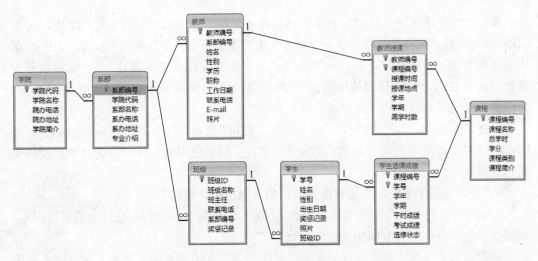

图 1.38 "学分制教学管理"数据库的关系模式

5. 关系规范化

通过前面几个步骤设计完所需的表、字段和关系之后,应该通过表的规范化对由 E-R 模型转换得到的关系表进行分析,检查是否存在可能导致数据难以使用与维护的缺陷和需要改进的地方,最终使之符合第三范式。

下面是根据数据库设计阶段的实际经验总结出的几个需要检查的方面。

1)依据第二范式检查各表,是否为每个表选择了合适的主码?在使用这个主码查找具体记录时,它是否容易记忆和输入?要确保主码字段的值不会出现重复。

目前"教师授课"表的主键由"教师编号"和"课程编号"共同组成,但在实际教学活动中经常出现同一位教师讲授的同一门课程需要一周在不同的地点上多次课,也即在"课程编号"、"教师编号"相同的情况下会出现两个不同的授课时间和授课地点。这时"课程编号和教师编号"的组合不再具备唯一性,自然就无法再继续承担主键的任务。所以,用户应该为该表重新指定一个可唯一标识"授课 ID"的字段作新的主键。

同理,也应当为"学生选课成绩"表重新指定一个可唯一标识"成绩 ID"的字段作新的主键，以避免在表中同时出现同一名学生的同一门课程的正常考试和补考的两个成绩。

2）依据第三范式检查各表，在"学生选课成绩"表中存在传递依赖问题，因为"课程成绩"字段的值是通过"考试成绩"与"平时成绩"各自所占的比例计算出来的。所以，在该表中不能出现"课程成绩"字段，而只能以最小的逻辑单位即"考试成绩"和"平时成绩"，作字段存储信息。而"课程成绩"的值将通过 Access 中的查询轻松实现。

3）除了保证各表中有反映与其他表之间存在联系的外键之外，应尽量避免在表之间出现重复字段。这样做的目的是使数据冗余尽量小，防止在插入、删除和更新时造成数据的不一致。

例如，在"学生选课成绩"表不应再包含"课程"表中的"课程名称"字段，因为"课程编号"是"课程"表的主键，也是"学生选课成绩"表中反映与"课程"表之间存在联系的外键。依据第三范式，应消除"课程名称"依赖"课程编号"，"课程编号"依赖"成绩 ID"之间的传递依赖关系。如果需要时可以通过两个表的连接"课程编号"字段找到所选课程对应的"课程名称"等其他信息。

同理，在"学生"表、"班级"表、"系部"表和"教师"表中依次删除"班级名称"、"系部名称"、"学院名称"和"系部编号"字段。除外键以外，各表中的每个字段必须直接描述该表的实体。

4）是否遗忘了字段？是否有需要的信息没包括在数据库中？

例如，考虑到实际教学资源有限的客观情况，应该对各门课程的选修人数有所限定，即可在"教师授课"表中增加"选修人数"字段。

同理，为了提高"教师授课"表和"学生选课"表中信息的完整性，可分别在两表中增加"学年"、"学期"和"周学时"字段。

将先前设计的八张表进行规范化处理后，均符合第三范式要求，这是合理的关系模式。

经过反复修改之后，如果认为确定的表结构已经达到了设计要求，就可以向表中添加数据，并且可以新建所需要的查询、窗体、报表、宏和模块等其他数据库对象。

到此为止，整个系统的分析和设计全部完成。从上面的需求分析和数据库设计以及功能模块的划分可以看出，学分制教学管理系统包含了一个数据库应用系统最基本的功能，它是一个非常典型的数据库系统设计实例。通过这个实例，可以首先让读者对系统的开发有一定的了解。这样在今后，无论遇到何种类型、何种结构复杂的数据库应用系统，读者都可以按此思路和做法进行开发以及使用。

 提 示

　　整个设计过程实际上是一个不断返回修改、调整的迭代过程。数据库设计在每一个具体阶段的后期都要经过用户确认。如果不能满足要求，则要返回前面一个或几个阶段进行调整和修改。因为，由实际的经验可知，及时修改数据库设计中的不足远比在表中填入了数据以后再修改要容易得多。

小　结

　　数据管理是计算机最主要的应用领域，数据库系统是数据管理的主要工具。一个数据库系统通常由计算机硬件与操作系统、数据库、数据库管理系统和数据库应用系统五个部分组成，涉及数据库管理员、应用软件开发人员和最终用户等角色。数据库系统中的数据是结构化且面向全局的。

　　概念世界是现实世界在人脑中的反映。现实世界中的事物和事物的特性在概念世界中分别被抽象为实体和实体的属性，而现实世界间的事物之间的联系则被抽象为实体之间的联系。这些由抽象所产生的模型，称为概念模型，通常对于概念模型的描述是使用实体-联系图（E-R 图）来实现的。概念模型独立于具体的计算机系统和数据库管理系统。

　　数据模型是一组严格定义的概念集合，它们精确地描述了数据和数据之间的关系、对数据的操作以及有关的语义约束规则。关系模型是当前使用最广泛的数据库系统模型，Oracle、DB2、Sybase、SQL Server 等大中型数据库管理系统都是基于关系模型的，Access 也是一个关系型数据库管理系统。

　　在关系数据库里，所有的数据都按表进行组织和管理。关系是规范化的二维表，为了简化数据操作，在关系模型中，对关系进行了种种限制。关系具有以下特性：关系中不允许出现重复行，但各行的顺序是任意的；关系中不允许出现重复列，但各列的顺序是任意的；同一列的数据来自同一个域，并且属于同一数据类型；关系中的每一列是不可再分的数据项。

　　关系数据库的最大特点在于，它将每个具有相同属性的数据独立地存放在一个表中，方便用户对这些数据进行处理。对任何一个表，用户都可以新增加、删除、修改表中的任何数据而不会影响其他表中的其他数据。它既解决了层次型数据库横向关联不足的问题，又避免了网状数据库关联过于复杂的问题。

　　关系数据库完整性是对关系中的数据及具有关联关系的两个关系的主键和外键必须遵循的制约和依存关系。

　　一个设计不当的表可能包含许多重复信息，从而造成插入异常、删除异常、更新异常等冗余弊端。规范化理论正是用来改造关系模式，通过投影分解关系模式来逐步消除其中不合适的数据依赖，使关系数据库中的关系遵循一定的规则，即满足不同的范式。把表从低一级范式，通过投影运算转换成若干个高一级的范式。最终将数据库中的每张表精简为一组字段，使得表中所有的非主关键字字段都取决于表的主关键字字段，以解决由数据冗余带来的一系列异常隐患。

　　关系规范化的原则是遵从概念单一化的"一事一地"模式设计原则，并让一个关系描述一个概念、一个实体或者实体间的一种联系。若多于一个概念就把它"分离"出去。规范化实质上是概念的单一化。

习 题

一、单选题

1. 数据模型反映的是（　　）。
    A. 事物本身的数据和相关事物之间的联系
    B. 事物本身所包含的数据
    C. 记录中所包含的全部数据
    D. 记录本身的数据和相关关系

2. 用二维表来表示实体及实体之间联系的数据模型是（　　）。
    A. 实体-联系模型　　　　　　　B. 层次模型
    C. 网状模型　　　　　　　　　　D. 关系模型

3. 关系是一种规范化了的二维表格，以下对关系作了规范性限制的说法，错误的是（　　）。
    A. 关系中每一个属性值都是不可分解的
    B. 关系中允许出现相同的元组（没有重复元组）
    C. 由于关系是一个集合，因此不考虑元组间的顺序，即没有行序
    D. 元组中，属性在理论上也是无序的，但在使用时按习惯考虑列的顺序

4. 使用 Access 按用户的应用需求设计的结构合理，使用方便、高效的数据库和配套的应用程序系统，属于一种（　　）。
    A. 数据库　　　　　　　　　　　B. 数据库管理系统
    C. 数据库应用系统　　　　　　　D. 数据模型

5. 以下关于主关键字的说法，错误的是（　　）。
    A. 使用自动编号是创建主关键字最简单的方法
    B. 作为主关键字的字段中允许出现空值
    C. 作为主关键字的字段中不允许出现重复值
    D. 不能确定任何单字段的值的唯一性时，可以将两个或更多的字段组合成为主关键字

6. 数据库是（　　）。
    A. 以一定的组织结构保存在计算机存储设备中的数据的集合
    B. 一些数据的集合
    C. 辅助存储器上的一个文件
    D. 磁盘上的一个数据文件

7. 下列说法错误的是（　　）。
    A. 人工管理阶段程序之间存在大量重复数据，数据冗余大
    B. 文件系统阶段程序和数据有一定的独立性，数据文件可以长期保存

C．数据库阶段提高了数据的共享性，减少了数据冗余

D．上述说法都是错误的

8．Access 是一种关系型数据库管理系统，其中的关系是指（　　）。

A．一个数据库文件与另一个数据库文件之间有一定的关系

B．数据模型符合一定条件的二维格式

C．数据库中的实体存在的联系

D．数据库中各实体的联系是唯一的

9．下列描述中正确的是（　　）。

A．数据库系统是一个独立的系统，不需要操作系统的支持

B．数据库设计是指设计数据库管理系统

C．数据库技术的根本目标是要解决数据共享的问题

D．数据库系统中，数据的物理结构必须与逻辑结构一致

10．在数据库中可以增加、编辑和删除表记录，这是因为数据库管理系统提供了（　　）。

A．数据定义功能　　　　　　　B．数据操纵功能

C．数据维护功能　　　　　　　D．数据控制功能

11．在关系数据库系统中，数据的最小访问单位是（　　）。

A．字节　　　　B．字段　　　C．记录　　D．表

12．为了合理地组织数据，应遵循的数据库设计原则是（　　）。

A．"一事一地"的原则，即一个表描述一个实体或实体间的一种联系

B．表中的字段必须是原始数据和基本数据元素，并避免在表中出现重复字段

C．用外关键字保证有关联的表之间的关系

D．A、B 和 C

13．假设数据库中表 A 与表 B 建立了一对多联系，表 B 为"多"的一方，则下述说法中正确的是（　　）。

A．表 A 中的一条记录能与表 B 中的多条记录匹配

B．表 B 中的一条记录能与表 A 中的多条记录匹配

C．表 A 中的一个字段能与表 B 中的多个字段匹配

D．表 B 中的一个字段能与表 A 中的多个字段匹配

14．学生和课程之间是典型的（　　）关系。

A．一对一　　　　　　　　　　B．一对多

C．多对一　　　　　　　　　　D．多对多

15．在层次数据模型中，有（　　）个节点无双亲。

A．1　　　　　B．2　　　　C．3　　　　D．多

二、填空题

1．关系数据库的任何检索操作都是由三种基本运算组合而成的，它们是_____、_____和_____。

2. 常见的数据模型有三种，它们是_____、_____和_____。

3. 数据库系统的核心是_____。

4. 在数据库中能够唯一标识一个元组的属性或属性的组合称为_____。

5. 在关系数据的基本操作中，把两个关系中相同属性值的元组连接到一起形成新的二维表的操作称为_____。

6. 关系代数是一种关系操纵语言，它的操作对象和操作结果均为_____。

7. 设关系 R 和 S 分别为五目和四目关系，关系 T 是 R 和 S 的广义笛卡儿积，则 T 的属性个数是_____。

8. 在教室表中，如果要找出职称是"教授"的教师，应该采用的关系元素是_____。

9. 数据模型不仅反映的是事物本身的数据，而且还表示_____。

10. 设有选修日语的学生关系 R，选修德语的学生关系 S，求选修了日语而没有选修德语的学生，则需要进行的运算是_____。

三、思考题

1. 简述数据库系统与文件系统的异同点。

2. 什么是数据库、数据库系统、数据库管理系统和数据库应用系统？并说明它们之间的关系。

3. 笛卡儿积、等值连接、自然连接三者之间有什么区别？

第 2 章

Access 2007 数据库基础

本章要点

Access 2007 是 Windows 环境下的数据库管理软件。它提供了大量的工具和向导，即使没有任何编程经验，也可以通过可视化的操作来完成大部分的数据库管理和开发工作。本章从 Access 2007 数据库的开发环境入手，介绍 Access 2007 数据库的操作与管理以及 Access 2007 数据库的安全性。

本章内容主要包括：

➢ Access 2007 数据库的安装、
   启动与退出
➢ Access 2007 数据库的构成
➢ 创建数据库
➢ 数据库的管理
➢ 数据库的安全性

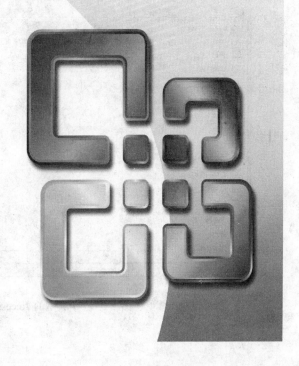

2.1　Access 2007 数据库开发环境

Access 2007 是美国微软公司开发的一个基于 Windows 操作系统的关系型数据库管理系统，可为用户提供高效、易用和功能强大的数据管理功能。

2.1.1　Access 2007 的安装与启动

Access 2007 是 Office 2007 办公软件包中的一个组件，具有与 Word、Excel 和 PowerPoint 等相同的安装、启动与退出方法。

启动 Access 2007 最常用的方法是单击 Windows 中的"开始"按钮，在"所有程序"菜单中选择"Microsoft Office Access 2007"选项启动软件。

2.1.2　Access 2007 工作界面

启动 Access 2007 后，在"本地模板"中单击"罗斯文 2007"图标，然后在右侧单击"创建"按钮，即可创建"罗斯文 2007"数据库，即可打开 Access 2007 的工作界面。图 2.1 所示是一个典型的 Access 2007 工作界面，其各组成部分的功能，如表 2.1 所示。

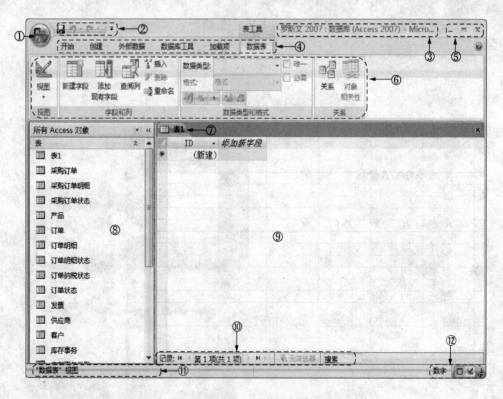

图 2.1　一个典型的 Access 2007 工作界面

表 2.1　Access 界面功能名称及其功能说明

编　号	名　　称	功能及说明
①	Office 按钮	主要以数据库文件为操作对象，类似于早期版本中的"文件"菜单，主要进行文件的"新建"、"打开"、"保存"等操作
②	快速访问工具栏	在该工具栏中集成了多个常用的按钮，如"撤销"、"打印"按钮等，在默认状态下集成了"保存"、"撤销"和"恢复"按钮
③	标题栏	显示 Access 标题，并可以查看当前处于活动状态的文件名
④	标签	在标签中集成了 Access 功能区
⑤	窗口控制按钮	使窗口最大化、最小化的控制按钮
⑥	功能区	功能区是 Access 2007 的命令中心，其中包括用来处理数据库的所有命令，取代了菜单栏和工具栏。例如，在"创建"选项卡中，可以找到用于创建新表和其他数据库对象的命令。功能区中有多个选项卡，每个功能区选项卡都包含执行该活动所需的各项命令，这些命令组成多个逻辑组。主要的功能区选项卡包括"开始"、"创建"、"外部数据"和"数据库工具"。还有某些选项卡只在需要时才显示，称为"上下文"选项卡。例如，只有在 Access 2007 显示为数据表视图时，才会出现"数据表"选项卡
⑦	名称框	显示当前正在操作（选中）的对象的名称
⑧	导航窗格	导航窗格取代了早期版本中的数据库窗口，用于使用和管理数据库中的所有对象
⑨	工作区	工作区用来显示数据库中的各种对象，是使用 Access 进行数据库操作的主要工作区域
⑩	列标	列号。单击时，即可选中列
⑪	状态栏	用于显示当前文件的信息
⑫	视图按钮	用于切换各类视图

2.2　Access 的六大对象

　　Access 2007 的主要功能是通过六大数据对象来完成的。为了对 Access 2007 数据库系统有一个直观的认识，首先来观察本书所建立的示例数据库。打开"Northwind.accdb"数据库文件，即可进入该数据库。在"导航窗格"中，可以看到一个 Access 2007 数据库包含的所有对象：表、查询、窗体、报表、宏和模块，如图 2.2 所示。

图 2.2　"Northwind.accdb"示例数据库中的六大对象

 提 示

"Northwind.accdb"是本书的示例数据库。各章节中所涉及的具体数据均以此数据库为例。该数据库的业务背景为一个名为"罗斯文"的商贸公司，该公司进行世界范围内的食品采购与销售。罗斯文公司销售的食品分为八大类，每类食品又细分出各种具体的食品。这些食品由多个供应商提供，然后再由销售人员销售给客户。销售时需要填写订单，并由货运公司将产品运送给货主。

2.2.1　表

表是 Access 数据库中唯一用于存储数据的对象，并且是整个数据库系统的基础。Access 允许一个数据库中包含多个表，每个表用于存储不同主题的数据并且对应一个实体集（如雇员或产品）。表中的每行记录对应一个具体的实体（如特定的雇员）。记录由许多不同类型的字段组成，包括"文本"、"数字"、"日期"和"图片"。每一个字段（列）对应实体的一个属性（如姓名、地址和出生日期等）。

如图 2.3 所示，在"Northwind.accdb"示例数据库中的"雇员"表就是一个存储雇员信息的数据表，其中每一条记录（行）都包含不同雇员的信息，每一个字段（列）都包含不同类型的信息（如姓名和出生日期等）。

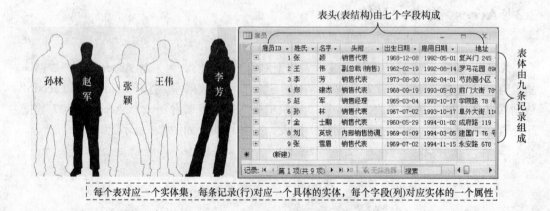

图 2.3　表与实体之间的对应关系

数据库中的多个表之间并不是孤立存在的，通过有相同内容的字段（公共字段）可以在多个表之间建立关联，将不同表中的相关信息重新结合起来，以便用户使用。例如，有些复杂的业务数据不能用一个简单的表来存储，必须通过多个表及其关联来表示，如图 2.4 所示的订单业务，就需要通过"产品"表、"订单"表、"订单明细"表以及它们之间的公共字段"产品 ID"和"订单 ID"建立一对多关系来表示。

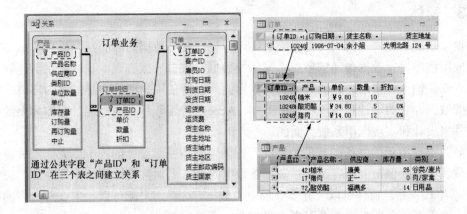

图 2.4　订单业务

Access 不同于 Excel 也正是因为使用了关系表。如此设计的目的在于当跟踪每个订单具体订购了哪些产品及其订购数量时，只需在"订单明细"表中输入每个订单的"订单 ID"和相关的"产品 ID"即可，而不需要再反复键入已经存储的产品信息或订单信息。通过这种方式，Access 可以根据三个表中的公共字段（"产品 ID"和"订单 ID"）分别从"订单"表和"产品"表中找到每个产品和每个订单的具体信息（如产品的供应商、库存量和订单的订购日期、货主信息等）。

2.2.2　查询

查询为用户提供了从不同角度查看表中记录的方式。对于数据库中保存的同一批数据，用户可以通过查询按照不同的方式从多个表中检索、组合、重用和分析所需的数据，也可以将其作为窗体、报表的数据源。如图 2.5 所示，在相同的"订单"表、"产品"表和"订单明细"表的基础上，即可按季度统计出各种产品的销售金额，还可以按类别统计 1997 年各类产品的销售数量。

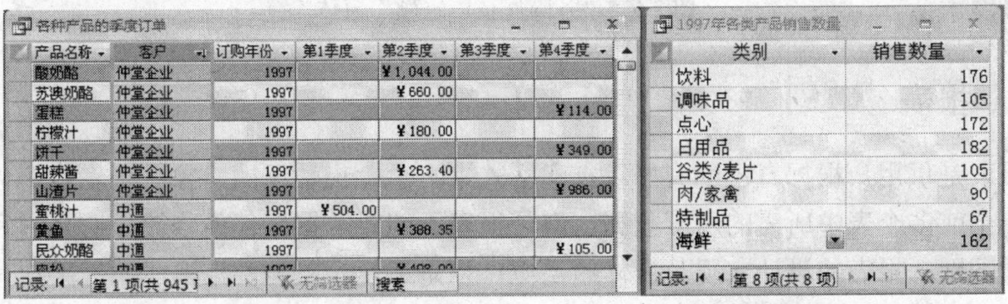

图 2.5　各种产品的季度订单查询和 1997 年各类产品销售数量查询

为了保证每次运行查询时，查询所返回的数据（称为记录集）都是数据库中的最新数据，在创建查询时，Access 只保存查询的结构和条件，而不保存查询结果的记录集。

2.2.3 窗体

窗体是应用程序开发人员提供给最终用户处理业务数据的界面，是用户与 Access 数据库应用程序进行数据传递的桥梁。窗体的数据源来自表或查询，其功能在于建立一个可以查询、输入、修改、删除数据的操作界面，以便使用户能够在最舒适的环境中输入或阅览数据。它的设计和实现与 VB 类似，Access 应用程序员也是通过在窗体上绘制各种控件来设计和实现应用系统界面的。

如图 2.6 所示的"各国雇员销售额"窗体可以体现出窗体的一个最大优点：窗体可以隐藏表中需要保密的内容，只强调重要数据并使其更加醒目，例如，"雇员"表中的"照片"字段；并且窗体可以合并多个表中的数据，这样用户就可以集中查看所需的所有数据，而不必再分别打开多个表来处理数据。

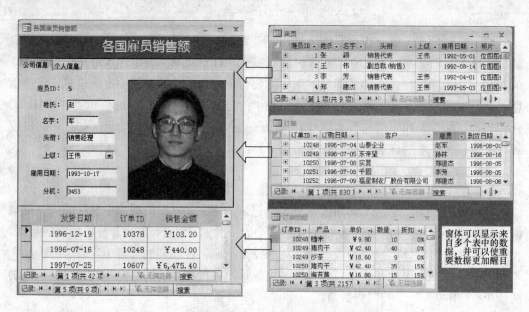

图 2.6 "各国雇员销售额"窗体

2.2.4 报表

报表是供用户根据自己的喜好以打印格式来汇总输出数据的对象。报表也可以显示来自一个或多个表中所需的所有数据，但是报表不能对数据做任何修改，这是它和窗体的本质区别。报表的设计实现与窗体的类似，也是通过绘制控件来形成的。用户可以控制报表上每个对象的大小和外观，以按照所需的方式显示信息从而形成报表。

如图 2.7 所示，在"各类销售额"报表中将数据按照产品的类别进行了分组，使数据的含义一目了然，而且使用了不同的颜色、字体和图表使数据能够更明确地表达出用户的意图。

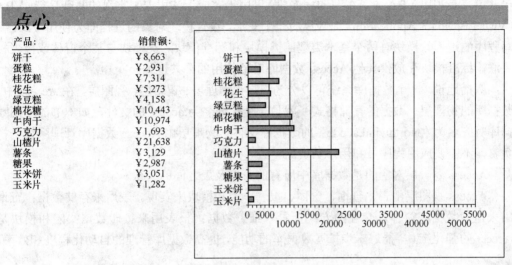

图 2.7 "各类销售额"报表

2.2.5 宏

宏是一个或多个操作的集合，其中每个操作能够实现特定的功能，例如，打开某个窗体或打印某个报表。应用程序员可以使用宏为窗体和控件书写事件过程，完成繁杂的人工操作，将众多的数据库对象结合成一个有机的应用系统。

如图 2.8 所示，在用户单击"供应商"窗体上的"回顾产品"按钮时，"回顾产品"宏被触发，继而顺序执行其中定义的一系列操作。

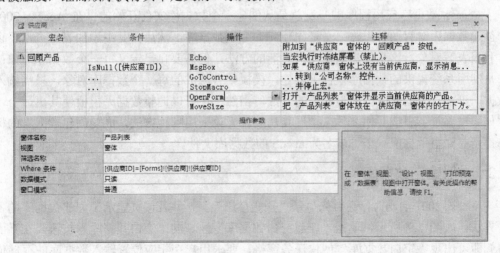

图 2.8 "回顾产品"宏

2.2.6　模块

　　模块是利用 VBA 语言编写的程序段，可用于完成无法用宏来实现的复杂功能。VBA（Visual Basic for Application）是 VB 的一个变形。设置模块对象的过程即为使用 VBA 编写程序的过程。模块有两个基本类型：类模块和标准模块。类模块与某个窗体或报表相关联，标准模块存放供其他 Access 数据库对象使用的公共过程。

　　概括地说，一个数据库系统可以分为三层：物理层、逻辑层、视图层。在 Access 中，数据库的物理层（数据的存储格式）就是一个扩展名为.accdb 的文件，如本书的示例数据库对应名为"Northwind.accdb"的数据库文件。物理层由 Access 数据库管理系统全权负责，不需要应用程序员和用户负责。

　　Access 逻辑层对应的是数据库中所有的表以及表之间的关系。

　　Access 视图层由表、查询、窗体、报表、宏和模块来实现。表用来存储数据；查询用来检索数据；窗体以交互的方式查看和维护数据；报表用来打印数据；宏和模块是 Access 的强化工具，能进一步扩展数据库的功能，提高数据库管理的自动化程度和效率。

 提 示

　　查询对象本身仅仅保存 Access 查询命令，它描述的是从逻辑层到视图层的映射关系。通常将查询作为窗体、报表的数据源，这样当逻辑层（表）发生改变时，只需通过修改查询命令来改变映射关系即可，无需改动窗体和报表的设计，从而在某种意义上实现数据的逻辑独立性。

2.3　创建数据库

　　Access 数据库应用程序的开发总是从创建一个数据库文件开始的。在 Access 2007 中创建数据库时有两种思路：一是先建立一个空数据库，然后向其中添加表、查询、窗体和报表等对象，这是创建数据库最灵活的方法，但需要自己定义每一个数据库对象；二是利用系统提供的数据库模板来创建，模板中有现成的每一个数据库对象，只需输入数据即可，这是创建数据库最简单的方法。当然，还可以调整数据库模板使其更适合，比如通过添加新表或其他窗体来扩展其功能。无论采用哪种方法，成功创建数据库的标志都是在磁盘上生成一个扩展名为.accdb 的数据库文件。

2.3.1　创建空数据库

　　Access 2007 启动时，会首先显示"开始使用"页，并且该页显示了创建数据库的各种方法。如图 2.9 所示，单击"新建空白数据库"区域的"空白数据库"按钮，在界面右侧即可出现"空白数据库"创建任务窗格，要求用户在相应位置输入数据库的存储位置和数据库名称。

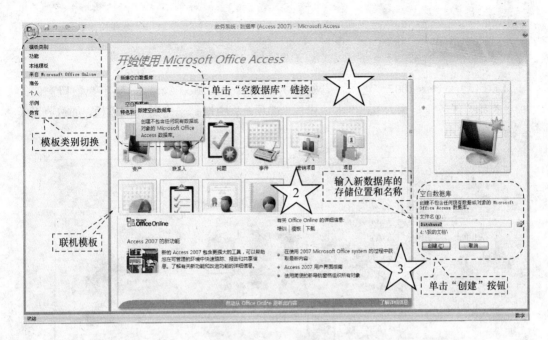

图 2.9　创建空白数据库

　　如图 2.9 所示，在右侧的"文件名"文本框中输入新建数据库的名称，这里输入 "Database2"，默认扩展名为.accdb。数据库的默认保存位置是"d:\我的文档"，若想改变存储位置，可单击"浏览到某个位置来存放数据库"按钮选择数据库保存位置。最后单击"创建"按钮即可完成数据库的创建。Access 将自动打开一个不包含任何对象的 "空"数据库，即可开始为其创建表、查询等数据库对象。

2.3.2　使用模板创建数据库

　　为了使用户能够更轻松地开始使用有效的数据库，Access 2007 提供了许多经过专业设计的数据库模板。模板按"本地模板"和"来自 Microsoft Office Online"分类。本地模板由 Access 2007 附带提供，并存储在计算机上。联机模板位于 Microsoft Office Online 网站上，可以从网站中下载。用户可以根据系统提示的模板说明选择适合的模板。

　　Access 2007 提供的每个数据库模板都是一个完整的应用程序，具有预先建立好的表、窗体、报表、查询、宏和表关系等。如果模板设计满足需求，即可立即利用数据库开始工作。否则，可以使用模板作为基础，对所建立的数据库进行修改，创建符合特定需求的数据库。

　　使用 Access 2007 中的"学生"模板创建数据库。

 操作步骤

1）启动 Access 2007，进入"开始使用 Microsoft Office Access"页。在窗口左侧的"模板类别"任务窗格中，单击"本地模板"选项，从中选择一个适合的模板，如选择"学生"，如图 2.10 所示。

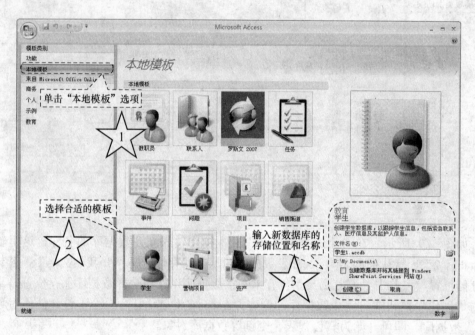

图 2.10　使用模板创建数据库

2）在窗口右侧的任务窗格中，Access 2007 在"文件名"文本框中为数据库提供了一个建议的文件名，用户可以编辑该文件名，并指定其他文件夹存储数据库。

3）单击"创建"按钮，即可完成数据库的创建。所创建的数据库可以直接使用的表、窗体和报表等对象，只需向表中输入数据即可。

 提示

如何在众多的数据库模板中找到最合适的模板呢？最有效的方法是将鼠标放在模板图标上，即可看到该模板的用途提示；或者单击模板图标，查看屏幕右侧的任务窗格。如图 2.10 所示，此窗格会列出模板的类别、名称以及模板的说明。

2.4　数据库的管理

2.4.1　数据库的打开与关闭

1. 数据库的打开

对于已创建的数据库，Access 2007 提供了四种打开方式：共享、独占、只读、独占只读，如表 2.2 所示。在"文件"列表框中选择要打开的文件后，单击"打开"按钮右边的下拉按钮，在出现的"打开"下拉菜单中可以选择以下四种打开方式。

表 2.2　打开数据库的四种方式

打开方式	作　用
打开	网络上的其他用户可同时访问并编辑这个数据库文件，是默认的打开方式
以只读方式打开	只允许查看而不可以对数据库进行修改
以独占方式打开	防止网络上的其他用户同时访问这个数据库文件
以独占只读方式打开	防止网络上的其他用户同时访问这个数据库文件，而且不能对数据库进行修改

2. 数据库的关闭

如果要退出 Access 2007，只需要单击主窗口中的"关闭"按钮，或者执行"Office按钮"中的"退出 Access"命令来实现。

 提　示

> 无论何时退出系统，Microsoft Office Access 都将自动保存对数据的更改。但如果上一次保存之后，又更改了数据库对象的设计，Access 将在关闭之前询问用户是否保存这些更改。

2.4.2　数据库的转换

由于 Access 版本的不同，所创建的数据库应用系统的文件格式也会有所区别。新版本的 Access 2007 采用了一种扩展名为.accdb 的新的数据库格式，而原来的各个 Access版本都是采用扩展名为.mdb 的数据库格式。如果希望将其转换为 Access 2002-2003 文件格式，则可以单击"Office 按钮"，在弹出的下拉菜单中执行"另存为"命令来实现。

 提　示

> Access 2007 引入了以下几个新的文件扩展名。
> 1）accdb：用于 Access 2007 文件格式的文件扩展名，取代.mdb 文件扩展名。

2）accde：用于处于"仅执行"模式的 Access 2007 文件的文件扩展名。accde 文件删除了所有 VBA 源代码，仅包含了经过编译以后的代码。因此用户不能查看、修改和创建任何 VBA 代码，.accde 取代.mde 文件扩展名。

3）accdt：用于 Access 数据库模板的文件扩展名。

4）accdr：accdr 是一个新的文件扩展名，它使数据库文件处于锁定状态。比如，如果将数据库文件的扩展名由.accdb 更改为.accdr，便可以创建一个锁定版本的数据库，这种数据库可以打开，但是看不到其中的任何内容。用户可以将文件扩展名恢复为.accdb，这样即可恢复数据库的完整功能。

2.4.3　数据库的备份

对于数据库文件，应该经常定期备份，以防止在硬件故障或出现意外事故时丢失数据。这样，一旦发生意外，就可以利用创建数据时制作的备份，还原这些数据。如图 2.11 所示，单击"Office 按钮"，在弹出的下拉菜单中指向"管理"选项显示"管理此数据库"子菜单，从中单击"备份数据库"按钮。

图 2.11　备份数据库

在备份数据库时，Access 2007 会保存数据库，然后保存数据库文件的副本。对于副本，Access 2007 会向现有的数据库中添加日期，并将其存储在与原始数据库相同的存储位置，当然也可以为其修改名称及存储位置。

2.4.4 数据库的压缩与修复

数据库在不断增删数据库对象的过程中会出现碎片，而压缩数据库文件实际上是重新组织文件在磁盘上的存储方式，从而除去碎片，重新安排数据，回收磁盘空间，达到优化数据库的目的。在对数据库进行压缩之前，Access 会对文件进行错误检查，一旦检测到数据库损坏，就会要求修复数据库。修复数据库可以修复数据库中损坏的表、窗体、报表或模块，以及打开特定窗体、报表或模块所需的信息。

为了使系统自动对当前数据库进行压缩与修复，如图 2.12 所示，可通过单击"Office 按钮"，在弹出的下拉菜单中指向"管理"选项以显示"管理此数据库"子菜单，从中选择"压缩和修复数据库"选项。

图 2.12 压缩和修复数据库

2.5 数据库的安全管理

数据库的安全性是指数据库系统防止不合法使用所造成的数据泄漏、更改或破坏的能力。为避免应用程序及其数据遭到意外破坏，Access 2007 提供了一系列保护措施，包括设置访问密码等多种方法。

2.5.1　启用禁用组件

为了使数据更安全，每当打开数据库时，默认情况下，Access 2007 会禁用所有可能不安全的代码或其他组件，并在消息栏显示一条安全警告，由左侧的盾形图标指示被禁用的内容，其中包括动作查询（插入、删除或更改数据的查询）、宏、表达式（返回单个值的函数）和 VBA 代码。

要启用被禁用的内容，可在消息栏中单击"选项"按钮，如图 2.13 所示。系统弹出"Microsoft Office 安全选项"对话框，选中"启用此内容"单选按钮，然后单击"确定"按钮。这样，Access 将启用被禁用的内容，并且数据库会以完整功能模式被重新打开。否则，将不运行已禁用的组件。

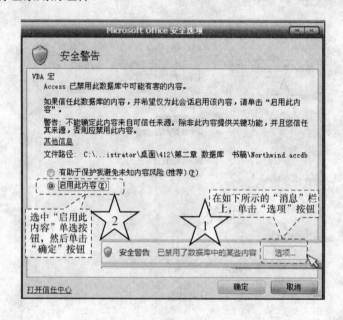

图 2.13　启用被禁用的内容

 提 示

在本书的后续章节中，如果读者在尝试运行某个动作查询，但没有什么反应时，请查看 Access 2007 状态栏中是否显示下列消息："此操作或事件已被禁用模式阻止。"这是因为在默认情况下，如果用户打开了未选择信任的数据库，或者打开了不在受信任位置的数据库，Access 2007 将禁止运行所有动作查询。

如果看到该消息，请运行下列操作：在消息栏中单击"选项"按钮，系统将弹出"Microsoft Office 安全选项"对话框。选中"启用此内容"单选按钮，然后单击"确定"按钮，再次运行查询即可。

如果没有看到消息栏，切换到"数据库工具"选项卡，然后在"显示/隐藏"选项组中，选中"消息栏"复选框即可。

2.5.2　密码保护

最简单的保护措施是为 Access 数据库设置访问密码。设置密码后，每次打开数据库时都将显示要求输入密码的对话框。只有输入正确的密码后，才可以打开数据库。在数据库打开之后，数据库中的所有对象对用户都是开放的。下面，介绍密码的添加、修改和撤销。

为了设置数据库密码，首先以独占方式打开要加密的数据库。然后在"数据库工具"选项卡的"数据库工具"选项组中，单击"用密码进行加密"按钮，在弹出的"设置数据库密码"对话框中输入密码即可，如图 2.14 所示。

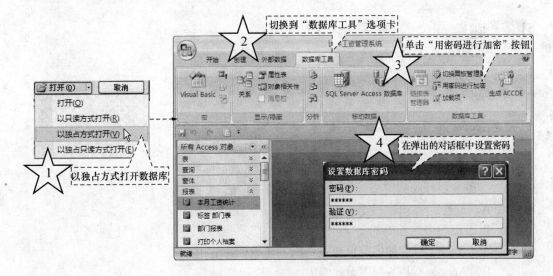

图 2.14　设置数据库密码

如果要对数据库的密码进行修改，必须先撤销原来的密码，然后重新执行设置数据库密码的操作，输入新的密码。如果要撤销数据库密码，以同样的独占方式打开数据库后，在"数据库工具"选项卡的"数据库工具"选项组中，单击"解密数据库"按钮，弹出"撤销数据库密码"对话框；在"密码"文本框中键入密码，然后单击"确定"按钮即可。

 提　示

在 Access 2007 中，数据库密码是区分大小写的，而且如果密码遗失，系统将无法找回。所以最好将密码记录下来，保存在一个安全的地方，且该处应该尽量远离密码所要保护的信息。

小　结

　　Access 是微软公司推出的一个关系型数据库管理系统，一个 Access 数据库包含表、查询、窗体、报表、宏和模块等对象，其中数据库物理层（数据的存储格式）是扩展名为 .accdb 的文件，逻辑层对应的是数据库中所有的表以及表之间的关联，视图层由查询、窗体、报表、宏和模块等对象来实现。

　　数据库的安全性是指数据库系统防止不合法使用所造成的数据泄漏、更改或破坏的能力。Access 提供的最简单的保护机制是为数据库设置密码。

习　题

一、单选题

　　1. Access 2007 的数据库类型是（　　）。
　　　A. 层次数据库　　　　　　　B. 网状数据库
　　　C. 关系数据库　　　　　　　D. 面向对象数据库
　　2. 二维表由行和列组成，每一行表示关系的一个（　　）。
　　　A. 属性　　　B. 字段　　　C. 集合　　　D. 记录
　　3. 以下叙述中，正确的是（　　）。
　　　A. Access 只能使用菜单或对话框创建数据库应用系统
　　　B. Access 不具备程序设计能力
　　　C. Access 只具备模块化程序设计能力
　　　D. Access 具有面向对象的程序设计能力，并能创建复杂的数据库应用系统
　　4. 利用 Access 创建的数据库文件，其扩展名为（　　）。
　　　A. .adp　　　　B. .dbf　　　　C. .frm　　　　D. .accdb
　　5. 不属于 Access 对象的是（　　）。
　　　A. 表　　　　B. 文件夹　　C. 窗体　　　D. 查询

二、填空题

　　1. 在 Access 2007 工作界面中，_____取代了早期版本中的数据库窗口，用于使用和管理数据库中的所有对象。
　　2. Access 数据库模板的文件扩展名为_____。
　　3. Access 2007 数据库由六种对象组成，它们是_____、_____、_____、_____、_____和_____。
　　4. 退出 Access 数据库管理系统可以使用的快捷键是_____。
　　5. 在 Access 2007 中，创建数据库的方法有两种，它们是_____和_____。

三、思考题

1．Access 2007 与 Office 2007 之间有什么关系?

2．如果在 Access 2007 的状态栏中显示下列消息："此操作或事件已被禁用模式阻止。"是什么原因?

3．保护数据库的最简单的方法是什么?

第 3 章
表 和 关 系

<img alt="Office" />

←———————— 本章要点 ————————→

　　Access 数据库中的所有数据都保存在表中。表是 Access 中其他对象的数据来源。所以数据库创建成功后，首要的任务便是创建表。本章将介绍表的设计与编辑，其中包括创建表、设置与编辑表、导入与链接表、创建表关系等。

本章内容主要包括：

➢　表的设计与使用
➢　主键、外键与索引
➢　表的关系
➢　表的规范化

3.1 表 的 设 计

    一个数据库中可以包含许多表，每个表用于存储不同主题的数据，对应一个实体集（如雇员或产品）。表中的每条记录对应一个具体的实体（如特定的雇员）。记录由许多不同类型的字段组成，包括文本、数字、日期和图片，每个字段对应实体的一个属性（如姓名、地址和电话号码等）。记录和字段以行与列的格式显示，字段是列，记录是行，如图 2.3 所示。

    数据表由表结构和表内容两部分组成，在数据库中设计一张表就如同在纸上手工绘制表一样，也是先画出"表头"，即确定表结构，然后才能向表中输入数据。

    在 Access 2007 中，可以通过以下四种方式来创建表：表模板、表设计器、导入或链接到表、直接输入数据。最简单的方式是使用表模板，它只需一步即可用户完成表的创建；最直接的方式是通过输入数据来创建表，用户先把数据输入到一个通用的表中，然后再由 Access 系统确定其结构；最省力的方式是通过导入或链接到表，可以从其他数据源（如 Excel、Word、文本文件或其他数据库）中将表头乃至表体中的所有数据都导入或链接到表。最强有力的工具是表设计器（也称为表的设计视图），它使得用户可以根据自己的需要随意设置表的结构，这是设计表的最基本和常用的方法。表创建完成后如果需要重新修改表结构一般也是利用表设计器来完成的。

    其实，四种创建方式在本质上是一样的，区别仅在于使用不同的方式来确定表的结构。具体地说，就是确定表中每个字段的名称、数据类型和属性等。事实上，表结构一旦设计完成，表即设计完成，然后就可以在数据表视图中向这个"空"表中添加具体的数据，这些数据构成表体，也称为表的记录。下面将用不同的示例介绍如何利用四种方式来创建表。

3.1.1 通过表设计器创建表

    表设计器是一种可视化工具，专门用于创建和修改表结构。启动 Access 2007，切换到"创建"选项卡，在"表"选项组中，单击"表设计"按钮，即可进入表设计器窗口，如图 3.1 所示。在窗口的顶部是标题栏，显示表的名称；窗口上半部的表格用于表字段的设计；左下部用于字段属性的设置；右下角是提示信息区，显示有关字段的帮助信息。

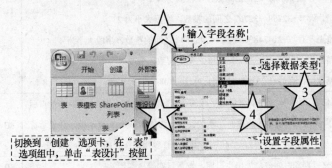

图 3.1 通过表设计器创建表

使用表设计器创建表，就是在表设计视图中定义表的结构，即逐一定义表中每个字段的名称、字段的数据类型以及每个字段的具体属性。在表结构定义并保存后，就可切换到数据表视图中，输入每一条记录。

1. 字段名称

数据表中的每一列称为一个字段，每个字段均有一个唯一的名字，称为字段名称。它必须符合下列 Access 对象命名规则：

1）字段名称最长可达 64 个字符（包括空格）。

2）字段名称可以包含字母、数字、空格和其他字符。

3）字段名称不能包含句点"."、感叹号"!"、重音符号"、"和方括号"[ ]"。

4）不能用空格作为字段名称的第一个字符。

例如，"客户 ID"、"公司名称"、"中止"等都是合法的字段名称。在关系表中，一个表中不能有两个重复的字段名称。

2. 字段的数据类型

根据关系数据库理论，一个数据表中的同一列数据必须具有相同的数据特征，称为字段的数据类型。数据类型决定用户能保存在该字段中值的种类。如表 3.1 所示，Access 2007 中有十种不同的数据类型。

表 3.1　字段的数据类型

数据类型	存储	大小
文本	用于存储不在计算中使用的数字、字母等任意字符，如邮政编码、传真、电话和联系人等	最大为 255B
备注	用于存储长度超过 255 个字符的字母数字等任意字符。例如，"类别"表中的"说明"字段，"雇员"表中的"备注"字段	最大为 1GB
数字	用于存储要在计算中使用的数值，货币值除外。例如，"产品"表的"库存量"，"订单明细"表的"数量"、"折扣"字段等 数字型字段的大小由数字类型决定，常用数字类型有以下几种： 1）字节，存放 0～255 之间的整数，字段大小为 1 2）整型，存放-32768～32767 之间的整数，字段大小为 2 3）长整型，存放-2147483648～2147483647 之间的整数，字段大小为 4 4）单精度型，存放-3.4E38～3.4E38 之间的实数，字段大小为 4 5）双精度型，存放-1.79734E308～1.79734E308 之间的实数，字段大小为 8	1、2、4 或 8B
货币	用于存储货币值，系统自动将货币字段的数据精确到小数前 15 位及小数点后 4 位。向货币型字段输入数据时，系统会自动为数据添加 2 位小数，并显示货币符号与千位分隔符。例如，"产品"表与"订单明细"表的"单价"字段	8B
日期/时间	用于存储日期和时间值，如出生日期，发货日期等	8B

续表

数据类型	存 储	大 小
自动编号	使用自动编号字段可以提供唯一值，该值的唯一用途就是使每条记录成为唯一的。每一个数据表中只允许有一个自动编号型字段，常作为主键，如产品 ID、类别 ID、雇员 ID 等	4 或 16B
是/否	用于存储二选一的数据，例如，"产品"表中的"中止"字段	1B
OLE 对象	用于存储一些用其他应用程序创建的对象，如 Word 文档、Excel 表格、图片等。例如，类别表中的"图片"字段	最大为 1GB
超链接	用于存储作为超链接的文本。例如，主页、网址、邮箱等	最大为 1GB
附件	用于存储数字图像和任意类型的二进制文件的首选数据类型。例如，图片、图像、二进制文件、Office 文件等	对于压缩的附件，最大为 2GB

3. 字段属性

用户定义的完整性约束可以在表定义时通过多种字段属性来实施。字段属性是描述字段的特征，用于控制数据在字段中的存储、输入或显示方式等。对于不同数据类型的字段，它所拥有的字段属性是各不相同的。当选择某一字段时，在设计视图中"字段属性"区域中就会显示出该字段的一系列相应属性。可以根据表中所存放数据的特点来设置字段的属性，对属性设置的效果和作用将直接反映在数据表视图中，如表 3.2 所示。

表 3.2　字段属性

属 性	目 的
字段大小	表中一列所能容纳的字符个数称为列宽，在 Access 中被称为字段大小，用字节数表示。只有文本型字段和数字型字段可以设置字段大小，其他数据类型的字段大小是由 Access 系统指定的
格式	决定了字段的显示和打印方式。本属性不适用于 OLE 对象字段
小数位数	小数位数只适用于数字型和货币型字段，用于确定显示几位小数，如设为"0"将不显示小数。与格式属性相似，小数位数属性也只影响显示，而不影响实际存储的小数位数
新值	设置"自动编号"字段是递增的还是为其指定随机值
输入掩码	决定了数据输入和保存的方式
标题	标题是字段的别名，决定了字段的显示名称。默认情况下，标题与字段名称相同
默认值	在默认值中填入数据时，当新增记录时将自动将该值添加到相应的字段中。默认值不能用于自动编号或者 OLE 对象字段
有效性规则	有效性规则用于防止非法数据输入到表中。在数据输入后，系统自动检查是否满足有效性规则，如不满足则发出警告，不接受输入值
有效性文本	当输入的值不能满足有效性规则时，Access 将显示有效性文本的内容作为提示信息
必填	决定字段是否必须输入数据。若设为"是"，输入数据时必须在该字段填入相应的数据，否则可不填
允许零长度字符串	允许在"文本"或"备注"字段中输入零长度字符串""""，通过设置为"是"

续表

属　　性	目　　　的
索引	通过创建和使用索引来加速对此字段中数据的访问
Unicode 压缩	决定对文件类型字段中的数据是否进行压缩，目的是为了节约存储空间，系统默认为"是"
输入法模式	输入法模式决定向该字段输入时，是否需要自动开启汉字输入法
IME 语句模式	控制 Windows 亚洲语言版本中的字符转换
智能标记	对此字段附加智能标记
仅追加	允许（通过设置为"是"）对"备注"字段执行版本控制，此属性仅适用于设置为"备注"数据类型的字段。不能为任何其他数据类型的字段设置此属性
文本格式	选择"格式文本"选项将按 HTML 格式存储文本，并允许设置多种格式。选择"纯文本"选项将只存储文本
文本对齐	指定控件中文本的默认对齐方式
精度	指定允许的数字总位数，包括小数点左右两侧的位数
数值范围	指定可在小数分隔符右侧存储的最大位数

　　双击打开"Northwind.accdb"示例数据库，在导航任务窗格中右击表名称，然后单击设计视图按钮，即可弹出表的设计视图窗口。下面将结合"Northwind.accdb"示例数据库中的表来对一些常用的字段属性的用法进行重点说明。

　　在"供应商"表中的大部分字段是文本类型。文本类型字段的大小最大为 255 个字符，默认值为 50 个字符。这里的字符是指一个英文字符，或者是一个中文的汉字。可以根据实际要求设置文本类型字段最多可容纳的字符数。如将城市，地区字段的大小设置为"15"，而将地址字段的大小设置为"60"。采用合适的大小会尽可能的减少存储空间的。

 提　示

　　修改"字段大小"属性时，如果文本字段中已经有数据，减小字段大小会丢失原有数据，Access 将删除超出限定字段大小的字符。对于数字型字段中包含小数的情况，若将字段大小设置为整数时，将自动取整。因此，修改字段大小时请特别注意。

　　通过对"客户"表设计视图的查看可以发现表中的"客户 ID"字段与前几个表中的 ID 字段不同，没有采用自动编号的数据类型，而是采用了文本类型，长度为 5，如图 3.2 所示。这个"客户 ID"字段也是作为主键的，也就是说不允许在该表中输入重复的客户代码。在"客户 ID"字段中还设置了"输入掩码"的属性，">LLLLL"，">"是将所有输入的字符自动转换为大写，这样用户在输入时就不用考虑字符的大小写，"L"代表字母 A～Z，是必选项。这样设置的含义是在"客户 ID"字段中必须输入五个字母，不能输入其他的字符或者输入字符少一位。

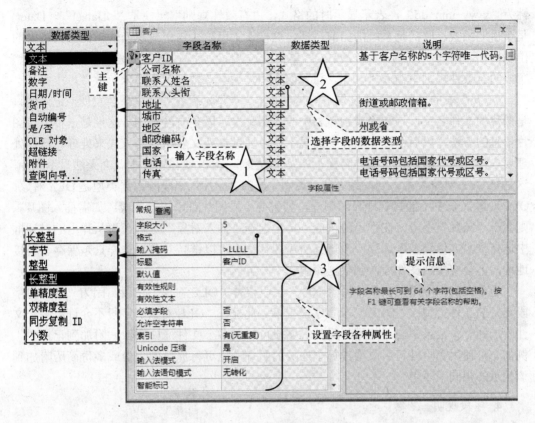

图 3.2 "客户"表的设计视图

"输入掩码"可以帮助用户按照规定的格式输入数据，并拒绝错误的输入，保证输入的数据与数据库字段设计的格式一致。"输入掩码"就像字段数据的模板，输入的数据必须符合"输入掩码"的要求，否则就不能输入到数据库中用于存放该数据的表的字段中。例如，可以用"000000000000000999"来作为身份证的输入掩码，表示用户既可以输入 15 位数字，也可以输入 18 位数字，这里的 0 和 9 都是输入掩码的常用控制字符，0 代表必选的数字项，9 代表可选的数字项和空格。如果想了解更多有关输入掩码的内容，可以把光标放在这一属性栏里，单击"生成器"按钮，在"输入掩码向导"的引导下，定义字段的输入掩码。

"格式"属性也是对字段的格式所作的规范，但要注意两者的区别："输入掩码"用于控制输入和保存方式；而"格式"属性用于控制输出和打印方式，但不影响数据的输入和存储。例如，在"格式"中使用">"则表示在该字段中显示为大写，而不管实际保存于数据库中的字符是大写还是小写。如果某个字段同时定义了"输入掩码"和"格式"属性，那么在为该字段输入数据时，"输入掩码"属性生效；在显示该字段数据时，"格式"属性生效。

"有效性规则"与"有效性文本"属性可以用更具体、更严格的措施限制非法数据输入到表中。例如，"雇员"表的"出生日期"字段是"日期/时间"类型，其"格式"属

性为"yyyy-mm-dd"，表示显示时的格式，"有效性规则"属性是"<Date()"，Date()
是个日期函数，取的是系统的当前日期，这样设置可防止由于疏忽而输入比当天还大的
出生日期。同理，在"产品"表中，"单价"、"库存量"、"订购量"和"再订购量"
字段的有效性规则中输入">0"，可以防止用户遗漏该数据或误填入负数。

"雇员"表的"照片"字段采用的是"文本"类型，查看一下记录会发现，记录的只
是照片的文件名字，这和"类别"表中的"图片"字段是有区别的，这也是一种记录图
片信息的方法，以后图片在窗体中的显示可以通过加载文件路径的方式来处理。这样处
理要求存放图片的路径与图片名称不能发生改变，一旦改变在窗体中就会无法显示照片，
这是与 OLE 对象类型不同的地方。"类别"表的"图片"字段的数据类型是 OLE 对象，
OLE 对象在表中不能直观地显示图片，如果要查看图片可以双击字段；如需插入图片，
则右击"图片"字段，在弹出的快捷菜单中选择"插入对象"选项，再从弹出的对话框
中选择"由文件创建"选项，浏览到所需图片，也可以链接对象，这样只是保存了链接
地址，不会直接把文件插入到数据库中。

通常在实际应用中，常使用"附件"字段代替"OLE 对象"字段。因为"附件"字
段支持的文件类型比"OLE 对象"字段更多。此外，"OLE 对象"字段不允许将多个文
件附加到一条记录中。而使用"附件"字段可以将多个文件（如图像）附加到记录中。
例如，可使用"附件"字段附加每个雇员的照片，也可将雇员的一份或多份简历附加到
该记录的相同字段中。

4. 字段说明

字段说明是可选项，用于帮助用户了解字段的用途、数据的输入方式以及该字段对
输入数据格式的要求。

3.1.2　通过表模板创建表

为了快速创建表，Access 2007 为用户提供了多种专门设计的表模板，其中包括"联
系人"、"任务"、"问题"、"事件"和"资产"。用户可以先选择与自身需要相近的
模板创建表，然后通过对模板的修改完成表的设计。

如图 3.3 所示，打开"Northwind.accdb"示例数据库，在"创建"选项卡的"表"
选项组中，单击"表模板"按钮，然后从列表框中选择一个可用的模板即可。在数据表
视图下，一个没有数据记录的新表将被插入到数据库中。在保存表之后，如果基于所选
模板创建的表不能完全满足需要，可以对表作进一步地修改。简单的删除或添加字段可
以直接在数据表视图中操作，复杂的设置则需要在设计视图中完成。

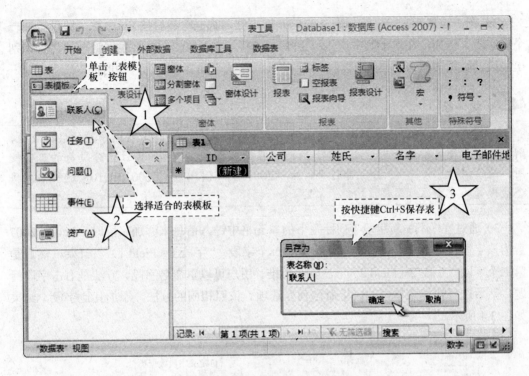

图 3.3 通过表模板创建表

3.1.3 通过输入数据创建表

通过输入数据创建表是最直接的方法,即"通过表体定表头"。用户只需在空白数据表中添加字段名和数据,同时 Access 2007 会根据用户键入的"表体"数据,自动设置相应字段的数据类型及其"格式"属性。

通过在"Northwind.accdb"示例数据库中创建"物流信息"表,掌握通过输入数据创建表的方法。

1)打开"Northwind.accdb"示例数据库,切换到"创建"选项卡,在"表"选项组中,单击"表"按钮。如图 3.4 所示,Access 2007 会在该数据库中插入一个新表,并在数据表视图中将其打开。表中自动出现第一个字段,字段名称为"ID",其数据类型由系统设定为"自动编号"。

2）在"添加新字段"列标题下的单元格中键入数据，然后按 Enter 键，即可添加一个新字段。例如，在本示例中键入"上午 10:50"，Access 2007 将根据键入的内容识别出字段的数据类型为"日期/时间"，并将其"格式"属性设置为"中时间"。

 提 示

如果 Access 2007 无法从用户输入的内容中获得足够的信息来猜测字段的数据类型，则其数据类型将被设置为"文本"。所以，在输入日期型数据时要注意分隔符的正确使用，必须以"-"，"/"分隔年月日，如"2007-01-10"，而"2007.01.10"这种格式将会被设置为"文本"类型。

3）通过在"添加新字段"列标题下的单元格中键入信息来添加字段时，Access 2007 会为该字段自动指定名称。这些名称从第一个字段 "字段 1（Field 1）"开始，然后是第二个字段"字段 2（Field 2）"，以此类推。用户可以重命名字段，方法是右击字段标题，然后选择快捷菜单中的"重命名列"选项。依照相同的方法，添加其他字段，结果如图 3.4 所示。

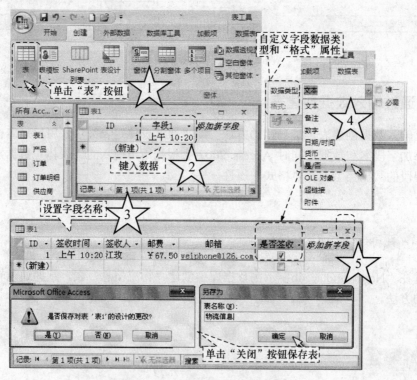

图 3.4　通过输入数据创建表

4）在数据表视图中，如果用户需要为字段设置数据类型和格式，以替代 Access 2007 做出的选择，可以切换到"数据表"选项卡，在"数据类型和格式"选项组中，分别单击"数据类型"下拉按钮，在弹出的下拉列表中选择所需的数据类型，单击"格式"下拉按钮，选择所需的格式。如图 3.4 所示，在本示例中将"是否签收"字段的数据类型设置为"是/否"类型，这对于处理二选一的结果最为合适。该类型的数据在数据表中显示为一个复选框。选中复选框表示输入"是"，不选中复选框则表示输入"否"。

 提 示

通过输入数据创建新表时，Access 2007 会自动为用户创建一个主键，并为它指定字段名 "ID" 和 "自动编号" 数据类型。

5）完成表的编辑后，单击"表1"窗口右上角的"关闭"按钮，然后在弹出的"Microsoft Office Access"对话框中单击"是"按钮并弹出"另存为"对话框，在该对话框中的"表名称"文本框中输入表的名称，并单击"确定"按钮，如图 3.4 所示。

 **提 示**

首次保存新表时，应为它取一个能够说明其中所包含信息的名称。包括空格在内，最多可以使用 64 个字符（字母或数字）。在 Access 2007 中可以通过以下三种方式保存表：
1）单击"Office 按钮"，然后单击"保存"按钮或按 Ctrl+S 组合键。
2）右击表的"文档"选项卡，然后选择快捷菜单上的"保存"选项。
3）单击"快速访问工具栏"中的"保存"按钮。

通过输入数据创建表与通过表设计器和使用表模板创建表的方式有一点不同，后两种方式只是创建了表结构，并没有输入数据。通过输入数据创建表可以更加直观地看到表头与表体的内容，此方法最适于创建字段和数据记录都较少的表。但若想对字段进行更详细的设计，仍然需要在表设计视图中进行修改。

3.1.4　通过导入外部数据创建表

除了采用上述方法以外，在 Access 2007 中还可以使用外部数据源的数据创建表，方式有两种：导入表和链接表。例如，可以导入或链接至 Excel 工作表、HTML 文件、文本文件、ODBC 数据库等。导入表时，将外部数据源的数据复制到本数据库中，从而实现创建新表的操作。导入后创建的表与原来的对象没有任何关联，互不影响。相反，链接表则是在 Access 数据库中创建了一个数据表链接对象，当打开链接时允许从外部数据源获取数据，即数据实际上保存在外部数据源中。在 Access 数据库中通过链接对象对数据做的任何修改，都是对外部数据源中的数据所做的修改。同样，在外部数据源中对数据做的任何修改也会通过该链接对象直接反映到 Access 数据库中来。

通过将"库存事务.xlsx"导入"Northwind.accdb"示例数据库中，掌握通过导入外部数据来创建表的方法。

1）打开"Northwind.accdb"示例数据库，在"外部数据"选项卡的"导入"选项组中，单击"Excel"按钮，弹出如图3.5（1）所示的界面。在该界面中单击"浏览"按钮选择要导入的Excel表。在本示例中，选择"库存事务.xls"表，单击"确定"按钮。

2）在弹出的"导入数据表向导"对话框中，选择要导入的工作表，这里选中"显示工作表"单选按钮，单击"下一步"按钮，如图3.5（2）所示。

3）选中"第一行包含列标题"复选框，然后单击"下一步"按钮，如图3.5（3）所示。

4）在"字段选项"区域中的"字段名称"文本框中输入"事务 ID"，并在"数据类型"下拉列表中选择"双精度"选项，"索引"下拉列表中选择并将"索引"属性值设置为"有（有重复）"。然后依次设置其他字段信息，并保持默认设置。单击"下一步"按钮，如图3.5（4）所示。

5）选中"让 Access 添加主键"单选按钮，Access 2007 会自动选定"ID"字段，然后单击"下一步"按钮，如图3.5（5）所示。

6）在"导入到表"文本框中，输入"库存事务"，然后单击"完成"按钮，如图3.5（6）所示。至此，完成使用导入方法创建表的过程。

7）当单击"完成"按钮后，将弹出如图3.6所示的"获取外部数据-Excel 电子表格"对话框，取消选中"保存导入步骤"复选框，单击"关闭"按钮。

需要注意的是"保存导入步骤"是 Access 2007 新增加的功能，对于经常进行相同导入操作的用户，可以把导入步骤保存下来，下一次可以快速完成同样的导入。

在导航窗格中切换到"表"选项卡，如图 3.6 所示，可以看到已经增加了一个表名为"库存事务"的新表。双击打开"库存事务"表，可以看到其表头与表体的内容均与"库存事务.xls"保持一致。

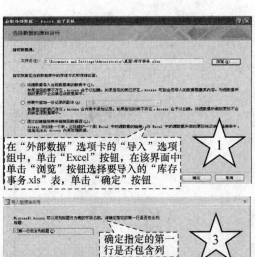

在"外部数据"选项卡的"导入"选项组中，单击"Excel"按钮，在该界面中单击"浏览"按钮选择要导入的"库存事务.xls"表，单击"确定"按钮

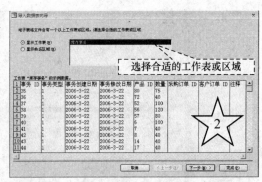

选择合适的工作表或区域

确定指定的第一行是否包含列

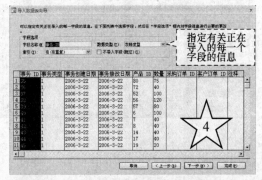

指定有关正在导入的每一个字段的信息

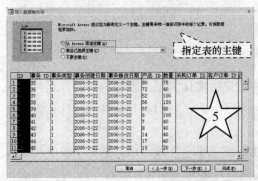

指定表的主键

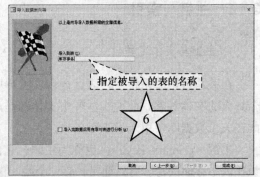

指定被导入的表的名称

指定是否保存导入步骤

图 3.5　通过导入外部数据创建表

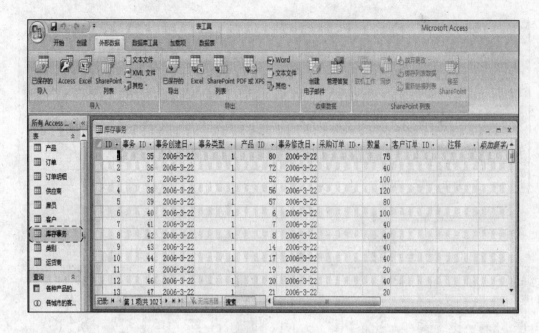

图 3.6　创建结果

3.1.5　主键与索引

1. 主键与实体完整性

在关系数据库系统中，表代表现实世界中特定的实体类型，表中的每个元组代表一个具体的实体对象。而现实世界中实体都是可以区分的，它们具有某种唯一性标识，因此在关系数据库中引入了主键的概念。

主键（primary key），也称为主码，它由一个或多个字段组成，这些字段唯一地标识在表中存储的每一行。通常，有一个唯一的标识号来充当主键，如 ID 号、序列号或代码。例如，在"客户"表中每个客户都有一个唯一的客户 ID 号，"客户 ID"字段是表的主键。

在关系表中，没有一个记录的主键为空，也没有两个记录有相同的主键值，这个性质称为关系数据库的实体完整性。

应该始终为表指定一个主键。Access 确保每条记录的"主键"字段中都有一个值，并且该值始终是唯一的。主键也是一种数据约束。主键实现了数据库中实体完整性功能，也是参照完整性中被参照的对象。定义一个主键，也就是在主键字段上自动建立了一个"无重复"的索引。

 **提 示**

保存一个新表而不设置主键时，Access 会提示创建一个主键。如果选择"是"，Access 会创建一个使用"自动编号"数据类型的 ID 字段，为每条记录提供一个唯一值。如果表中已有一个"自动编号"字段，Access 会将它直接用作主键。

在 Access 中设置主键非常简单。例如，要将"产品"表中的"产品 ID"字段作为表的主键，只需在设计视图中右击"产品 ID"字段，然后在弹出的快捷菜单中选择"主键"选项，将该字段设置为主键即可。为了方便用户使用，Access 会在主键字段的左面设置一个"钥匙"符号，如图 3.7 所示，同时表中的记录顺序将按主关键字段的值升序排列。

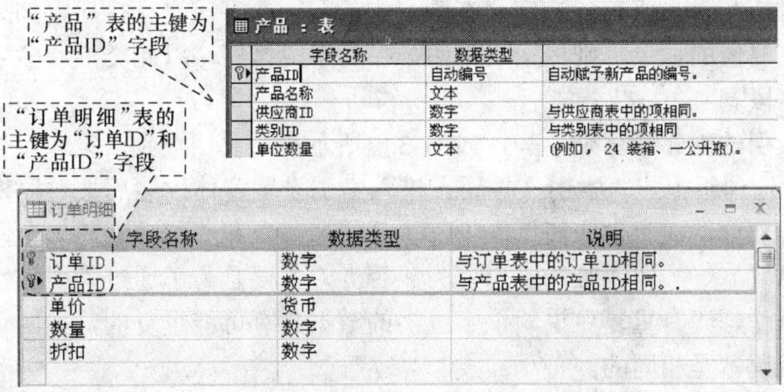

图 3.7 设置表的主键

如果要将表中的多个字段设置成主键，则只需在选中第一个字段后，按住 Ctrl 键继续选择其他要设置成主键的字段，再单击"主键"按钮即可。查看"订单明细"表的设计视图，如图 3.7 所示，发现表中的主键设置与其他表不同，它是用"订单 ID"和"产品 ID"联合起来作为主键的，也就是说同一份订单中有多种产品，而每一种产品可能会出现在不同的订单中，只有"订单 ID"和"产品 ID"同时确定的记录才是唯一的。

2. 索引

简单地说，索引就是搜索或排序的根据。如同在书中使用目录一样，当为某一字段建立了索引，可以显著加快以该字段为依据的查找、排序和查询等操作。系统会自动将表的主键设置为主索引（表的主索引只有一个）。除了 OLE 对象、备注和超链接等数据类型的字段不能设置索引以外，其他类型的字段若准备用于查询、排序等都可以考虑设置索引。

 **提 示**

索引有助于 Access 对数据表中的记录进行快速查找和排序。但是，并不是将所有字段都建立索引，搜索的速度就会达到最快。这是因为，索引建立的越多，占用的内存空间就会越大，这样会减慢添加、删除和更新记录的速度。

Access 可以基于单个字段或多个字段来创建索引。单字段索引的创建非常简单，只需在表的设计视图中把相应字段的"索引"属性值设置为"有（有重复）"或"有（无重复）"以创建唯一索引即可，如表 3.3 所示。

表 3.3　"索引"属性下拉框中的选项及含义

"索引"属性的设置	含　义
无	不在此字段上创建索引（或删除现有索引）
有(有重复)	在此字段上创建索引，且索引字段的值是可重复的
有(无重复)	在此字段上创建索引，且索引字段的值不可重复

当有两个以上的字段被经常用来作为查询条件时，就需要创建多字段索引。在使用多字段索引时，Access 将首先按定义在索引中的第一个字段进行排序，如果在第一个字段中出现有重复值的记录，则按索引中的第二个字段排序，以此类推。多字段索引最多可包含十个字段。

多字段索引的创建要复杂一些，如图 3.8 所示，需要切换到"设计"选项卡，单击"显示/隐藏"选项组中的"索引"按钮，进入索引设置窗体，然后按顺序依次加入相应的索引字段。例如，在"供应商"表中，"公司名称"和"邮政编码"字段的索引属性为"有（有重复）"，即"唯一索引"为"否"，主要是为了通过索引加快对这两个字段的查询等操作，"有重复"说明该字段中的数据是有可能重复的，如两个公司在同一地区，邮政编码就是相同的。

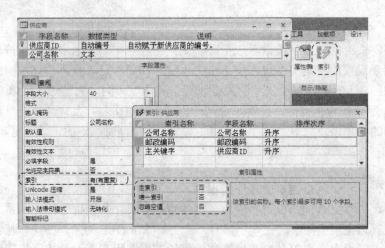

图 3.8　设置表的索引

 提　示

主键也是一种数据约束。主键实现了数据库中实体完整性功能，也是参照完整性中被参照的对象。定义一个主键，也就是在主键字段上自动建立了一个"无重复"索引。

3.1.6　查阅列

这里重点关注"产品"表中的"供应商 ID"和"类别 ID",这两个字段都是"数字"类型,分别对应"供应商"表的主键和"类别"表的主键。先来看"供应商 ID",这个字段的标题属性为"供应商",这样在数据表视图中,看到的字段标题是"供应商",而不是默认的字段名称"供应商 ID"。这两个字段都是查阅列,设置的方法基本相同,如图 3.9 所示。

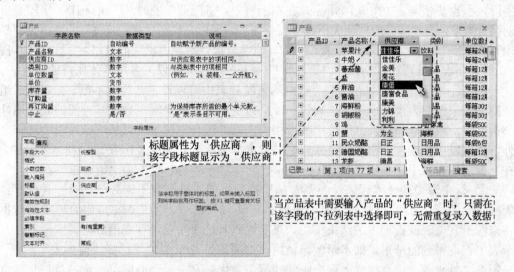

图 3.9　"产品"表中的"供应商 ID"字段

使用查阅列的最终结果就是在表中产生下拉列表,如图 3.9 所示。下拉列表的使用,可以节省录入重复数据的时间。例如,在"雇员"表中输入"性别"字段的数据时,经常会遇到需要重复输入的"男"或"女",这是单表中的重复输入;又如"产品"表中需要输入产品的"供应商",而"供应商"字段在"供应商"表中已经输入过了,这属于表之间的重复输入。这些内容如果直接输入不仅会花费用户较多的时间,而且极容易出错。为了提高输入数据的效率并保证输入数据的准确性,可以借助 Access 提供的查阅列功能实现从现有数据中选择输入数据。

下面以"Northwind.accdb"示例数据库中的"产品"表为例,介绍查阅列中的各项具体属性的设置方法。

通过在"Northwind.accdb"示例数据库的"产品"表中,新增一个与"供应商 ID"字段具备相同功能的"供应商 2"字段。

操作步骤

1）打开"Northwind.accdb"示例数据库，右击"产品"表，在弹出的快捷菜单中选择"设计视图"选项，进入"设计视图"窗口。

2）在表设计器中的最后一个字段的第一个空白行中输入新字段名称"供应商2"。数据类型设置为"数字"。这是因为在表中相关的两个字段的数据类型必须相同，而且字段大小也要相同。如图3.10所示，在本示例中"供应商"表的"供应商ID"字段是自动编号类型，自动编号的默认大小是"长整型"，所以在这里"供应商2"的数据类型必须为"数字"，字段大小为"长整型"。其他字段属性对照"供应商ID"字段设置即可。

3）在表设计器中，切换到"查阅"选项卡，逐步完成以下各项具体属性的设置。

① 显示控件。从"显示控件"右侧的下拉列表中可以设置其为文本框、列表框或组合框。如果设置为"文本框"，则该字段只接受从文本框中输入数据，查阅的其他属性都不可用。组合框和列表框的使用基本相同，只是组合框除了可以从下拉列表中选择之外，还可以接受输入，相当于是列表框与文本框的组合。如图3.10所示，在本示例中，在下半部的窗口中切换到"查阅"选项卡，将"显示控件"更改为"组合框"。

② 行来源类型。"行来源类型"是指控件中的数据来自于何处，共有三种选择：表/查询、值列表、字段列表。如果选择"表/查询"选项，则列表框或组合框中的数据将来源于其他表或查询中的结果集。如果要输入其他表中已经存在的数据，或输入从几个表中查询得到的结果，如本示例，使用该选项最为方便。如果选择"值列表"选项，只需在"行来源"中直接输入列表中的数据，并用英文分号隔开即可。这种类型只适合于输入的内容固定在某几个值之间，如性别的值可以是"男"或"女"。如果选择"字段列表"选项，该字段中将输入某个表中的字段名称信息。这种类型较少用到，"表/查询"的使用就包含了这种简单的用法。

③ 行来源。如果"行来源类型"是"表/查询"，可单击"行来源"右侧的下拉按钮，选择某个表或查询，以该表或查询中的数据作为列表框或组合框中的数据。如果没有直接的查询可使用，也可以单击右侧的"生成器"按钮，在查询生成器中直接创建SQL语句。如果"行来源类型"是"值列表"，直接输入即可，如"男;女;"。如果"行来源类型"是"字段列表"，可单击右侧的下拉按钮，选择某个表，以该表中的字段名称作为列表框或组合框中的数据。

如图3.10所示，在本示例中，选择"行来源类型"中的"表/查询"选项。单击"行来源"右侧的"生成器"按钮，在显示表中，选中"供应商"表，单击"添加"按钮后关闭。从列表中选择"供应商ID"，"公司名称"字段，可以双击，也可以拖入下方的字段中。设置"公司名称"字段的排序为升序，表示组合框中的供应商按名称进行排序。单击"关闭"按钮，弹出提示窗口，单击"是"按钮。

④ 绑定列。在列表框或组合框中进行选择时，所显示出来的数据并不一定就是存储在该字段中的内容。在"绑定列"中设置的列中的值才是表中真正存储的值。本示例中，在绑定列中输入"1"，代表该字段存储的值是查询结果中第一列"供应商ID"中的值。

要求这两者的数据类型必须相同，如图 3.10 所示，在本示例中都为长整型。

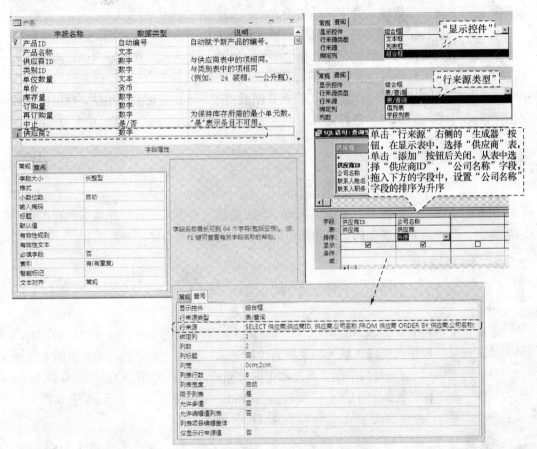

图 3.10 "产品"表中的"供应商 2"字段

⑤ 列数。在列表框或组合框中所显示的列数，可以同时显示表中的多列。如图 3.10 所示，本示例中，在列数中输入"2"，代表有两列。

⑥ 列标题。用字段名称、字段标题或首行数据作为列表框或组合框中列的标题。如果在列表框或组合框中同时显示多列时，加上标题方便识别各列的内容。如图 3.10 所示，在本示例中，列标题选择"否"。

⑦ 列宽。列表框或组合框中有多列时，可指定每列的宽度，每列宽度之间以英文分号分隔。例如，列数为三列，则可设列宽为"2;2;2"，系统会自动加上单位 cm；如果某一列无需显示，则列宽设为"0"即可，如"0;2;2"。如图 3.10 所示，在本示例中，列宽中设为"0;2"。第二列的宽并没有填入，这是因为列表宽度设置为自动，不隐藏的宽度都会根据字段的大小自动显示出来。

⑧ 列表行数。列表行数是指在组合框中一次最多可以显示的行数，其余的数据需拖动滚动条查看。如图 3.10 所示，在本示例中，列表行数设为"8"。

⑨ 列表宽度。在组合框中，列表框部分的宽度，可以设为"自动"，也可以设为数

值。如图 3.10 所示，在本示例中，列表宽度为"自动"，表示组合框中的下拉式列表宽度随"公司名称"字段数据宽度自动调整。

⑩ 限于列表。在组合框中，如果允许输入除列表框中值以外的数据，则选择"否"。如果值必须为列表中的一项时，则选择"是"。如图 3.10 所示，在本示例中，限于列表选择"是"。

4）关闭设计视图并保存修改，切换到数据表视图，体会查阅列的用法。也可以在数据类型列表中启动查阅向导进行定义。

3.2 表的操作

所有对表内容（即记录）的编辑操作，均在数据表视图中进行。在数据表视图中，可以添加、修改、删除表中的记录，还可以对表中的记录进行排序和筛选等。

3.2.1 编辑操作

1. 添加记录

添加记录是对表的最基本的操作，即在表的末端增加新的一行。打开"产品"表，单击"新记录"按钮或选择"插入"菜单的"新记录"选项，系统将自动在表的末尾增加一个空白记录。只需在每列中键入所需数据即可完成添加记录。在操作过程中，按 Enter 键转至下一个字段；当到达最后一个字段时，按 Enter 键将转至下一个记录。在如图 3.11 所示的"产品"表中添加了产品名称为"辣椒粉"记录。

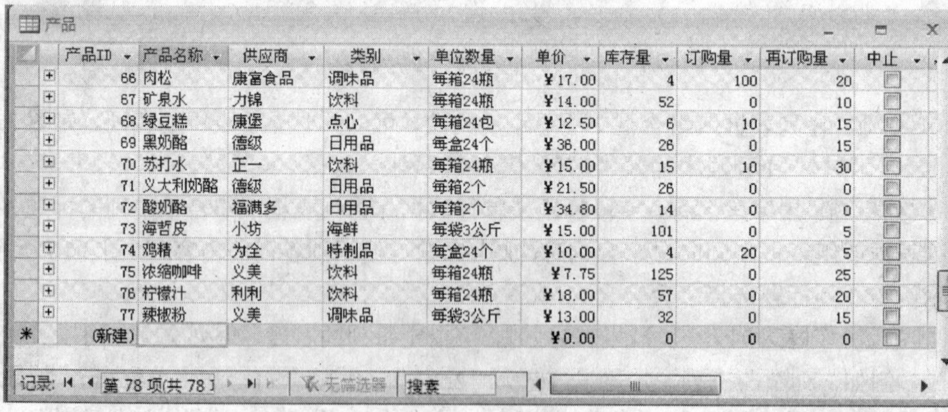

产品ID	产品名称	供应商	类别	单位数量	单价	库存量	订购量	再订购量	中止
66	肉松	康富食品	调味品	每箱24瓶	¥17.00	4	100	20	
67	矿泉水	力锦	饮料	每箱24瓶	¥14.00	52	0	10	
68	绿豆糕	康堡	点心	每箱24包	¥12.50	6	10	15	
69	黑奶酪	德级	日用品	每盒24个	¥36.00	26	0	15	
70	苏打水	正一	饮料	每箱24瓶	¥15.00	15	10	30	
71	义大利奶酪	德级	日用品	每箱2个	¥21.50	26	0	0	
72	酸奶酪	福满多	日用品	每箱2个	¥34.80	14	0	0	
73	海苔皮	小坊	海鲜	每袋3公斤	¥15.00	101	0	5	
74	鸡精	为全	特制品	每盒24个	¥10.00	4	20	5	
75	浓缩咖啡	义美	饮料	每箱24瓶	¥7.75	125	0	25	
76	柠檬汁	利利	饮料	每箱24瓶	¥18.00	57	0	20	
77	辣椒粉	义美	调味品	每袋3公斤	¥13.00	32	0	15	
(新建)					¥0.00	0	0	0	

记录：◄ 第 78 项（共 78 项 ► ►I 无筛选器 搜索

图 3.11 添加记录

2. 修改记录

在数据表视图中修改数据很方便，只要选中所要修改的数据，直接输入修改后的数据即可。如果要撤销修改，只要按 Esc 键就可以了。

3. 删除记录

右击要删除的记录选择弹出的快捷菜单中的"删除记录"选项或者直接按 Delete 键，即可将选中的数据删除。删除之前 Access 2007 会给出提示使用户确认，因为删除后的数据无法恢复。

 **提 示**

> 对于"自动编号"数据类型的字段，在添加记录时，Access 自动插入一个唯一的数值，每次新增加记录时，会自动加 1；在修改记录时，该字段的值不能够自行修改；在删除记录时，自动编号值不会重新使用，所以已删除记录的后续记录在该字段的值保持不变。例如，输入 10 条记录，自动编号从 1 到 10，删除前 3 条记录，自动编号从 4 到 10，删除第 7 条记录，自动编号中永远没有 7。

3.2.2 排序操作

在数据表视图中，可以按一个或多个字段的值对整个表中的所有记录进行重新排序。升序是以递增的顺序排列记录，如英文不区分大小写 A～Z，数字 0～9，中文则依汉语拼音顺序，日期和时间按先后顺序，数字按大小顺序。降序和升序相反，以递减的顺序排列记录。排序后，排序结果可与表一起保存。

 **提 示**

> 1）对于"文本"型的字段，若其取值为数字字符，系统将作为字符串来排序，即按第一个字符的 ASCII 码值排序。例如，文本类型的数据"4"、"6"、"44"和"66"，其排序结果将是"4"、"44"、"6"、"66"。若要按数值大小排序，则需在数字字符前面加零，使全部的文本字符串具有相同的长度。例如，在仅有一位数的字符串前面加上零，即"04"、"06"、"44"、"66"才能正确地排序。
> 2）在按升序对字段进行排序时，如果字段中同时包含空值和零长度字符串的记录，则包含空值的记录将首先显示，然后是零长度字符串。
> 3）数据类型为"备注"、"超链接"或"OLE 对象"的字段不能排序。

1. 单字段排序

在数据表视图中，右击需要排序的列标题，然后在弹出的快捷菜单中根据需要选择"升序"或"降序"选项即可。

2. 多字段排序

多字段排序时，先将需要排序的多个字段拖动至相邻位置，并依照排序的重要程度以先左后右的顺序排列，然后依次对每个字段选择"升序"或"降序"选项即可。排序时，系统使用从左到右的排序优先权，即记录先按左列字段的值排序，如果字段值相同，再按右边的字段值进行第二次排序，以此类推。

在不特别设定排序的情况下，Access 根据主键字段中的值自动升序排列记录。如果某个表中没有定义主键，则该表中记录排列的顺序根据输入的顺序来显示。取消排序的方法是选择"排序和筛选"选项组中"取消筛选/排序"选项或者在关闭数据表时，在提示框中单击"否"按钮。

3.2.3　筛选操作

筛选的目的是在单个数据表中只显示符合特定条件的记录。为了能够告诉系统想显示什么，用户需要指定一些条件，这些条件就是筛选条件。筛选时，Access 2007 按筛选条件对所有记录进行过滤，筛选后，数据表中只显示符合筛选条件的记录。Access 2007 提供了基于选定内容的筛选、使用筛选器筛选、使用窗体筛选和使用高级筛选等多种筛选方式。本节将分别介绍这几种筛选方式，其中高级筛选方式将穿插在各种筛选方式中介绍。

1. 基于选定内容的筛选

"基于选定内容的筛选"是将当前光标所在的字段内容当作条件，从表中查找出所有符合要求的记录。操作步骤如下：

1）在数据表视图中，将光标定位到一条记录的筛选条件字段上。

2）在"开始"选项卡的"排序和筛选"选项组中，执行某个"选择"命令来进行快速筛选。可用的命令将因所选值的数据类型的不同而异。字段上下文菜单中也提供了这些命令，右击字段可以访问该菜单。如图 3.12 所示，在"雇员"表的"出生日期"字段中选择了值 2/21/1967，则在"开始"选项卡的"排序和筛选"选项组中单击"选择"按钮，即可显示按选择内容进行筛选的命令。

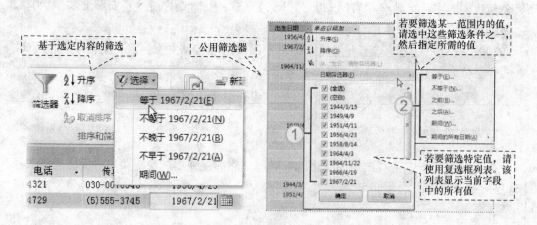

图 3.12　基于选定内容的筛选和公用筛选器

2. 公用筛选器

几种常用的筛选是以上下文菜单命令的形式提供的，因此不需要花费时间来构造正确的筛选条件。若要访问这些命令，请右击要筛选的字段。

除了"OLE 对象"字段和"显示计算值"的字段以外，所有字段类型都提供了公用筛选器。可用筛选列表取决于所选字段的数据类型和值。

如图 3.12 所示，若要查看"雇员"表中由"出生日期"字段使用的筛选，可以在"开始"选项卡的"排序和筛选"选项组中，单击"筛选器"按钮。

3. 按窗体筛选

"按窗体筛选"是在表的一个空白窗体中输入多个筛选条件，即可同时对两个以上字段进行筛选。在"按窗体筛选"窗口中，默认显示两张选项卡，选项卡的标签（"查找"和"或"）位于窗口的下方，其中"或"选项卡可有多张。每张选项卡中均可指定若干条件。同一张选项卡中的条件与条件之间是"And"（与）的关系。不同选项卡之间的条件是"Or"（或）的关系。

在"按窗体筛选"窗口中指定筛选条件时，如果直接在某一单元格中选择一个值，则表示选中字段等于该值。实际上，省略了等于比较运算的运算符"="需要指定大于或小于等比较运算时，需要直接键入">"或"<"等比较运算符，比较运算符包括">"（大于）、">="（大于或等于）、"<>"（不等于）、"<"（小于）和"<="（小于或等于）。在指定"是/否"类型字段的条件时，复选框只能包括三种状态：选中（是）、不选中（否）和灰化（不作为筛选条件）。

下面以"Northwind.accdb"示例数据库中的"产品"表为例，介绍使用"按窗体筛选"功能的步骤。

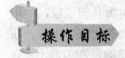
操作目标

在"Northwind.accdb"示例数据库的"产品"表中，使用"按窗体筛选"功能筛选出类别为"点心"且库存量"小于 10"的产品和类别为"饮料"且已中止的产品。

操作步骤

1）打开"Northwind.accdb"示例数据库，双击"产品"表，进入其数据表视图。

2）在"开始"选项卡的"排序和筛选"选项组中单击"高级"按钮，然后单击"按窗体筛选"按钮。如图 3.13 所示，在一个或多个字段中输入相应的值，作为筛选条件。

3）在"开始"选项卡的"排序和筛选"选项组中，单击"应用筛选/排序"按钮即可看到那些与输入匹配的筛选结果，如图 3.13 所示。

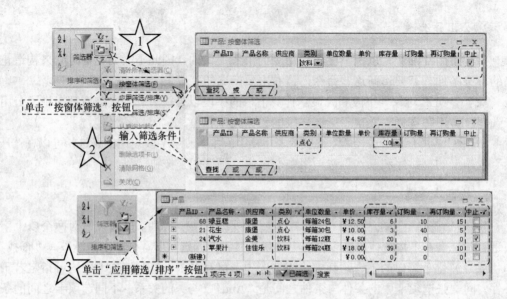

图 3.13　"产品"表按窗体筛选

因为筛选是把表中符合给定条件的一部分记录显示出来，不符合条件的记录只是隐藏起来，并没有被删除掉，所以筛选结果可以取消。如果想回到原有的数据表，只需在"开始"选项卡的"排序和筛选"选项组中单击"高级"按钮，然后执行"清除所有筛选器"命令即可。

3.2.4　列的冻结与隐藏

1. 冻结列

当表中的字段比较多时，由于屏幕宽度的限制无法在窗口上显示所有的字段，但用户希望在滚动或导航到数据表中的其他位置时将某些列始终固定在表的左侧。例如，在"订单"表中固定第一列以后，无论怎样拖动水平滚动条，始终在窗口的最左边显示"订单 ID"，从而可以方便地识别所有订单记录。为此，可以使用"冻结列"命令实现这个功能。右击要冻结的一列或连续的多列的列标题，然后选择快捷菜单中的"冻结列"选项即可，如图 3.14 所示。

 提　示

　　因为在关系表中，列的排列顺序是无关紧要的，并不会影响表的结构。所以，如果需要"冻结"表中不连续的多列，可以先通过选择拖动要移动字段的"字段选择器"，重新编排列的显示次序，使不连续的多列彼此相邻，然后再执行"冻结列"命令。

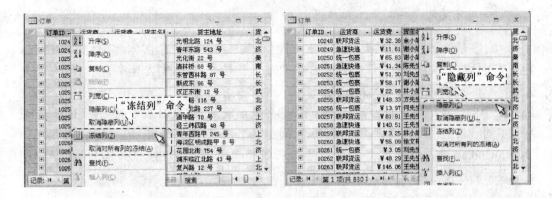

图 3.14　"冻结列"与"隐藏列"命令

如图 3.14 所示,被冻结的任何列都将移动到窗口的最左边,并始终以深色显示。要使这些列返回它们的原始位置,必须先解冻它们,然后将每列拖动到所需位置。右击任意列标题,然后选择快捷菜单上的"取消对所有列的冻结"选项,即可解冻所有冻结列。

2. 隐藏列

当一个数据表的字段较多,使得屏幕的宽度无法显示表中所有的字段时,可以将那些不需要显示的列暂时隐藏起来。如图 3.14 所示,右击需要隐藏的列标题,然后选择快捷菜单上的"隐藏列"选项,就可以很方便地将光标当前所在列隐藏起来。

隐藏并不是删除,只是在屏幕上不显示,当需要再次显示数据时,可右击任意列标题,执行"取消隐藏列"命令,然后在"取消隐藏列"对话框中,选中要显示的隐藏列的复选框,即可取消隐藏恢复显示。

3.3　表 的 关 系

3.3.1　实体关系的类型

在现实世界中,不同的实体之间常常存在各种关系。例如,产品与类别、订单与客户等。因此,在一个数据库系统中,不仅要存储相关的实体数据(表),而且要建立这些实体之间的关系(表的关系)。从参与关系的两个实体集的数量关系来说,实体之间的关系可以分为三种:一对一,一对多和多对多。

1. 一对一关系

如果对于实体集 A 中的每一个实体,实体集 B 中至多有一个实体与之关联,反之亦然,则称实体集 A 与实体集 B 之间具有一对一关系,记为 1:1。现实世界中的夫妻关系就是一个典型的 1:1 关系。在 Access 中,体现为两个表之间的记录是一一对应的,可以直接在两个表之间建立 1:1 关系。

2. 一对多关系

一对多是最常见的关系类型。如果对于实体集 A 中的每一个实体，实体集 B 中可以有多个实体与之关联，而对于实体集 B 中的每一个实体，实体集 A 至多有一个实体与之关联，则称实体集 A 与实体集 B 之间具有一对多关系，记为 1：n。在 Access 中，体现为 A 表中的一条记录，可能对应到 B 表中的多条记录，反过来 B 表中的一条记录只对应 A 表中的一条记录，可以直接在两个表之间建立 1：n 关系。例如，在如图 3.15 所示的"Northwind.accdb"示例数据库中，"类别"表和产品表以"类别 ID"作为两个表之间建立关系的连接条件，一种类别对应多个产品。

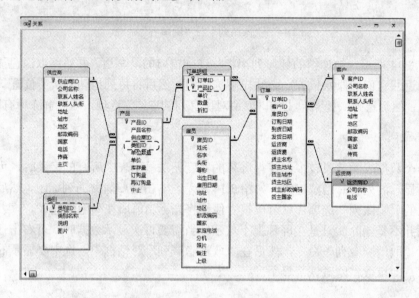

图 3.15　"Northwind.accdb"示例数据库中表的关系

3. 多对多关系

如果对于实体集 A 中的每一个实体，实体集 B 中可以有多个实体与之关联，而对于实体集 B 中的每一个实体，实体集 A 也可以有多个实体与之关联，则称实体集 A 与实体集 B 之间具有多对多关系，记为 m：n。在 Access 中，体现为 A 表中的一条记录，可以与 B 表中的多条记录相对应，同时，B 表中的一条记录也可以与 A 表中的多条记录相对应。

但是，多对多关系不符合关系型数据库对存储表的要求，不能直接在两个关系表之间建立，而必须通过一个所谓的"链接表"把它转化为两个一对多关系。例如，"订单"表与"产品"表就是多对多的关系，一份订单中有多种产品，一种产品会同时出现在多个订单上。"订单"表和"产品"表之间多对多的关系需要通过"订单明细"表建立两个一对多关系来实现，如图 3.15 所示，它的主键包括两个字段，即分别来源于"订单"表和"产品"表的外部关键字"订单 ID"和"产品 ID"。

提　示

> 表间关系指的是两个表中都有一个数据类型、字段大小相同的同名字段,该字段(关联字段)在每个表中都要建立索引,以其中一个表(主表)的关联字段与另一个表(子表或相关表)的关联字段建立两个表之间的关系。通过这种表之间的关联性,可以将数据库中的多个表连接成一个有机的整体。表间关系的主要作用是使多个表之间产生关联,通过关联字段建立起关系,以便快速地从不同表中提取相关的信息。

3.3.2　表间关系的建立

Access 中对表间关系的处理可通过两个表中的公共字段在表之间建立关系,这两个字段可以是同名的字段,也可以是不同名的字段,但必须具有相同的数据类型(除非主键字段是"自动编号"字段)。

数据库中的多个表之间要建立关系,必须先给各个表建立主键或索引。还要关闭所有打开的表,否则不能建立表间关系。如果在数据库中的多个表之间都有联系,就要对每两个表之间的关系分别设置。

下面以"Northwind.accdb"示例数据库为例,介绍创建表关系的方法。

在"Northwind.accdb"示例数据库中"运货商"表与"订单"表之间创建一对多关系。

1) 选择要建立关系的表。打开"Northwind.accdb"示例数据库,切换到"数据库工具"选项卡,在"显示/隐藏"选项组中,单击"关系"按钮。如果用户尚未定义过任何关系,则会自动弹出"显示表"对话框。如果未弹出该对话框,请在"设计"选项卡的"关系"选项组中单击"显示表"按钮,如图 3.16 所示。

提　示

> "显示表"对话框会显示数据库中的所有表和查询。要只查看表,请单击"表"选项卡;若只查看查询,请单击"查询"选项卡;若要同时查看表和查询,请单击"两者"选项卡。

在本示例中,弹出"显示表"对话框后,选择"运货商"表,单击"添加"按钮,即可将"运货商"表添加到关系布局上,如图 3.16 所示。

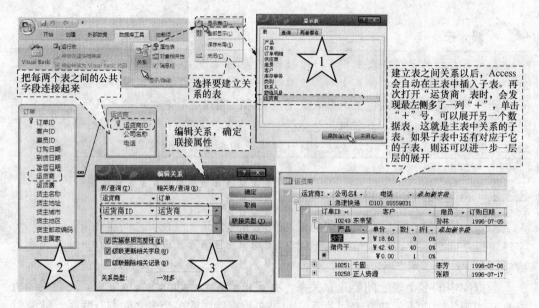

图 3.16　创建表间关系

2）把每两个表之间赖以建立关系的字段连接起来。选定主表（"运货商"表）的主键字段（"运货商 ID"），按住左键不放，拖动到子表（"订单"表）的外键字段（"运货商 ID"）上松开左键。

3）编辑关系，确定连接属性。拖动相关字段后，单击"工具"选项组中的"编辑关系"按钮，Access 会弹出如图 3.16 所示的"编辑关系"对话框，用于设置或编辑关系的属性。如图 3.16 所示，选中"实施参照完整性"和"级联删除相关记录"复选框，单击"创建"按钮，创建表关系。

4）保存关系。创建表关系后，两表中的关联字段间就有了一条线段，因为实施了参照完整性，Access 还将在连线上显示"1"和无穷大符号"∞"，以分别指示一对多关系中的"一"方和"多"方。单击"关系"布局窗口的"关闭"按钮，这时 Access 会询问是否保存布局的更改，单击"是"按钮即可完成关系的创建。

建立表之间关系以后，Access 会自动在主表中插入子表。如图 3.16 所示，再次打开"运货商"表时，会发现最左侧多了一列"＋"，单击"＋"按钮，可以展开另一个数据表，这就是主表中关系的子表。如果子表中还有其相对应的子表，则还可以进一步一层层的展开。这种关系应用在窗体中便是主子窗体。

如果需要编辑已有的关系，则只要在"关系"窗口中双击所要编辑的关系连线，弹出如图 3.16 所示的"编辑关系"对话框，即可进行修改。在"关系"窗口中选中所要删除的关系连线，然后按 Delete 键即可删除相应的关系。

3.3.3　外键与参照完整性

在建立了一对多关系的表之间，"一"方的表称为"主表"，"多"方的表称为"子表"。两表中相关联的字段（公共字段），在主表中称为"主键"，在子表中称为"外键"。参照完整性就是在输入或删除记录时，主表和子表之间应遵循的规则。

打开"Northwind.accdb"示例数据库，切换到"数据库工具"选项卡，在"显示/隐藏"选项组中，单击"关系"按钮，弹出"关系"窗口。双击"产品"表与"类别"表之间的关系连接线，或右击该连线并在弹出的快捷菜单中选择"编辑关系"选项，即可弹出"编辑关系"对话框，其中有"实施参照完整性"、"级联更新相关字段"、"级联删除相关字段"三个复选框。只有选中"实施参照完整性"复选框后才允许选择另外两项，如图3.17所示。

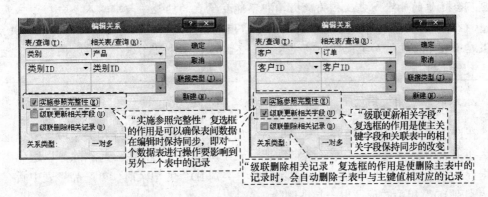

图3.17 "编辑关系"对话框

 提 示

实施参照完整性时需要满足以下条件。

1）来自于主表的公共字段必须为主键或具有唯一索引。

2）公共字段必须具有相同的数据类型。例外的是自动编号字段可与字段大小属性设置为长整型的数字字段相关。

1. 实施参照完整性

当关联字段是外键时，可以在如图3.17所示的"编辑关系"对话框中选中"实施参照完整性"复选框。Access将对相关联的两个表自动实施如下规则：

1）不能在子表的外键字段中输入不存于主键中的值，即子表的外键只能取主表中主键存在的值或空值。例如，在"产品"表中，不能输入"类别"表中不存在的"类别ID"。

2）如果在子表中存在匹配的记录，则不能从主表中删除该记录。例如，在"产品"表中某一种产品属于某个"类别ID"的类别，就不能在"类别"表中删除此"类别ID"的记录。

3）如果在子表中存在匹配的记录，则主表中相应的主键值不能修改。例如，在"产品"表中某一种产品属于某个"类别ID"的类别，就不能在"类别"表中更改这个"类别ID"的记录。

实施参照完整性，可以确保关联表中记录之间关系的有效性，防止错误操作带来的意外损失。例如，每一个产品类别都有多个产品，因此"类别"与"产品"之间的关系是一对多的。如果某个产品类别现在决定不再销售，销售部门希望删除所有属于该类别的数据，首先想到的就是类别主表，却可能忘了清除"产品数据"表，因而产品数据会变得不正确。实施参照完整性以后，如果要删除"类别"表中某个类别时，系统则会自动提示先删除相关的产品数据。

 **提 示**

> 参照完整性是一个规则，用它可以确保有关系的表中记录之间关系的完整有效性，并且不会随意的删除或更改相关数据，即不能在子表的外键字段中输入不存在于主表中的值，但可以在子表的外键字段中输入一个空值来指定这些记录与主表之间并没有关系。如果在子表中存在着与主表匹配的记录，则不能从主表中删除这个记录，同时也不能更改主表的主键值。

2. 级联删除相关字段

在选中"实施参照完整性"复选框后，如果选中了"级联删除相关字段"复选框，那么在主表中删除记录时，系统会自动把子表中所有相关的记录一起删除，以避免出现数据混乱。例如，在"类别"表中删除某个"类别 ID"的记录时，"产品"表中所有与该"类别 ID"相关的记录也一起被删除。

3. 级联更新相关字段

在选中"实施参照完整性"复选框后，如果选中了"级联更新相关字段"复选框，那么在主表中更改主键的值时，系统会自动更新子表中所有相关记录中的外键值。例如，在"客户"表中修改了某个"客户 ID"，则在"订单"表中该"客户 ID"所对应的值会自动被更新。

 提 示

> 在"Northwind.accdb"示例数据库中，只有"客户"表与"订单"表中的关系用到了级联更新，其他主表中的主键都是自动生成 ID 号，不存在修改情况，所以也不用级联更新。

3.4 表分析器与数据规范化

3.4.1 表分析器

观察如图 3.18 的"产品供应商"表，可以会发现由于每个供应商可以提供多种产品，产品和供应商是一对多的关系，所以与供应商的相关信息会多次重复存储。例如，"妙生"出现了三次等。

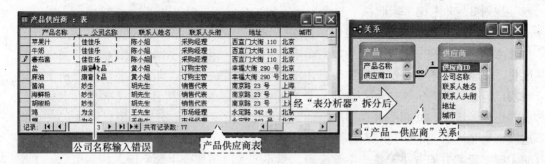

图 3.18 表分析器

大量的重复信息会造成下面两个方面的问题：①浪费了存储空间；②容易导致错误。例如，在图 3.18 中，由于公司名称的重复输入，"蕃茄酱"供应商"佳佳乐"的名称就写成了"佳住乐"，如果今后对佳佳乐公司进行供货品种统计，就会漏掉产品蕃茄酱。

如何消除一个表的重复信息，提高表的性能呢？一个简单的方法是使用 Access 提供的"表分析器"功能。表分析器能够通过对表中数据的分析，找出存储信息多次重复的列，将它们提取出来创建一个单独的新表，并添加新表的主键到原表中作为外键，建立起两者之间的关系。

打开"Northwind.accdb"示例数据库，切换到"数据库工具"选项卡，在 "分析"选项组中，单击"分析表"按钮，弹出"表分析器向导"对话框。通过表分析器可以把图 3.18 中的"产品供应商"表拆分成"产品"表和"供应商"表。在"供应商"表中以"供应商 ID"作为主键，在"产品"表中以"供应商 ID"作为外键，如图 3.18 所示。

3.4.2 表的规范化

从前面的例子可以看到，一个设计不恰当的关系表中可能包含许多的重复信息，从而带来一系列的隐患。为了尽可能地减少数据冗余，产生和发展了关系数据库的规范化理论。由于数据库仅仅是存储数据的框架，而真正存储数据的是表。因此数据规范化的核心就是表的规范化，其中心思想是将数据库中的每张表精简为一组字段，使得表中所有的非主键字段都取决于表的主键字段。根据 E.F.Codd（埃德加·弗兰克·科德）的关系型数据库规范化理论，可将规范化的步骤归纳为如下几个规则。

规则 1：每一个表要有一个主键。

关系表中的每一个记录都代表客观世界的某个实体，它是独特的，可以与其他实体相区分。因此每个表中必须要有可用来识别记录唯一性的字段——主键。规则 1 就是实体完整性，它隐含要求在一个关系表中不存在完全相同的两行。

规则 2：列值不可分。

关系表的每个属性都只能在一个特定的简单类型域中取值，不能取复杂的组合值，即关系表不能嵌套。规则 1 和规则 2 称为关系数据库第一范式（1st normal form，1NF），它是对关系表的基本要求。在 Access 中，所有的表都自动满足第一范式。

规则 3：非主键字段取决于整个主键字段。

一个关系表通常由许多列组成，在这些列中有一些是所谓的主键字段，而另外一些是非主键字段。在一个关系表中，两个不同的记录一定拥有不同的主键值。从另一个角度说，这就意味着非主键字段的值是由主键字段的值决定的，即非主键字段取决于主键字段。但是，观察图 3.19 可以发现，该表的关键字是由"产品名称"和"公司名称"构成的组合关键字。而非主关键字"地址"列只与"公司名称"有关，所以不符合规则 3。这就带来了不必要的信息冗余。为了避免这种现象，关系数据库的规范化理论要求每个非主键字段都只能取决于整个主键字段，而不能取决于部分主键字段。规则 1、2、3 统称为关系数据库第二范式（2nd normal form，2NF）。一个不满足 2NF 要求的关系表通常会被拆分为两个满足规则要求的表。例如，图 3.19 的"产品"表被拆分为"产品"表和"公司"表。

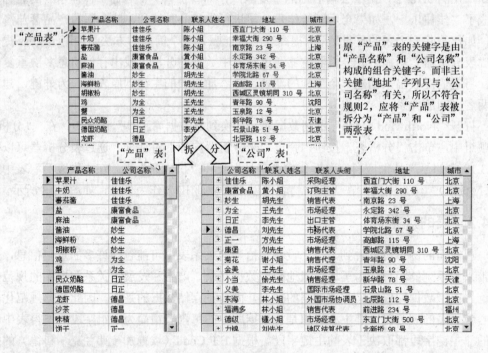

图 3.19　第二范式

规则 4：非主键的字段之间不能有从属关系。

在一个满足 2NF 的表中，消除了由于非主键字段对主键字段的部分依赖带来的重复，但是仍然可能存在其他的可以消除的冗余现象。最常见的就是一些非主键字段被另外一些非主键字段所决定。例如，在图 3.20 中，"产品类别"表的主键字段是"产品名称"，"类别说明"和"类别名称"都是非主键字段，显然"类别说明"是由"类别名称"决定的，所以它不符合规则 4，我们把它拆分为如图 3.20 所示的"产品"和"类别"两张表就可以减少数据冗余。规则 1、2、3、4 的统称为关系数据库第三范式（3rd normal form，3NF）。

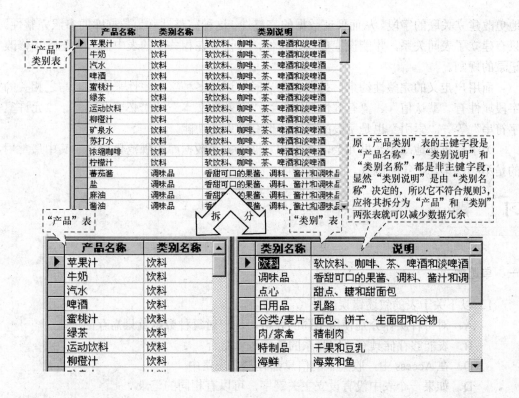

图 3.20　第三范式

除了前面介绍的第一、第二、第三范式以外，关系数据库的规范化理论中还有一些更强的范式要求，如 BCNF、4NF、5NF 等，但是它们的实用性远不及前三种，本书不再赘述了，有兴趣的读者可以参考有关的数据库理论书籍。

小　结

表是关于特定主题（如产品和供应商）数据的集合，是关系数据库中用来存放数据的场所。关系数据库中的表由确定结构的表头和包含实际数据记录的表体组成。在 Access 中，表有不同的显示窗口（也称为视图），表的设计视图就是专门用于创建、修改表结构的工作窗口；数据表视图则是以行列格式显示和处理表体数据的窗口；数据透视表视图用于汇总并分析数据表或窗体中数据；数据透视图视图则以各种图形方式来显示数据表或窗体中数据的分析和汇总。

表结构设计的主要工作是确定组成表的字段，包括字段的名称、数据类型和属性等，通常在表的设计视图中进行。根据表的不同特征，可以选择不同的方式创建表结构。

主键也是一种数据约束。主键实现了数据库中实体完整性功能，也是参照完整性中被参照的对象。定义一个主键，也就是在主键字段上自动建立了一个"无重复"索引。

参照完整性通过建立表的关系来实现，当两个表之间建立关联后，用户不能再随意地更改建立关联的字段。从而保证数据的完整性，这种完整性称为数据库的参照完整性。只有建立了表间关系，才能设置参照完整性，即设置在相关联的表中插入、删除和修改记录的规则。

而用户定义的完整性约束，是在表定义时，通过多种字段属性来实施，与之相关的字段属性有"默认值"、"有效性规则"、"有效性文本"、"必填字段"、"允许空字符串"等。"索引"也是字段的属性，也有约束的功能。

为了尽可能地减少数据冗余，产生和发展了关系数据库的规范化理论，其中最常用的是第一、第二、第三范式。

习　题

一、单选题

1. 以下关于表的叙述错误的是（　　）。

A. 对每种实体分别使用不同的表格，用户对每种数据就只需存储一次

B. 表能够存储具有一定联系的数据逻辑组合

C. 在 Access 中，收集来的信息都存储在表格中

D. 如果一个表中没有设立主关键字，可以有相同的记录

2. 下面关于主关键字的说法中错误的是（　　）。

A. Access 并不要求在每一个表格中都必须包含一个主关键字

B. 在一个表中只能指定一个字段成为主关键字

C. 在输入数据或对数据进行修改时，不能向主关键字的字段输入相同的值

D. 利用主关键字可以对记录快速地进行排序和查找

3. 下面关于参照完整性的说法中错误的是（　　）。

A. Access 不允许当表中有相关记录与之匹配时删除主表记录

B. 如果实施了参照完整性，则在主表中没有关系的记录时，Access 不允许将记录添加到相关表的操作

C. 实施参照完整性之后，可以通过单击"验证参照完整性"按钮来检查关键字字段

D. 如果实施了参照完整性，则 Access 不允许在更改主表记录时造成相关表中记录没有对应项的操作

4. Access 表中字段的数据类型不包含（　　）。

A. 文本　　　B. 备注　　C. 通用　　　D. 日期/时间

5. 下面关于索引的说法中错误的是（　　）。

A. 索引可以加快查找和排序记录的速度

B. 如果字段中的许多数据值是相同的，索引将大大加快查询速度

C. 索引可能会减慢一些操作查询的执行速度

D. 在 Access 中可能基于单个字段或多个字段来创建记录的索引

6. 排序时如果选取了多个字段，则输出结果是（　　）。

    A. 按设定的优先次序进行排序

    B. 按最右边的列开始排序

    C. 按从左向右优先次序依次排序

    D. 无法进行排序

7. 关于字段属性，以下叙述错误的是（　　）。

    A. 字段大小可用于设置文本、数字或自动编号等类型字段的最大容量

    B. 可对任意类型的字段设置默认值属性

    C. 有效性规则属性用于限制此字段输入值的表达式

    D. 不同的字段类型，其字段属性有所不同

8. 如果一张数据表中含有照片，则照片这一字段的数据类型通常为（　　）。

    A. 文本　　　　B. 备注　　　　C. 超链接　　　　D. OLE 对象

9. 使用表设计器来定义表的字段时，可以不设置的内容为（　　）。

    A. 字段名称　　　　　　　B. 数据类型

    C. 说明　　　　　　　　　D. 字段属性

10. 在数据表视图中，不能（　　）。

    A. 修改字段的类型　　　　B. 修改字段的名称

    C. 删除一个字段　　　　　D. 删除一条记录

11. Access 中表和数据库的关系是（　　）。

    A. 一个数据库可以包含多个表

    B. 一个表只能包含两个数据库

    C. 一个表可以包含多个数据库

    D. 一个数据库只能包含一个表

12. 数据类型是（　　）。

    A. 字段的另一种说法

    B. 决定字段能包含哪类数据的设置

    C. 一类数据库应用程序

    D. 一类用来描述 Access 表向导允许从中选择的字段名称

13. 如果要从列表中选择所需的值，而不想浏览数据表或窗体中的所有记录，或者要一次指定多个准则，即筛选条件，可使用（　　）方法。

    A. 按选定内容筛选　　　　B. 内容排除筛选

    C. 按窗体筛选　　　　　　D. 高级筛选/排序

14. 可建立下拉列表式输入的字段对象是（　　）类型字段。

    A. OLE　　　　　　　　　B. 备注

    C. 超链接　　　　　　　　D. 查阅向导

15. 下面关于 Access 表的叙述中，错误的是（　　）。

    A. 在 Access 表中，可以对备注型字段进行格式属性设置

    B. 若删除表中含有自动编号型字段的一条记录后，Access 不会对表中自动编号型字段重新编号

    C. 创建表之间的关系时，应关闭所有打开的表

    D. 可在 Access 表的设计视图说明列中，对字段进行具体的说明

二、填空题

1. 数据表中的"行"称为_____。

2. 必须输入 0～9 的数字的输入掩码是_____，必须输入任一字符或空格的输入掩码是_____。

3. 在已经建立的数据表中，若在显示表中内容时使某些字段不能移动显示位置，可以使用的方法是_____。

4. 对记录进行排序时，若要从前往后对日期和时间进行排序，请使用_____序；若要从后往前对日期和时间进行排序，请使用_____序。

5. 为了限制字段输入信息的格式，可以设置字段的_____属性。

三、思考题

1. 数字数据类型与货币数据类型的相同点与不同点是什么？

2. 主键、外键和索引的区别是什么？

第 4 章
查　　询

———— 本章要点 ————

　　查询是 Access 数据库的第二大对象。运用查询，用户可以从按主题划分的表中检索出需要的数据，并将其以数据表的形式显示出来。表和查询的这种关系，构成关系型数据库的工作方式。

本章内容主要包括：

- ➢ 选择查询
- ➢ 统计查询
- ➢ 联接查询
- ➢ SQL 特定查询
- ➢ 交叉表查询
- ➢ 参数查询
- ➢ 动作查询

4.1　认 识 查 询

4.1.1　查询的概念

通过前面的学习，用户在 Access 的帮助下，在硬盘里划分出一块以 ".accdb" 为标志的"地皮"，并且在上面搭建起了存放数据的"仓库"，还将仓库中的"数据"按照不同的主题（实体），分门别类地放置在各自的"架子"（表）上，并且通过公共字段在表之间建立联系。如图 4.1 所示，在"Northwind.accdb"示例数据库中，"雇员"表和"订单"表中分别存放着雇员和订单信息，两者之间一对多的关系是通过公共字段"雇员 ID"作为纽带来联系的。

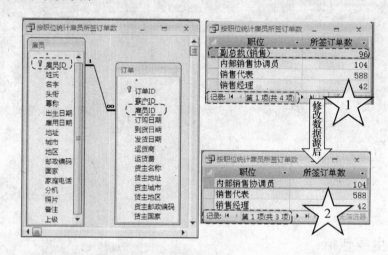

图 4.1　"按职位（头衔）统计雇员所签订单数"查询

如同建立图书馆的目的不只是为了存放图书一样，建立数据库的最终目的是帮助用户快速查找到所需的数据信息，所以当用户用表将数据（根据规范化的要求）进行了分割之后，如何再根据自己的需求从多个表中查找到满足要求的数据呢？

如图 4.1（1）所示，用户希望根据"雇员"表和"订单"表中的数据，按照雇员的职位（头衔）统计出不同职位的雇员所签订单的数目。很多读者马上会想到使用前面第 3 章中学习的筛选、排序等工具，可是这些工具都只能对当前的表进行操作，而现在需要查找的数据涉及数据库中相关的两张表，并且还需按照职位进行分组，分别计算出每种职位的雇员所签订单的数目。显然，前面学习的知识已经不能胜任这项工作，而使用 Access 中的"查询"对象功能则可以很轻松地解决这个问题。

其实，上面这个问题正集中体现出查询的两大主要功能：查找与计算。查询是具有条件检索和计算功能的数据库对象。双击运行"Northwind.accdb"示例数据库中的"按职位统计雇员所签订单数"查询，即可得到如图 4.1（1）所示的结果集，也就是用户所要查询的结果，它看起来就像新建的"数据表"一样。这个查询按照"雇员"表中的"头衔"字段，统计出"订单"表中不同职位（头衔）的雇员所签订单的数量，其中用来提供选择数据的表称为查询操作的数据源（例如，"雇员"表和"订单"表），当然也可以由已建好的其他查询作为数据源来提供数据。

再来做一个简单的小实验，回到查询的数据源"雇员"表中，将"雇员 ID"为"2"的雇员"王伟"的记录删除，然后再次双击运行刚才那个查询，这时的查询结果如图 4.1（2）所示。细心的读者马上就会发现同一个查询，在改变了表中的数据之后，查询的结果发生了明显的变化，原来职位为"副总裁"所签订单数为"96"的记录消失了，查询结果集中的记录数由原来的四条减少到现在的三条。

这说明查询虽然看起来像一个"数据表"，但查询中并没有真的存放着查询的结果。实际上，查询的结果是一组以数据表视图方式显示的数据集，也称为动态集。它很像一个表，但并没有存储在数据库中，而是在每次运行查询时才重新按条件从不同的表（数据源）中抽取数据并组合成一个动态集，一旦关闭查询，查询的动态集就会自动从内存中消失。查询的结果是动态的，它随着查询所依据的数据源的数据改动而变动，这样既可以节约存储空间，又可以使查询结果与数据源中的数据保持同步，显示数据源的最新变化情况。

那么，查询中到底保存的是什么呢？

如图 4.2 所示，在该查询的数据表视图中，切换到"开始"选项卡，单击"视图"下拉按钮，选择"SQL 视图"选项，就会发现在每一个查询中真正保存的不是查询结果，而是用 SQL 语言书写的一条查询命令。SQL（structured query language，结构化查询语言）是操作关系型数据库的标准语言。Access 正是依据这些查询命令在数据库中查找到符合用户要求的数据，然后组成一个动态集，并以数据表视图的方式将查询结果呈现出来。

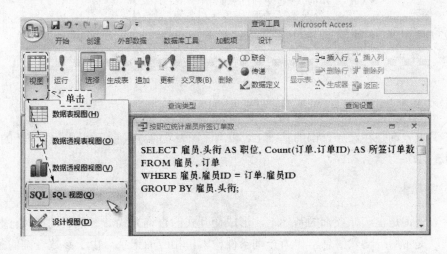

图 4.2 查询的 SQL 视图

所以一个查询对象不是数据的集合，而是一系列操作的集合，实质上，它是一个用 SQL 语句编写的查询命令。运行一个查询对象实质上就是执行该查询中规定的 SQL 命令。

 提 示

查询以表作为数据源，按照一定的条件或要求对表中的数据进行检索或处理，得到一个外观形式同表一样的数据视图。值得注意的是，查询不是表，它并不存储任何数据。查询的数据都是在运行时按照查询命令从一个或多个表中取出，并暂时保存在内存中，这样就可以使查询的结果与数据表中的数据保持同步，显示数据表的最新变化情况。表和查询的这种关系，构成关系型数据库的工作方式，这也是使用数据库管理系统来管理大量数据时区别于用电子表格 Excel 管理数据最显著的特点。

4.1.2 查询的类型

所有查找与计算问题都可以通过转化为查询的五大类型来得以解决。

1. 选择查询

选择查询是最常见的查询类型，通常作为创建其他类型查询的基础。它从一个或多个表中检索数据，并且可以对记录进行分组、求和、计数、平均值等各种类型的统计计算。如图 4.3（1）所示，按月份统计 1997 年上半年各种产品的订购数量。

图 4.3　选择查询与交叉表查询

2. 交叉表查询

交叉表查询是在选择查询的基础上，以"课程表"的方式重新呈现分组统计的结果，如图 4.3（2）所示。

3. 参数查询

参数查询是在选择查询的基础上，形成交互式的查询方式。参数查询在执行时弹出对话框以提示用户输入信息，作为查询条件检索出相应的记录。由于参数查询的条件是在运行时输入的，因而具有更大的灵活性。

例如，可以设计参数查询，并通过对话框来提示用户输入查询的起止日期，然后 Access 检索在这两个日期之间的所有订单记录。

4. 动作查询

动作查询是在选择查询的基础上，只需进行一次操作即可对查询出来的记录集进行批量地更改和移动。按照动作查询对操作目标表所执行的操作，可将动作查询分为四类，如表 4.1 所示。

表 4.1　动作查询类型及其功能

动作查询类型	功　　能
生成表查询	根据查询结果生成新表
追加查询	将符合条件的记录添加到表尾
删除查询	从表中删除符合条件的整条记录
更新查询	添加、更改或删除符合条件的记录中个别字段的数据

5. SQL 特定查询

Access 中有三类查询只能在 "SQL 视图" 窗口中直接键入适当的 SQL 语句来创建，称为 SQL 特定查询。

SQL 特定查询主要包括联合查询、传递查询和数据定义查询，除了这三种 SQL 特定查询之外，还可以在子查询中使用 SQL 语句来定义字段或为字段定义条件。

4.1.3　查询的视图

程序员编程的过程就是使用计算机 "听得懂" 的程序语言，告诉计算机需要完成的任务。用户创建查询的过程也是使用 Access "听得懂" 的语言（结构化查询语言 SQL），告诉 Access 应从哪些表中挑选哪些字段，然后 Access 就会从指定的数据源中检索出符合要求的数据，并以数据表视图的方式反馈给用户。

上述过程涉及查询的三个主要视图，即数据表视图、设计视图和 SQL 视图。其中，数据表视图用于显示查询的结果集，设计视图可以帮助用户通过直观的操作构造或修改查询，SQL 视图用于显示与设计视图等效的 SQL 语句。此外，还有数据透视表视图、数据透视图视图，其形式与表中的相同。用户可以通过使用 Access 功能区中的 "视图" 下拉列表来切换视图模式。

 提　示

运行查询实际上就是打开该查询的数据表视图，以表格形式呈现该查询结果的动态集。
　　修改查询实际上就是打开该查询的设计视图或 SQL 视图，对查询所涉及的字段及条件等进行修改。

1. 数据表视图

查询设计完成后，通过切换到数据表视图来运行查询，即以行和列的形式呈现查询结果。查询的数据表视图与表的数据表视图相似，区别在于，在查询的数据表视图中无法插入或删除列，而且其中的字段也是不可编辑的，例如，不能修改字段的字段名。这是因为由查询生成的结果集并不是真正存在的值，而是在运行查询时，临时从表中调过来的，是表中数据的一个镜像，但即使结果集中的数据来自不同的表，还是可以像在一个表中一样对字段进行移动、隐藏和冻结等操作，并且可以改变列宽和行高，也可对其进行排序和筛选操作，其操作方法与表中是相同的。

2. SQL 视图

一个 Access 查询对象实质上是一条 SQL 语句，要查看 Access 构建查询时所创建的 SQL 语句，可单击 Access 功能区中的"视图"下拉按钮，选择"SQL 视图"选项，如图 4.2 所示为典型的 SQL 语句，该语句返回按照"雇员"表的"头衔"字段，统计出"订单"表中不同职位（头衔）的雇员所签订单的数量。

创建一个 Access 查询对象的过程，实质上是生成一条 SQL 语句的过程。SQL（结构化查询语言）的每条命令均由一个动词开头说明需要 DBMS "做什么"，一共使用了九个动词，就基本上涵盖了关系数据库所需的所有操作，如表 4.2 所示。

表 4.2　SQL 的三类九种命令

功 能 类 型	命令开头的动词
数据定义（数据模式和索引定义、删除和修改）	CREAT、DROP、ALTER
数据操作（数据查询和维护）	SELECT、INSERT、UPDATE、DELETE
数据控制（数据存取控制权，如授权与回收）	GRANT、REVOKE

SELECT 语句构成了 SQL 数据库语言的核心，它的语法包括五个主要子句，其结构如下。

```
SELECT 〈字段列表〉
FROM   〈表列表〉
[WHERE 〈行选择说明〉]
[GROUP BY 〈分组说明〉]
[HAVING 〈组选择说明〉]
[ORDER BY 〈排序说明〉];
```

其中，只有 SELECT 子句和 FROM 子句为必选项，其他子句为可选项。本节先将重点放在这两个子句上，其他子句将在后续的学习中结合各种类型的查询作详细介绍。

（1）SELECT 子句

SELECT 子句用于告诉 Access 要在结果集中显示哪些字段，即指定由哪些列组成查询结果的"表头"，位于语句的开始处。

<字段列表>中的各选项间使用"，"隔开，并按照从左到右的顺序排列，这些项既可以是字段名，也可以是字段名与常量和函数（系统及自定义函数）构成的表达式。

技 巧

如果要包括数据源中的所有字段，可以在 SELECT 子句中逐一列出所有字段，也可使用星号通配符（*）。使用星号时，Access 会在查询运行时确定数据源中包含哪些字段，并在查询中包括所有这些字段，这有助于确保在向数据源添加新字段时的查询始终都是最新的。

（2）FROM 子句

FROM 子句用于告诉 Access 到何处去查找记录，即列出查询数据所使用的数据源（表或查询），它由关键字 FROM 后跟一组用逗号分开的表名或查询名组成。

 提 示

SELECT 子句和 FROM 子句等各子句以回车符或换行符表示子句结束，也可以整个句子在一行或多行写，但是整个查询要用分号表示语句结束。

特别提示的一点是，SQL 语言对关键字、字段名、运算符的大小写没有特殊限制，只有对字符串型常量区分大小写。所有标点符号都是英文状态下的。

在 SQL 视图中，用户可以使用 Access "听得懂"的语言（结构化查询语言 SQL），告诉其如何才能获得查询数据表视图中所呈现的查询结果，即告诉 Access 应从哪些表中挑选哪些字段。

例如，假定用户想查看产品的客户都分布在哪些不同的城市，即确保每个城市只显示一次。如果用户手动在数据库中查找到这些数据，一定会先找到"客户"表，然后从中选择"城市"字段，并使该字段中重复的数据只显示一次，即只留下不同的值。现在有了这位"数据库管理员"，就可以将这些体力活全部都交给 Access 处理，而用户只需将上面的操作流程用 Access "听得懂"的 SQL 语言描述一遍，然后翻译如下的 SQL 语句即可。

```
SELECT DISTINCT 城市
FROM 客户;
```

其中，使用 DISTINCT 谓词去除重复的数据，保留不同的值。其默认值为 ALL，表示检索所有符合条件的记录。

 提 示

如果不想使用表中的字段名作为输出的列名，则可以在 SELECT 子句中的 AS 关键字后给出另一个列标题名。例如，如图 4.2 所示，将"雇员"表中的字段名"头衔"更改为查询结果集中输出的列名"职位"。而在同一个 SELECT 子句中，用户还使用了计数函数 Count 以求出每个职位的雇员所签订单数量，这时则必须使用字段别名。如图 4.1（1）所示，查询结果中第二列的列名为"所签订单数"，其值由表达式 Count（订单.订单 ID）求得。

3. 设计视图

Access 提供的查询设计器，即查询的设计视图，实质上为用户提供了一个编写 SQL 语句的可视化工具。在 Access 查询设计器中添加表和选择字段时，Access 在后台编写相应的 SQL 语句并将其存储在数据库文件中。在查询设计器中所做的任何操作都可用 SQL 语法表达，就等同于在编写 SQL 语句。

Access 提供的查询设计器如图 4.4 所示，被分为上下两个部分。上部为数据源列表区，显示着查询对象的数据源以及它们之间的联系；下部为定义查询的设计网格，即为参数设置区，由六个参数行组成，如表 4.3 所示。

表 4.3　查询设计网格中行的作用与 SQL 语句的对应关系

行	作　用	对应的 SQL 语句
字段	用于设置查询所涉及的字段或字段表达式	SELECT
表	用于指明字段所归属的表或查询	FROM
排序	用于设置查询的排序准则	ORDER BY
显示	利用复选框确定字段是否在数据表视图(即查询结果)中显示	SELECT
条件	用于设置查询的筛选条件	WHERE
或	指定逻辑"或"关系的多个限制条件，以多行的形式出现	WHERE

图 4.4 所示为一个简单查询的设计视图，该查询的目的是检索"产品"表中所有库存量大于 100 或订购量等于 100 的产品名称和单价，并将查询结果按照"单价"降序排列。

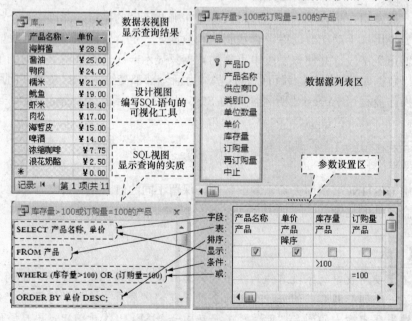

图 4.4　查询的三种视图之间的对应关系

如图 4.4 所示，查询的三种视图之间是一一对应的关系。在任意一个视图中所做的更改都会立即在其他视图中反映出来。

提 示

在查询设计器中，"显示"行是一个复选框。如果希望某一字段的数据在查询运行时得到显示，则选中该字段的复选框，使其显示"√"符号，如"产品名称"和"单价"，这也是 Access 的默认参数；如果希望某一字段的数据在查询运行时不显示，但又需要它参与运算（作为筛选条件），则取消该复选框的勾选，使其中的"√"符号消失，如"库存量"和"订购量"；对于既不需要显示，也不需要参与运算的字段，就不要将其选入查询中。

用户可以通过前面介绍的两种方式，即使用查询设计器创建或直接用 SQL 语言编写查询语句，来"吩咐"Access 按照自己的查询需求在数据库中检索到需要的数据，最后再到数据表视图中来查验 Access 找到的数据是否符合用户的要求。

除了上面两种创建查询的方式以外，更快捷的创建查询的方式是在创建查询对象时，用户可以在"向导"的指引下向 Access 指明从哪个表中挑选哪些列。

Access 提供四种查询向导：简单查询向导、交叉表查询向导、查找重复项查询向导和查找不匹配项查询向导。查询向导采用交互问答方式引导用户快捷地创建需要的查询，详细地解释在创建过程中需要做出的选择，并能以图形方式显示结果。

知识拓展

利用查询的"属性表"窗格，可以改变查询的默认视图，也可以对查询的"排序"、"筛选"、"显示最大记录数"等属性进行设置。

在屏幕左边的导航窗格中，右击要进行设置的查询，并在弹出的快捷菜单中选择"设计视图"选项，进入查询的设计视图。然后在"设计"选项卡的"显示/隐藏"选项组中，单击"属性表"按钮，则弹出"属性表"窗格。

例如，设置查询的"唯一值"属性为"是"，等同于将 DISTINCT 关键字添加到 Access 查询的 SQL 语句中。

4.2 选 择 查 询

选择查询是最常见的查询，它能根据指定的查询条件，从一个或多个相关表和已建查询中将满足要求的数据选择出来，并把这些数据显示在查询的数据表视图中。查询条件限制了检索出的记录总量。使用选择查询还可以进一步对筛选出的记录进行分组，或对全部记录进行总计（求和）、计数（统计个数）、平均值等统计计算。

同时，选择查询还是其他类型查询创建的基础。在后续各节中，为了创建其他类型的查询，常常会先建立一个选择查询，然后再逐步进行设计修改，以达到实现相关类型查询的设计结果。Access 支持的选择查询有字段选择查询、记录选择查询、联接查询、统计查询、查找不匹配项查询和查找重复项查询等六种类型。

4.2.1　简单选择查询

字段选择查询用于选择关系表中的列（字段），即对关系表进行投影运算。例如，如果用户希望了解"供应商"表中"公司名称"和"电话"两个字段的信息，就可以通过字段选择查询来实现。

记录选择查询用于筛选关系表中的行（元组），即对关系表进行选择运算，从中挑出满足条件的元组。例如，如果用户希望了解"供应商"表中处于华北地区的供应商，可以通过记录选择查询来实现。

但是在通常情况下，都是同时对关系表进行选择与投影的复合运算，即先做选择，后做投影。例如，用户希望了解"供应商"表中处于华北地区的供应商的地址及其电话等信息。请注意，这里涉及的查询都仅限于单一的数据源，基于多个数据源的查询问题，将在 4.2.3 节中讨论。

1. 字段选择查询

字段选择查询就是从一个关系表中挑选出部分列呈现给用户，其本质是对关系做投影运算。

创建不带任何条件的字段选择查询是最简单的选择查询，可以使用创建查询的三种方法中的任何一种。其实三种方法的区别仅在于使用了三种不同的方式（由"向导"指引、使用查询设计器创建、直接用 SQL 语言编写查询语句），告诉 Access 查询的数据源和需要选择的字段。

下面将依次使用三种方法来创建同一个字段选择查询，目的在于使用户领会到三种方法其实只是通过三种不同的方式向 Access 指明从哪个表中选择哪些列。在实际应用中，用户可任选一种方法创建查询。

首先以"Northwind.accdb"示例数据库为例，介绍利用简单查询向导创建字段选择查询的方法。

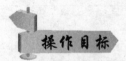

创建一个"订单情况"查询，其中包含"订单 ID"、"订购日期"和"客户 ID"字段。

1）打开"Northwind.accdb"示例数据库，在"创建"选项卡的"其他"选项组中，单击"查询向导"按钮，弹出"新建查询"对话框，如图 4.5（1）所示，选择"简单查询向导"选项，然后单击"确定"按钮。

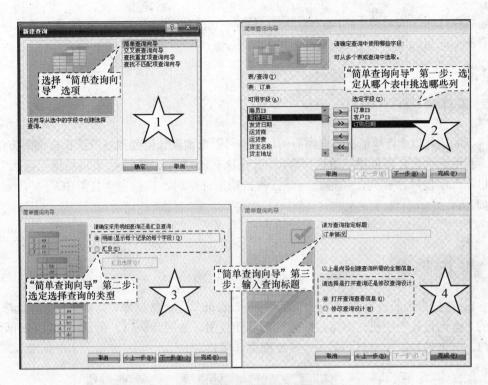

图 4.5 使用简单查询向导创建字段选择查询

2）"简单查询向导"第一步：选择从哪个表中选择哪些列。在弹出的"简单查询向导"对话框的"表/查询"下拉列表中，选择查询基于的表或查询的名称，然后将查询中要包括的字段从"可用字段"列表框移动到"选定字段"列表框。为了实现本示例所要达到的目的，在"订单"表（从对话框的"表/查询"下拉列表框中选择表）中选择"订单 ID"、"订购日期"和"客户 ID"三个字段，如图 4.5（2）所示。

3）"简单查询向导"第二步：选择字段选择查询的类型。选择了所需要的字段后，单击"下一步"按钮，弹出如图 4.5（3）所示的对话框。在此对话框中可以从"请确定采用明细查询还是汇总查询"选项组中选择一种查询的类型。明细查询将显示每条记录中的每个字段，而汇总查询将提供合计选项。在本示例中，选中"明细（显示每个记录的每个字段）"单选按钮。

 提 示

> 如果在前面选择的字段中没有可以进行汇总的数字字段，则不会出现这一步，而是直接弹出要求输入查询名的对话框，例如，本示例就属于这种情况。

4）"简单查询向导"第三步：输入查询标题以及之后操作。选择了查询的类型后，单击"下一步"按钮，进入最后一个对话框，为查询命名。如图 4.5（4）所示，输入查询的名称为"订单情况"。选中"打开查询查看信息"单选按钮，最后单击"完成"按

钮。这样在向导的帮助下，Access 为用户建立了一个字段选择查询，并将查询结果以数据表的形式呈现出来。

下面还是以"订单情况"查询为例，介绍利用查询设计器创建字段选择查询的方法。

利用查询设计器创建字段选择查询，并在原有的查询需求上，将查询结果先按照"订购日期"字段降序排列，当遇到同一订购日期的订单时，再按照"订单 ID"字段升序排列。

1）选择查询的数据源。打开"Northwind.accdb"示例数据库，单击"创建"选项卡中的"查询设计"按钮，即可进入查询的设计视图。如图 4.6（1）所示，可以看到两个窗口，一个是显示表窗口，另一个是查询设计窗口。

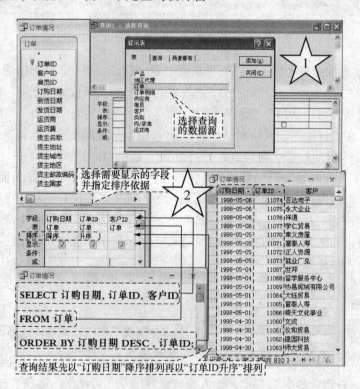

图 4.6　在设计视图中创建字段选择查询

在显示表窗口中选择、添加所要查询的数据源（数据源可以是表，也可以是另一个已经设计好的查询），如"订单"表，然后进入查询设计器窗口。窗口的上部是数据源列表区，显示查询的数据源；下部定义查询的设计网格，用于具体设计查询。

2）选择需要显示的字段并指定排序依据。此步骤分为两个环节：首先添加字段，单击数据源的某个字段，将其拖放到设计网格中的"字段"行的某一列内；然后显示字段，在查询设计网格的"显示"行中选中需要显示的字段的复选框，以要求 Access 在查询结果中显示对应的列。

例如，把"订单"表中的"订单 ID"、"订购日期"和"客户 ID"字段添加到设计网格，并在 "显示"行中选中相应的复选框，即可得到如图 4.6（2）所示的字段选择查询。

另外，设计网格中的"排序"行，用于确定是否按字段排序以及按何种方式排序，其设置将影响在查询结果中记录的显示顺序。按照本示例的排序要求，在"订购日期"字段的"排序"单元格中选择"降序"选项，在"订单 ID"字段的"排序"单元格中选择"升序"选项。

提示

除了通过拖放添加字段以外，还可以使用双击字段的方法添加字段，从"字段"行的下拉列表中选择字段或者直接输入字段名称等方式来添加字段。当然也可以同时选中多个字段，将其拖放到设计网格的"字段"行中。选中多个字段的方法有以下几种。

1）双击设计视图中某个表的标题行，可选中该表的全部字段。

2）单击表中某个字段，按住 Shift 键，然后单击该表中另一个字段，可选中这两个字段之间的所有字段。

3）按住 Ctrl 键，单击字段表中的任何几个字段，则所单击的字段都将被选中。

3）在"设计"选项卡的"结果"选项组中，单击"运行"按钮。如图 4.6 所示，在查询的数据视图窗口中就只会看到"订购日期"、"订单 ID"和"客户"三列值，并且查询结果先以"订购日期"字段降序排列，再以"订单 ID"字段升序排序。

最后，介绍在 SQL 视图中创建字段选择查询的方法。

在 SQL 视图中创建字段选择查询。

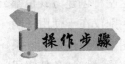

1）打开"Northwind.accdb"示例数据库，在"创建"选项卡的"其他"选项组中，单击"查询设计"按钮，在弹出的"显示表"对话框中不选择任何表，并关闭"显示表"

对话框。在"设计"选项卡的"结果"选项组中，单击"视图"下拉按钮，选择"SQL 视图"选项。Access 将隐藏查询设计网格并显示"SQL 视图"对象选项卡，即进入 SQL 语句的编写模式。

2）键入以下 SQL 语句。

```
SELECT 订购日期, 订单 ID, 客户 ID
FROM 订单
ORDER BY 订购日期 DESC , 订单 ID;
```

直接使用 SQL 语言编写字段选择查询，只需在 FROM 子句中说明需要查询的数据源，在 SELECT 子句中说明需要的字段即可。如图 4.6 所示，各个子句与查询设计视图之间是一一对应的关系。

ORDER BY 子句可根据一个或多个指定字段对查询生成的记录进行升序或降序排序，一般放在 SQL 语句的最后。默认情况下，Access 会按照升序（A 到 Z，0 到 9，从最小到最大）排序。若要按降序（Z 到 A，9 到 0，从最大到最小）排序，请在每个希望以降序排序的字段后面添加 DESC 保留字。如果在 ORDER BY 子句中包含多个字段，将首先按 ORDER BY 后面列出的第一个字段对记录进行排序。然后，在该字段中具有相同值的记录按照所列出的第二个字段的值进行排序，以此类推。如果省略此子句，则查询结果将是无序的。

如图 4.6 所示，在本例中，首先按照"订购日期"字段的值以降序对查询结果排序，并且当出现同一订购日期的订单时，再按照"订单 ID"字段中的值以升序排序。

 提　示

如果在 ORDER BY 子句中指定一个包含备注或 OLE 对象数据的字段，将发生错误。Access 数据库引擎不能按这些类型的字段进行排序。

2. 记录选择查询

记录选择查询用于筛选关系表中的行（元组），即对关系表进行选择运算，从中挑出满足条件的元组。例如，可以通过记录选择查询在"供应商"表中查找出处于华北地区的供应商信息。Access 将从"供应商"表的第一条记录开始直到最后一条记录，逐个验证每条记录的"地区"字段的值是否等于"华北"，从而把满足条件的记录筛选出来予以显示。

创建记录选择查询，是无法直接使用简单查询向导来完成的，只能使查询设计器创建或在 SQL 视图下直接用 SQL 语言编写查询语句来创建。其实，这两种创建方式也都只需在原来的基础上增加筛选记录的条件即可。也就是说，二者的区别仅在于使用了两种不同的方式告诉 Access 筛选记录的条件。其中一种是在 SQL 视图中，通过增加一条 Where 子句来告诉 Access 筛选记录的条件；另一种是在设计视图中，通过增加条件字段来告诉 Access 筛选记录的条件。

但是，"数据管理员"Access 无法"听懂"人类的语言。所以，要对 Access 描述清楚筛选记录的条件，重点就在于如何将人类语言表述的筛选条件正确转化为 Access 能够"听得懂"的条件表达式，然后再任选一种创建方式将条件表达式告诉 Access 即可。

下面首先重点介绍如何使用正确的条件表达式表示筛选记录的条件，然后通过实例使用户学会使用两种方式添加条件表达式的方法。

筛选条件是指在查询中用来限制检索记录的表达式。Access 将从第一个记录开始直到最后一条记录，逐个记录进行表达式的运算，过滤掉验证结果为"假"的记录，筛选出验证结果为"真"的记录，从而使查询结果中仅包含满足相应限制条件的数据记录。Access 中的表达式可以是变量、常量、运算符和函数等的任意组合，并能够计算出一个结果。

（1）变量

变量是指命名的存储空间，用于存储在程序执行过程中可以改变的数据。因为在不同记录中相同字段中的值可以不同，所以在 Access 中可将字段理解为变量。

 提　示

在 Access 的表达式中使用表名和字段名的标准用法是将它们放到方括号中，如[产品] [单价] *1.5，表示将产品表中每个产品的单价字段的值乘以 1.5。字段名与其所属的表名之间用一个小数点分隔。

（2）常量

常量代表固定不变的值。在 Access 中有数字型常量、文本型常量、日期/时间型常量和是/否型常量等四种，其写法如表 4.4 所示。

表 4.4　常量的类型及写法

常量类型	写　　法
数字型	直接输入数值，如 123，123.45
文本型	用两个英文状态下的双引号或单引号括起来，如 "男"、'李*'
日期/时间型	用两个英文状态下的#号括起来，如#1985-12-31#
是/否型	使用 yes、true 或-1 表示"是（真）"，使用 no、false 或 0 表示"否（假）"

 提　示

在表达式中，字符串常量要用两个英文状态下的双引号或单引号括起来，如"男"、'李*'。日期的两边也需加上"#"符号，如果没有加上，Access 会自动添加。

（3）函数

Access 提供了转换函数、日期函数和字符串函数等多种类型，请参阅 Access 2007 帮助中相关内容。

（4）运算符

使用运算符可以告诉 Access 对一个或多个数据项执行指定的操作。Access 中包括算术运算符、关系运算符、连接运算符、逻辑运算符和特殊运算符等五种。

1）算术运算符。算术运算符是用来执行数字计算的，共有七个：+（加法）、-（减法）、*（乘法）、/（除法）、\（整除）、^（指数）和 Mod（求模或取余）。

 提 示

/（除法）与\（整除）和 Mod（求模或取余）是有明显区别的。

使用\（整除）运算符等价于先对除法操作中的两个数字进行取整（101.9=102，6.6=7），然后将结果转换成一个整数（102/7=14.571=14）。

注意：它只对表达式中的数字进行舍入取整。对结果数字并不进行舍入取整，而只是丢弃小数点后面的部分。

使用 Mod（取余）运算符等价于先对除法操作中的两个数字进行取整（22.52=23，4.5=4），然后返回余数（23/4=5，余数为 3，即 22.52 Mod 4.5=3）。

注意："舍入取整"不同于"四舍五入"，Access 是根据大于 0.5 的原则进行：任何小于或等于 0.5 的小数部分都被舍弃；大于 0.5 的小数部分会被取整到下一个数字上。这就意味着 6.49 和 6.5 都会变成 6，而 6.6 则变成 7。

2）连接运算符。连接运算主要用于连接两个字符串，其运算符有两个：&和+。不论两边的操作数是字符串还是数字，&运算符都将其按字符串连起来，得到新字符串。例如，"Cheek" & 98 & "abce"，运算结果为"Cheek98abce"。（&运算符将数值 48 强制转换成字符串"48"，然后再连接。）

+运算符要求两边操作数必须是字符型，连接后得到新字符串。例如，"Hello" + "Access"，结果为"HelloAccess"，此种情况与&运算符的功能相同；而"Cheek" + 98 + "abce"，系统会显示出错信息"类型不匹配"，即+运算符必须要求类型相同才能连接。

 技 巧

为避免与算术运算符"+"混淆，一般用&进行两个字符串的连接而尽量不使用+。

3）比较运算符。比较运算符也称为关系运算符，一共有六个：=（等于）、<>（不等于）、<（小于）、>（大于）、<=（小于等于）、>=（大于等于），比较的结果为逻辑值（是/否）。利用比较运算符可以设置字段的取值范围，而且对于比较运算符来说，要比较的数据的数据类型必须匹配，即文本只能与文本比较，数字只能与数字比较，等等。当然也可以使用函数临时将数据转换为其他数据类型，然后再作比较。

4）特殊运算符。Between…And…运算符用于指定一个字段的取值范围，适用于数字型、货币型、日期型等字段。Between X And Y 将从关系中筛选出数值介于 X、Y 之间的记录，包括 X、Y 值。例如，要查看"供应商 ID"大于等于 1，小于等于 20 的供应商，其表达式为 Between 1 And 20，相当于>=1And <=20。

In 运算符用于确定一个表达式的值是否等于某个给定列表中的任何值。如果在这个列表中找到了这个值，那么结果为 True（真），否则为 False（假）。例如，货主地区 In（"华北"，"华南"，"东北"）等价于（货主地区="华北"）Or（货主地区="华南"）Or（货主地区="东北"）。

Is 运算符用来确定某个对象中是否有内容。Is Null 返回该字段中没有值的记录；Is Not Null 返回该字段中有值的记录。

 提　示

> 一个字段中没有任何值时，该字段的值就为 Null，即该字段没有输入信息。Null 不等于空字符串，空字符串是用双引号括起来的字符串，且双引号中间没有空格，记为""（一对英文状态下的引号）。

当不知道精确的值时，可以使用 Like（类似于）或 Not Like（不类似于）运算符结合通配符来查找符合某种格式的数据，实现部分匹配查询（也称为模糊查询）。

Like 运算符用于查找指定样式（字符模式）的字符串，格式为 Like "字符模式"。Not Like 运算符与其正好相反。在所定义的字符模式中，允许使用如表 4.5 所示的几种通配符来代表所要查找的数据。

表 4.5　通配符

通　配　符	说　　　明
?	代表任意单个字符（A 到 Z，0 到 9）
*	代表零个或多个任何字符
#	代表任意单个数字字符，即 0 到 9 任意一个数字字符
[]	代表方括号内的任意单个字符
!	代表不在方括号内的任意单个字符
-	代表指定范围内的任一个字符。必须以升序指定该范围（从 A 到 Z，而不是从 Z 到 A）

例如，[0-9]表示从 0 到 9 之间的任意一个数字，[a-z]表示 a 到 z 之间的任意一个小写字母，[! 0-9]表示任意一个非 0 到 9 之间数字的字符等。

 技　巧

> 如果在表达式中出现通配符，则一定要结合 Like 运算符或 Not Like 运算符一起使用，并且字符模式须用单引号或双引号括起来。

表 4.6 中列举了一些经典的表达式示例，读者可以借鉴其中的要点，举一反三。

表 4.6　表达式示例

字　　段	条　　件	功　　能
货主地区	Not "西北"等价于<>"西北"	查询货主地区不在西北的记录
邮政编码	Mid([邮政编码],3,2)= "03 "	查询邮政编码的第 3、4 个字符为 "03" 的记录
电话	Right([电话], 2)= "03 "	查询电话最后两个字符为 "03" 的记录
货主名称	Left([姓名], 1)= "王 "	查询货主名称姓 "王" 的记录

续表

字　段	条　件	功　能
联系人姓名	Not Like "王*"等价于 Not "王*"	查询联系人姓名不是姓"王"的记录
姓氏	Like " [王,张,金] "	查询姓"王"或"张"或"金"的记录
姓氏	Like " [!王,张,金] "	查询不姓"王"或"张"或"金"的记录
联系人姓名	Like " *小* "	查询联系人姓名含有"小"字的记录
头衔	Like " *经理"	查询头衔为"经理"的记录
联系人姓名	Like "李? "	查询姓"李"且联系人姓名只有两个字的记录
货主名称	Left([姓名], 1)="王 "	查询货主名称姓"王"的记录
联系人姓名	Not Like "王*"等价于 Not "王*"	查询联系人姓名不是姓"王"的记录
邮政编码	Like "2####2"	查询首尾必须是 2，中间 4 个可以是任何数字的记录
主页	Like "a?[a-f]#[!0-9]* "	查询网址首字为 a，第二个任意，第三个为 a 到 f 中任意一个，第四个为数字，第五个为非 0 到 9 之间的字符，其后为任意字符串的记录
订购日期	Between #1997-01-01# And #1997-12-31#	查询 1997 年内的订单记录
订购日期	<Date( )-15	查询 15 天前的订单记录
订购日期	Between Date( ) And Date( )-20	查询 20 天之内的订单记录
订购日期	Year([订购日期])=1997 And Month([订购日期])=4	查询 1997 年 4 月内的订单记录
传真	Is Null	查询无传真的记录（无值为空值）
主页	Is Not Null	查询有主页的记录 (有值不是空值)

　　5）逻辑运算符。通过上面的示例，用户可以轻而易举地找到满足一个筛选条件的数据。但是，假如用户想匹配多个条件该怎么办呢？例如，检索姓"陈"且居住在"北京"的客户，或者检索居住在"北京"或"浙江"的客户。

　　当需要指定一个以上的筛选条件时，需要使用逻辑运算符"And（与）"、"Or（或）"和"Not（非，取反）"将其联接成复合的逻辑表达式。Not 运算符用于设置字段的不匹配值，如 Not "西北"等价于<>"西北"；若须同时满足多个筛选条件时，各条件之间使用 And 运算符；若至少须满足多个筛选条件之一时，则各条件之间使用 Or 运算符。

　　目前，用户已经会使用 Access "听得懂"的语言，即条件表达式来表示筛选记录的条件，剩下的工作就是任选以下一种创建方式将条件表达式告诉 Access，即添加条件表达式。

　　1）在 SQL 视图中添加条件表达式的方法：直接将条件表达式写在 WHERE 子句中，即 WHERE <条件表达式>，并用 And、or 和 Not 将多个条件表达式联接成复合的逻辑表达式，其中可用括号改变运算符的优先级顺序。

　　2）在设计视图中添加条件表达式的方法：以运算符为分隔，且运算符之前的内容写在"字段"行作为条件字段，运算符之后的内容和运算符一起写在该条件字段所对应的

"条件" 行和 "或" 行的位置上。若多个条件之间是 "与" 的关系，则多个条件写在同一行；若多个条件之间是 "或" 的关系，则多个条件写在不同行。

下面以 "Northwind.accdb" 示例数据库为例，介绍在 SQL 视图中创建记录选择查询的方法。

操作目标

以 "订单" 表为基础设计一个查询，找出 1997 年内货主地区位于 "华南" 或 "华北" 或 "东北" 且货主名称姓 "陈" 的订单信息。

操作步骤

1）打开 "Northwind.accdb" 示例数据库，在 "创建" 选项卡的 "其他" 选项组中，单击 "查询设计" 按钮，在弹出的 "显示表" 对话框中不选择任何表，并关闭 "显示表" 对话框。在 "设计" 选项卡的 "结果" 选项组中，单击 "SQL 视图" 按钮。Access 将隐藏查询设计网格并显示 SQL 视图对象选项卡，即进入 SQL 语句的编写模式。

2）键入以下 SQL 语句。

```
SELECT 订单.*
FROM 订单
WHERE (Year([订购日期])=1997) AND (货主名称 Like "陈*") AND (货主地区 In
("华南","华北","东北"));
```

在条件表达式 "Year（[订购日期]）=1997" 中，使用＝比较运算符指定订购日期的年份是数字型常量 1997，其中由日期函数 Year 取得 "订购日期" 字段中每个日期的年份。

在条件表达式 "货主名称 Like "陈*"" 中，使用 Like 运算符查找 "货主名称" 字段中以 "陈" 字开头的姓名。

在条件表达式 "货主地区 In（"华南","华北","东北"）" 中，使用 In 运算符指定 "货主地区" 字段的值可以是 "华南" 或 "华北" 或 "东北"，等价于（货主地区="华北"）Or（货主地区="华南"）Or（货主地区="东北"）。

这三个表达式之间用 And 运算符相连接，表示三个条件需要同时满足。

第二种解决方法：

```
SELECT 订单.*
FROM 订单
WHERE (订购日期 Between #1997/01/01# And #1997/12/31#) AND (货主名称 Like
"陈*") and ((货主地区="华北") or (货主地区="华南") or (货主地区="东北"));
```

在条件表达式 "订购日期 Between #1997/01/01# And #1997/12/31#" 中，使用运算符 Between…And…指定 "订购日期" 字段的取值范围，等价于（订购日期>= #1997/01/01#）and （订购日期 <= #1997/12/31#）。特别注意使用括号指定运算的先后顺序。

第三种解决方法：

```
SELECT 订单.*
FROM 订单
WHERE ((订购日期>= #1997/01/01#) and (订购日期 <= #1997/12/31#)) AND
(MID([货主名称],1,1)= "陈") AND (货主地区 In ("华南","华北","东北"));
```

在条件表达式"MID（[货主名称],1,1）= "陈""中，使用＝比较运算符指定货主名称的第一个字符是字符型常量"陈"，即以"陈"字开头。其中由字符串截取函数 Mid 从"货主名称"字段中每个姓名的第一个字符开始取得一个字符，即第一个字符。

下面还是以这个查询为例，介绍在设计视图中创建记录选择查询的方法，目的在于使用户领会到两种方法之间的对应关系。

操作目标

以"订单"表为基础设计一个查询，找出 1997 年内货主地区位于"华南"或"华北"或"东北"且货主名称姓"陈"的订单信息。

操作步骤

1）打开查询的设计视图，在"显示表"窗口中添加查询所需的表或已有查询。在本示例中添加"订单"表。

2）依据在设计视图中添加条件表达式的方法。对于条件表达式"订购日期 Between #1997/01/01# And #1997/12/31#"，以 Between 运算符为分隔，Between 运算符之前的内容写在"字段"行，即条件字段为"订购日期"。Between 运算符之后的内容和 Between 运算符一起写在"订购日期"对应的"条件"行和"或"行的位置上。

同理，对于条件表达式"货主名称 Like "陈*""，以 Like 运算符为分隔，Like 运算符之前的内容写在"字段"行，即条件字段为"货主名称"。Like 运算符之后的内容和 Like 运算符一起写在"货主名称"对应的"条件"行和"或"行的位置上。

同理，对于条件表达式"货主地区 In （"华南","华北","东北"）"，以 In 运算符为分隔，In 运算符之前的内容写在"字段"行，即条件字段为"货主地区"。In 运算符之后的内容和 In 运算符一起写在"货主地区"对应的"条件"行和"或"行的位置上。

同理，对于条件表达式"Year（[订购日期]）=1997"，以＝运算符为分隔，＝运算符之前的内容写在"字段"行，即条件字段为"Year([订购日期])"。＝运算符之后的内容和＝运算符一起写在"Year（[订购日期]）"对应的"条件"行和"或"行的位置上。

提示

为了输入方便，Access 允许在表达式中省去＝运算符，直接输入＝运算符后面的内容即可。例如，在 Year（[订购日期]）字段的"条件"单元格中输入"＝1997"和"1997"的效果是相同的。

同理，对于条件表达式"MID（[货主名称],1,1）= "陈""，以=运算符为分隔，=运算符之前的内容写在"字段"行，即条件字段为"MID（[货主名称],1,1）"。=运算符之后的内容和=运算符一起写在"MID（[货主名称],1,1）"对应的"条件"行和"或"行的位置上。

同理，对于条件表达式"（订购日期>= #1997/01/01#）"and "（订购日期 <= #1997/12/31#）"，可以分为"订购日期>= #1997-01-01#"和"订购日期"<= #1997-12-31#"两个独立的条件表达式，分别以>=运算符和<=运算符为分隔，>=运算符和<=运算符之前的内容写在"字段"行，即条件字段都为"订购日期"。>=运算符和<=运算符之后的内容与>=运算符和<=运算符一起写在"订购日期"对应的"条件"行和"或"行的位置上。

因为三个条件表达式"Year（[订购日期]）=1997"，"货主名称 Like "陈*""和"货主地区 In（"华南","华北","东北"）"之间是"与"的关系，所以这三个条件写在同一行。

因为三个条件表达式"（货主地区="华北"）"，"（货主地区="东北"）"和"（货主地区="东北"）"之间是"或"的关系，所以这三个条件表达式写在不同行。但它们又都与条件表达式"Year（[订购日期]）=1997"和"货主名称 Like "陈*""是"与"的关系，所以条件表达式"Year（[订购日期]）=1997"和"货主名称 Like "陈*""需要在其对应条件字段的"条件"行和"或"行中出现三次。只有这样才能确保符合用户的筛选条件。如图 4.7 所示，在该查询的设计视图中，"订购日期"字段的"条件"和"或"行单元格中填写的三个表达式是完全等价的。

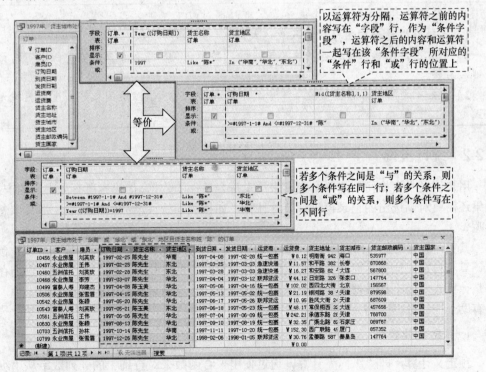

图 4.7　在设计视图中创建记录选择查询

最后，在查询设计视图中，将所有条件字段的"显示"行单元格都设置为"不显示"，即取消"显示"复选框的勾选。这是因为在同一个查询中不能出现同名的字段，所以在查询结果中应该隐藏所有条件字段。

 **提 示**

在输入表达式时，有以下几点注意事项。

1）除了汉字以外，其他所有字符必须是英文字符（在英文状态下输入的）。例如，在表达式中，如"."、"<"、"="、">"、"("、")"、"["、"]"、""""、"'"、"%"、"#"、"*"、"?"和"!"等运算符及标点符号均为西文半角。

2）除了字符串常量以外，其他均不区分英文大小写。Access 可以自动将字母转换为大写形式。例如，"Access"与"ACCESS"是不同的字符串常量，而 Select 与 SELECT 是等价的。

3）在表达式中各运算符与操作数之间要用空格间隔。例如，将 Between 1 And 20 写成 Between1And20，Access 会为其加上两个英文的双引号作为字符串常量。

4）SELECT 子句和 FROM 子句中都可以将字段名或表名使用方括号"[ ]"括起来。如果名称中没有包含任何空格或特殊字符（如标点符号），则方括号是可选的，否则必须使用方括号。

 知识拓展

若要在设计视图中输入一个表达式，可以通过以下三种方式操作。

1）直接在设计查询网格中键入表达式。

2）先右击单元格，再选择快捷菜单中的"显示比例"选项，然后在"缩放"对话框中键入内容。

3）右击单元格，再选择快捷菜单中的"生成器"选项，以使用表达式生成器输入表达式。

4.2.2　统计查询

用户已经学会如何创建一个查询来检索符合条件的数据，如检索所有未中止的产品。如果还需要对筛选出的记录再进行统计计算，如按类别统计产品的销售额，那又该怎么办呢？

其实，所有的计算问题都可以通过转化为 Access 所支持的两大类计算来解决：预定义计算和自定义计算。通常称包含这两大类计算的查询为统计查询。因为统计查询存储的是计算式，而不是数据，所以在这两类计算中，计算结果都不会存储在数据库中，这样有助于控制数据库的大小和提高效率。

1. 预定义计算

预定义计算，即"纵向"计算，通过使用聚合函数来对查询中的一列数字从"纵"的方向上执行计算并返回单个值。Access 提供了多种聚合函数，其功能如表 4.7 所示。

表 4.7　聚合函数

聚合函数	功　能
总和（Sum）	列中所有值的总和。适用于数字型、日期/时间型、货币型和自动编号型数据
平均值（Avg）	计算某一列的平均值。适用于数字型、日期/时间型、货币型和自动编号型数据
计算（Count）	通过统计指定字段中非空值的个数来得到每一组中记录的数目。该函数适用于所有数据类型
最小值（Min）	返回某一列的最小值。适用于文本型、数字型、日期/时间型、货币型和自动编号型数据
最大值（Max）	返回某一列的最大值。对于文本型数据，最大值是字母表中的最后一个字母值；Access 忽略大小写
标准差（StDev）	测量值在平均值（中值）附近分布的范围大小
变量（Var）	计算列中所有值的统计方差。只能对数字型和货币型数据使用该函数。如果表所包含的行不到两个，Access 将返回 Null 值
第一条记录（First）	按记录输入的时间顺序返回每一组中第一条记录中该字段的值。对记录进行排序并不影响结果
最后一条记录（Last）	按记录输入的时间顺序返回每一组中最后一条记录中该字段的值。对记录进行排序并不影响结果

 提　示

> 所有聚合函数都忽略空值，即在其计算过程中不会包括含有空值（Null）的记录。例如，Count 函数将返回所有无空值的记录的数量。如果要统计包括含有空值的记录在内的记录总数，请在 Count 函数表达式中使用星号（*）通配符。

在需要对数据列执行计算并返回单个值（如总和或平均值）时，都可以使用预定义计算，即当计算的对象是查询中的记录组或全部记录的某个字段的值，并且是从"纵"的方向上进行总和、平均值、计数、最小值、最大值、第一条记录、最后一条记录、标准差或方差这九类计算时，则都可以使用 Access 提供的聚合函数来解决问题。例如，统计所有产品的库存量的总和，就是将重点放在列中的记录组上，对产品表中所有记录的"库存量"字段的值，从"纵"的方向上累加求和。

现在已经界定清楚需要解决的问题类型，剩下的工作就是在 Access 中用以下三种方式创建预定义计算的统计查询。

1）如果没有筛选记录的条件，可以使用"简单查询向导"进行部分类型的预定义计算。

2）在查询设计视图中添加"总计"行，并为需要进行计算的字段（简称统计字段）选择相应的聚合函数即可。

3）在 SQL 视图中直接使用 SQL 语言创建查询。

下面以"Northwind.accdb"示例数据库为例，从统计产品的总数开始，介绍在设计视图中完成预定义计算的方法。

 操作目标

在设计视图中完成预定义计算。

 操作步骤

1）在设计视图中创建一个选择查询，并将那些要在计算中用到的记录所属的表添加进来。在本例中以"产品"表为查询数据源，进入选择查询的设计视图。

2）添加要对其进行计算的字段。在本例中双击"产品"表中的"产品 ID"字段，将其添加到设计网格的"字段"行，作为统计字段。在"设计"选项卡的"显示/隐藏"选项组中，单击"汇总"按钮。这时，在查询设计视图下部的参数设置区中将增加一个名为"总计"的行，默认值选项为"GROUP BY"，再次单击"汇总"按钮将隐藏"总计"行。

3）单击"总计"行的下拉按钮，将出现多个总计选项。如图 4.8 所示，在"产品 ID"字段的"总计"行选择"计算"选项，即通过聚合函数 Count 统计指定字段（"产品 ID"）中非空值的个数，从而得到产品表中记录的个数。

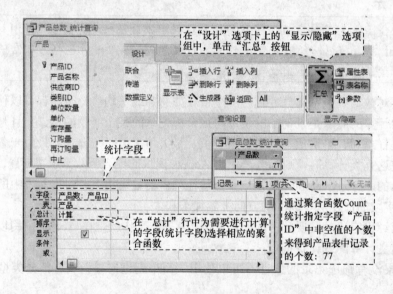

图 4.8　产品总数_统计查询的设计视图与查询结果

 提　示

Access 2007"总计"行中，"计算"选项即等同于 Access 其他版本中的"计数（Count）"选项，"变量"选项即等同于"方差（Var）"选项，"总计"选项即等同于"总和或合计（Sum）"选项，"Where"选项即等同于"条件"。

4）在查询结果中，对于统计字段，系统会自动在原字段名后添加"之计算"字样，如"产品 ID 之计算"。为了在结果中更直观地说明字段中的数据，通常不使用默认的名称，而是在设计视图中原字段名前输入新名称，并用"："分割。例如，在"产品 ID"

字段前加上"产品数:"。如图 4.8 所示,聚合函数 Count 返回单个值 77,即产品表中所有产品数量为 77。

5)在对记录执行计算之前,可以先对记录进行筛选。例如,只汇总当前没有中止的产品的数目,则需要在如图 4.8 所示的"产品总数_统计查询"对话框的基础上增加筛选条件( )"中止"字段的值为 NO( )。向设计网格添加筛选记录的条件字段,然后在该字段的"总计"行单元格中选择"Where"选项,并在"条件"行单元格中指定筛选条件以限定表中的哪些记录可以参加统计计算。如图 4.9 所示,在本示例中"中止"字段的"总计"行单元格中选择"WHERE"选项,在其"条件"行单元格中输入筛选记录的条件"=no"。

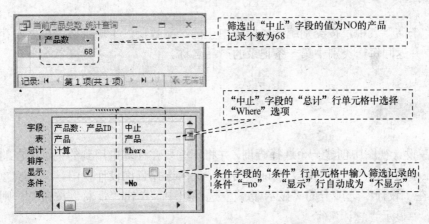

图 4.9 当前产品总数_统计查询的设计视图与查询结果

 提 示

在查询设计视图中,一旦将作为筛选条件的字段的"总计"行单元格设置为"Where"选项,Access 将自动取消"显示"复选框的勾选,在查询结果中隐藏该字段,且不可以更改。

预定义计算不仅可以将查找到的全部记录,从"纵"的方向上对一个或多个字段计算统计值,还可以先按某个字段的值把记录分成不同的组,然后再对每个组中的数据分别进行总和(Sum)、平均值(Avg)、计算(Count)等聚合运算。例如,统计每个雇员所签订单数目,或者按类别统计产品数目等,称这类"先分组后统计"的查询为"分组统计查询"。

对于分组统计查询,只需添加分组字段,并将其"总计"行设置为"GROUP BY"即可。这样设置的作用是告诉 Access 先按分组字段的值对记录分组,然后对每一组再使用聚合函数。例如,按类别统计产品数目,就是有几个类别 ID 就分几个组,然后按组统计各组中产品记录的数目。

技 巧

当查询需求中出现"每个"、"每（各）种"、"每（各）类"、"按院系"、"按职称"等词语时，一般都属于分组统计查询，即先将分组字段值相同的记录放在一组，再一组一组地进行汇总计算。

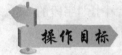 操作目标

在"产品"表中，按类别统计当前未中止的产品数量、平均价格、最大库存以及订购总量，并返回每一类别中第一条记录的产品名称。

 操作步骤

1）在设计视图中创建一个选择查询，并将那些要在计算中用到的记录所在的表添加进来。在本例中以"产品"表为查询数据源，进入选择查询设计视图。

2）在"设计"选项卡的"显示/隐藏"选项组中，单击"汇总"按钮 Σ，则在查询设计网格中显示"总计"行。

3）向设计网格添加筛选记录的条件字段，然后在其"总计"行单元格中选择"Where"选项，在"条件"行单元格中指定筛选条件来限定表中的哪些记录可以参加统计计算。如图所示，在本示例中"中止"字段的"总计"行单元格选择"WHERE"选项，在其"条件"行单元格输入筛选记录的条件"=no"。

4）向设计网格添加作为数据分组依据的字段（分组字段），然后在其"总计"行单元格中保持"GROUP BY"选项。如图 4.10（1）所示，以"类别 ID"字段作为分组字段，在其"总计"行单元格中选择"GROUP BY"选项，目的在于把筛选出的记录（当前没有中止的产品）按"类别 ID"字段的不同值分成不同的组分别统计，其中"类别 ID"值相同的记录分在一组，在查询结果中每一组只显示一个"类别 ID"值。

5）对要进行预定义计算的每个字段，请单击其在"总计"行中的单元格，然后在其下拉列表中选择相应的聚合函数。如图 4.10 所示，在"产品 ID"、"单价"、"库存量"、"订购量"和"产品名称"字段的"总计"行单元格中分别依次选择"计算"、"最大值"、"平均值"、"总计"和"First"选项。

 提 示

如果在设计视图中已出现具有分组数据的字段（分组字段），则至少还应该有一个使用聚合函数的统计字段，但不能再出现描述每行记录信息的字段。

6）设定查询结果中统计字段数据的显示格式。例如，在本示例中为了使库存量的平

均值的结果为整数，可以在需要重新设置显示格式的统计字段的"字段"行处右击，在弹出的快捷菜单中选择"属性"选项。系统会弹出"字段属性"对话框，可为所选字段设置包括显示格式在内的各项字段属性。在本示例中，可以将统计字段"库存量"的"平均值"的"格式"属性设定为"固定"，"小数位数"属性设置为"0"。

7）切换到数据表视图，可看到修改后的查询结果如图 4.10 所示。最后以"按类别统计当前产品信息_分组统计查询"为名保存查询。

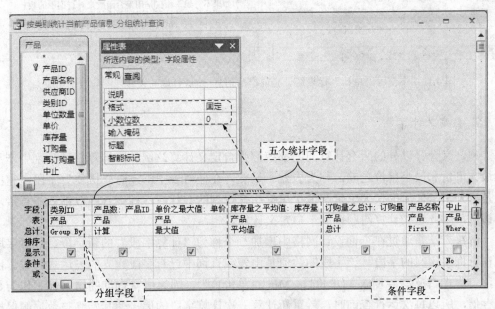

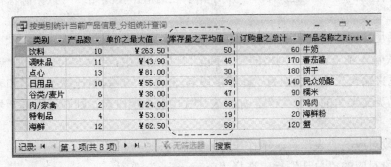

图 4.10　按类别统计当前产品信息_分组统计查询的设计视图与查询结果

 技 巧

如果需要对记录先分组再进行统计计算，则必须添加"总计"行，然后选取相应的聚合函数；如果不分组，而仅是对全部记录的某个字段值进行预定义计算，则不必添加"总计"行。如图 4.11 所示，可以直接在设计网格的"字段"行输入聚合函数的表达式即可。

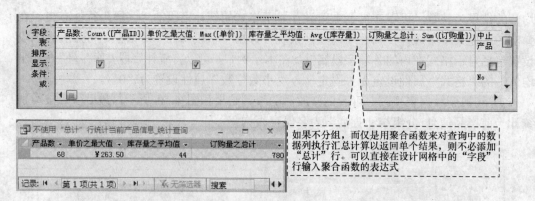

图 4.11 不使用"总计"行来统计当前产品信息_统计查询的设计视图与查询结果

2. 自定义计算

预定义计算以外的所有计算问题都统称为自定义计算。例如，计算每种类别中产品的最大单价和最小单价之差，称为极差。显然，在任何表中都没有"极差"字段，它的值是由分组统计值的最大单价和最小单价相减得到的。任何一种聚合函数都无法直接求得该值，因此这类计算问题就属于自定义计算。

解决方法是通过在查询设计网格中增加一个称为"计算字段"的新字段。计算字段是在查询中定义的字段，该字段的数值是由表或查询中已有字段建立的表达式构成。例如，表达式"极差 = Max（[单价]）- Min（[单价]）"。因为所有查询的结果都不作为数据存储，所以每次运行查询时，就重新计算一次计算字段的值，使其始终与数据源保持同步更新。

在设计视图中添加计算字段的步骤只需以下三步。

1）直接将表达式输入到查询设计网格的空"字段"行单元格中，当然也可以通过"表达式生成器"对话框来输入。输入规则为"计算字段名:表达式"，其中计算字段名和表达式之间的分隔符是英文半角的冒号":"，如果表达式中包含字段名，则必须用方括号"[ ]"将名称括起。

2）在该计算字段对应的"表"行，不作选择，即保持"空白"选项。

3）在该计算字段对应的"总计"行，选择"Expression"选项。

这样设定是为了在运行查询时，告诉 Access 该计算字段的数值不来源于任何一个数据源，而是直接由"字段"行单元格中输入的表达式计算求得。

操作目标

在如图 4.10 所示的统计查询中，添加一个"极差"字段，其计算公式为

$$极差 = [最大单价] - [最小单价]$$

操作步骤

1）以设计视图方式打开已创建的"按类别统计当前产品信息_分组统计查询"表。

2）如图 4.12 所示，将表达式"极差：[最大单价]－[最小单价]"直接输入到查询设计网格中的空"字段"行单元格中。当然也可以将表达式写为"极差：Max（[单价]）－Min（[单价]）"，其中的"极差"表示要生成的计算字段的名称。

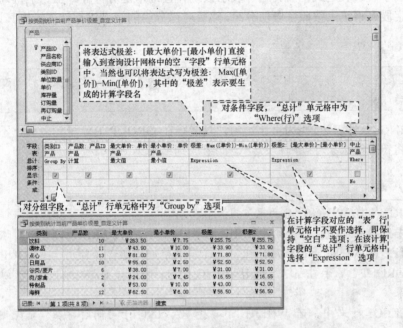

图 4.12　按类别统计当前产品单价极差_自定义计算的设计视图与查询结果

提 示

如果没有为计算字段指定名称，而只键入表达式，Access 会分别为每个计算字段指定名称为"表达式 1（Expr1）"、"表达式 2（Expr2）"，等等。

3）在该计算字段对应的"表"行不作选择，即保持"空白"选项；在该计算字段的"总计"行选择"Expression"选项。

4）切换到数据表视图，如图 4.12 所示的查询结果已经增加了"极差"字段。

技 巧

如果查询需求中的计算是对某个字段进行"纵向"汇总，则为预定义计算；如果查询需求中的计算是对字段进行"横向"计算，则为自定义计算，例如，金额：[单价]*[库存量]。

3. 在 SQL 视图中创建统计查询

无论是含有预定义计算的统计查询还是含有自定义计算的统计查询都可以直接在 SQL 视图中完成，只需在原有语句的基础上作两处改动。

1）将统计字段添加于 SELECT 子句中，输入规则为"表达式 AS 统计字段名"。

2）如果有分组则增加 GROUP BY<分组表达式>子句，其中 GROUP BY 子句用于按<分组表达式>的值对记录进行分组。<分组表达式>可以由除"备注"或"OLE"之外的任何类型的字段或表达式构成。这样表示该统计查询不是对每行产生一个查询结果，而是以指定字段先将记录按照字段值分组，然后对已分组的记录进行计算给出其计算结果。

 提 示

<分组表达式>中最多可指定十个用于分组记录的字段，其中字段名称的顺序决定了分组的先后顺序。

HAVING<条件表达式>为可选子句，只能跟在 GROUP BY 子句之后，不可以单独使用。它将符合筛选条件<条件表达式>的组放到结果集中。

 提 示

WHERE 与 HAVING 子句的根本区别在于作用对象不同。WHERE 子句作用于表或查询，从中选择满足筛选条件的元组（记录），即通过 WHERE 子句可以排除不需要参加分组的行；HAVING 子句作用于组，选择满足条件的组，必须用于 GROUP BY 子句之后，但 GROUP BY 子句可以没有 HAVING 子句，即通过 HAVING 子句可以过滤已经分组的记录。

在 SELECT 子句中，若 WHERE 子句和 HAVING 子句同时存在，则先用 WHERE 子句筛选记录，然后用 GROUP BY 子句对筛选出的记录分组，最后用 HAVING 子句限定分组。

下面以"Northwind.accdb"示例数据库为例，介绍在 SQL 视图中创建统计查询的方法。

 操 作 目 标

统计"订单"表中所签订单数超过 100 的雇员及其所签订单数目，但统计时需要排除所有"货主城市"在"北京"的订单。

 操 作 步 骤

1）打开"Northwind.accdb"示例数据库，在"创建"选项卡的"其他"选项组中，单击"查询设计"按钮，在弹出的"显示表"对话框中不选择任何表，并关闭"显示表"

对话框。在"设计"选项卡的"结果"按钮组中，单击"SQL 视图"按钮。Access 将隐藏查询设计网格并显示"SQL 视图"对象选项卡，即进入 SQL 语句的编写模式。

2）键入以下 SQL 语句。

```
SELECT 雇员 ID, Count(订单 ID) AS 订单数
FROM 订单
WHERE 货主城市<>"北京"
GROUP BY 雇员 ID
HAVING Count(订单 ID)>100;
```

本示例先依据 WHERE 子句中的表达式"货主城市<>"北京""对订单表中的记录进行筛选，然后以"雇员 ID"字段的值对所有"货主城市"不在"北京"的记录分组，即同一雇员 ID 的订单记录被分在一组，统计出每组内的记录数，即每个雇员所签订单数。最后位于语句末尾的表达式 HAVING Count(订单 ID) > 100，又使查询结果中仅仅余下所签订单数超过 100 的雇员记录，如图 4.13 所示。

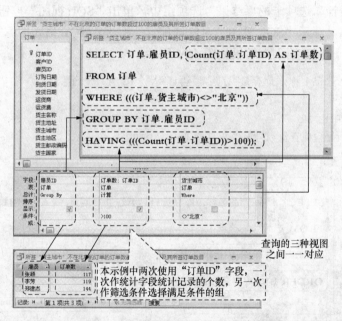

图 4.13 所签订单数超过 100 的雇员及其所签订单数查询

 提 示

　　SELECT 语句的执行过程：根据 WHERE 子句的筛选条件，从 FROM 子句指定的数据源中选取满足条件的记录，然后按照 SELECT 子句中指定的列，投影得到结果集中的表头。如果有 GROUP BY 子句，则将筛选后的记录按照分组字段的值再进行分组。如果 GROUP BY 子句后还有 HAVING 子句，则只输出满足 HAVING 条件的元组以构成查询结果集的表体。最后，如果有 ORDER BY 子句，查询结果还需按照排序字段的值进行排序。

操作目标

计算当前没有中止的每个产品的平均数量。要求在查询结果中降序显出"平均数量"和"产品名称"字段，其中"平均数量"字段的计算公式为（[库存量] + [订购量] + [再订购量]）/3。

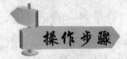

操作步骤

1）打开"Northwind.accdb"示例数据库，在"创建"选项卡的"其他"选项组中，单击"查询设计"按钮，在弹出的"显示表"对话框中不选择任何表，并关闭"显示表"对话框。在"设计"选项卡的"结果"选项组中，单击"SQL 视图"按钮。Access 将隐藏查询设计网格并显示"SQL 视图"对象选项卡，即进入 SQL 语句的编写模式。

2）键入以下 SQL 语句，结果如图 4.14 所示。

```
SELECT 产品名称,(库存量+订购量+再订购量)\3 AS 平均数量
FROM 产品
WHERE 中止=No
ORDER BY (库存量+订购量+再订购量)\3 DESC;
```

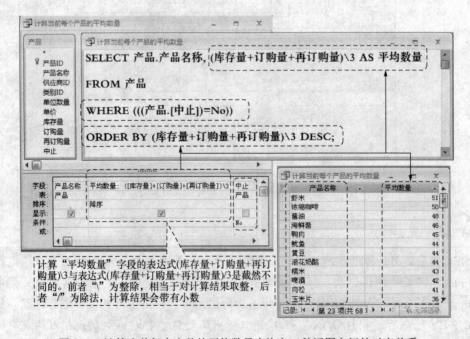

图 4.14　计算当前每个产品的平均数量查询之三种视图之间的对应关系

提 示

细心的读者留心观察，就会发现计算字段"平均数量"的表达式"（[库存量] + [订购量] + [再订购量]）\3"与表达式"（[库存量] + [订购量] + [再订购量]）/3"是截然不同的。前者"\"为整除，相当于对计算结果取整，后者"/"为除法，计算结果会带有小数。当然也可以使用表达式（[库存量] + [订购量] + [再订购量]）/3，然后通过设置该字段的属性，使其结果为整数。

根据"订单"表，按年份统计订单数，并按其值降序排列。

1）打开"Northwind.accdb"示例数据库，在"创建"选项卡的"其他"选项组中，单击"查询设计"按钮，在弹出的"显示表"对话框中不选择任何表，并关闭"显示表"对话框。在"设计"选项卡的"结果"选项组中，单击"SQL 视图"。Access 将隐藏查询设计网格并显示"SQL 视图"对象选项卡，即进入 SQL 语句的编写模式。

2）键入以下 SQL 语句。

```
SELECT Year([订购日期]) AS 年份, Count(*) AS 订单数
FROM 订单
GROUP BY Year([订购日期])
ORDER BY Count(*) DESC;
```

本示例涉及统计查询的两种类型，"年份"和"订单数"均为统计字段，其中"订单数"字段为预定义计算，由聚合函数 Count 求得；"年份"字段为计算字段，由 Year 函数求得，属于自定义计算。同时又将计算字段"Year（[订购日期]）"作为分组依据，使"订单"表中记录先按照不同的年份值分组，再统计每一组中记录的数量，如图 4.15 所示。

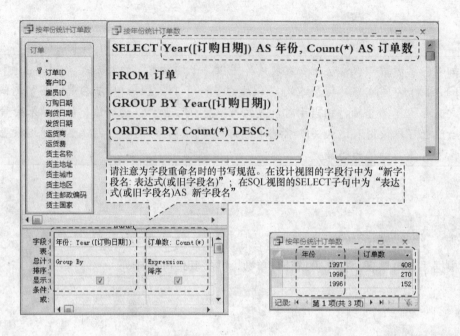

图 4.15　按年份统计订单数查询三种视图的比较

 提　示

　　需要注意的是，因为所有聚合函数只返回单个值，所以如果在 SELECT 子句中出现聚合函数，则与之并列的其他项目必须也是聚合函数或者是 GROUP BY 的对象，否则会出现逻辑错误。也就是说在 SELECT 字段列表中的所有字段必须包含于 GROUP BY 子句中，或作为参数包含于 SQL 聚合函数中。

　　提　示

　　如果统计查询结果最后依据某个统计字段的值进行升序或降序排列，则在 ORDER BY 子句中必须为该统计字段的表达式，而不能为统计字段名，如在本例中，必须为"ORDER BY Count(*)"，而不能为"ORDER BY 订单数"。

　　以上示例均为单表分组统计查询，涉及多表的分组统计查询将结合联接查询在下一节中继续讨论。

4.2.3　联接查询

　　前面所举各示例都仅限于单表查询，只用到选择和投影两种关系运算。联接查询则包含联接运算，其查询数据可同时涉及两个以上的表，因而称为联接查询。Access 默认为内部联接（也称为等价联接），即只要在公共字段之中有相符的值，就可以组合两个表中的记录。也就是说，将满足联接条件的每两行合并为记录集中的一行。例如，查询尚未中止的产品名称和其供应商的公司名称，这需要查看两个表中的数据。因为产品名称存放在"产品"表中，而供应商的公司名称存放在"供应商"表中，需要通过"产品"表中的"供应商 ID"从"供应商"表中获取相同供应商 ID 值的供应商的"公司名称"。因此，必须通过连接运算将两个关系表连接起来形成新的关系，其中只包括两个表中存在公共值的行，最后再通过筛选条件（"中止"字段的值为 NO）找出所需的数据。

联接查询的优点在于能够将多个表或查询中的数据集合在一起，并对其进行操作。但如果不指定连接相关表的条件，Access 将无法知道记录和记录间的关系，因而会将一个表中的每一行与另一个表中的每一行合并。例如，如果每个表有十条记录，查询的结果将包含一百条记录（即十乘以十）。这样的结果集称为"叉积"，通常会运行很长时间，但最后却可能得到意义不大的结果。

所以创建联接查询的关键就是向 Access 说明联接相关表的条件，即联接条件。在 Access 中可以使用简单查询向导、查询设计器和直接用 SQL 语言编写查询语句这三种方式创建联接查询。

1. 在 SQL 视图中创建联接查询

使用 SQL 语言创建联接查询，只需在原有语句的基础上，在 WHERE 子句中增加联接条件即可。

下面以"Northwind.accdb"示例数据库为例，介绍在 SQL 视图中创建联接查询的方法。

查询订购了"德国奶酪"的货主名称和订购数量。

1）打开"Northwind.accdb"示例数据库，在"创建"选项卡的"其他"选项组中，单击"查询设计"按钮，在弹出的"显示表"对话框中不选择任何表，并关闭"显示表"对话框。在"设计"选项卡的"结果"选项组中，单击"SQL 视图"按钮。Access 将隐藏查询设计网格并显示"SQL 视图"对象选项卡，即进入 SQL 语句的编写模式。

2）键入以下 SQL 语句。

```
SELECT 订单.货主名称,订单明细.数量
FROM 订单,订单明细,产品
WHERE (订单.订单 ID=订单明细.订单 ID) And(订单明细.产品 ID=产品.产品 ID)And
(产品.产品名称 = "德国奶酪");
```

这里的 WHERE 子句包含了两类条件，一类是联接条件，用于实现等值联接，如（订单.订单 ID=订单明细.订单 ID）And（订单明细.产品 ID=产品.产品 ID）；另一类是筛选条件，用于从产品表中筛选满足条件的记录，如（产品.产品名称 ="德国奶酪"），应把联接条件放在筛选条件之前。

该查询所需字段来自三个表，属于多表联接。因为联接为二元运算，每次只能联接两个表，所以三个表需要联接两次，即（订单.订单 ID = 订单明细.订单 ID）And（订单明细.产品 ID = 产品.产品 ID），各联接条件之间用 And 结合。由 WHERE 子句给出的联接条件可见，上述三个表是通过它们的公共属性"订单 ID"和"产品 ID"实现联接的。联接条件是仅当"订单.订单 ID"的取值与"订单明细.订单 ID"的取值相同，并且"订单明细.产品 ID"的取值与"产品.产品 ID"的取值相同时，才能将这三个表的记录联接到一起，如图 4.16 所示。

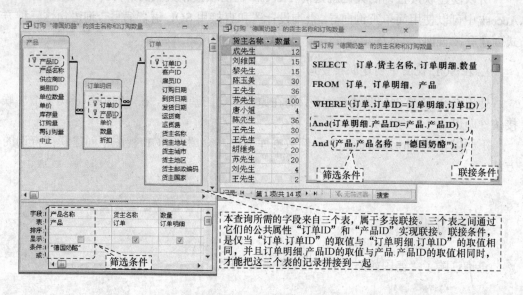

图 4.16　订购 "德国奶酪" 的货主名称和订购数量_联接查询

 提　示

使用 SQL 语言创建联接查询时，需要注意以下三点。

1）如果 SQL 语句中有两个或更多个同名字段，则必须将每个字段的数据源名称添加到 SELECT 子句内的字段名称中，并用 "." 分割。用于数据源的名称与在 FROM 子句中使用的名称相同。对于不相同的字段可省略表名直接写字段名。

2）多表联接中，各联接条件的结合用 And。

3）当 WHERE 子句中既有联接条件又有记录筛选条件时，应把联接条件放在前面。

2. 在设计视图中创建联接查询

在设计视图中，创建联接查询的关键在于确保各个数据源之间存在必要的联接关系，即在将多个表或查询添加到查询中后，它们的字段列表必须通过连接线互相联接在一起，这样 Access 才知道添加的表或查询是如何联接，才能了解它们彼此之间的信息。

当为查询选定好多个数据源之后，会遇到以下两种情况。

1）如果事先已经在 Access "关系" 窗口中建立了表之间的关系，在查询设计视图中添加相关表时，Access 会自动显示连接线。如果实施了参照完整性，Access 还将在连接线上显示 "1" 和无穷大符号 "∞"，以分别表示一对多关系中的 "一" 方和 "多" 方。

 提　示

　　即使尚未创建关系，如果添加到查询中的每个表有一个具有相同或兼容数据类型的字段，且其中一个联接字段是主键，Access 也将自动创建内部联接。在此情况下，由于不实施参照完整性，因此不显示 "一" 方和 "多" 方符号。

2）如果上述关系不存在，则必须在 Access 查询设计视图中指定表间关系。方法是从作为数据源的表或查询的字段列表中将一个字段拖动到另一个作为数据源的表或查询的字段列表中的关联字段（即具有相同或兼容的数据类型且包含相似数据的字段）上。此时 Access 会在两个字段之间显示一条连接线，以表示联接已经创建。双击该连接线，即可看到如图 4.17 所示的 "联接属性" 对话框。

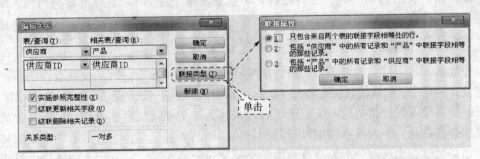

图 4.17　"联接属性" 对话框

 提　示

　　将一个字段拖动到另一个字段上，是指用鼠标指向一个字段，然后按住鼠标左键拖动其到另一个字段上，然后放开鼠标左键。当查询使用这种方式进行联接时，只有当联接字段的值相等时，Access 才会从两个表或查询中选取记录。

"联接属性" 对话框中的三个单选按钮分别代表了 Access 所支持的三种不同的联接类型：内部联接、左外部联接和右外部联接。

默认选项是单选按钮 1，"只包含两个表中联接字段相等的行"，它是一个内部联接。只有在联接字段的值相等时，两个表的记录才会组合在查询结果中。例如，"供应商" 表和 "产品" 表的内部联接包括两个表中具有相同的 "供应商 ID" 字段值的全部记录组合。

　　单选按钮 2 是一个左外部联接，包含左表（"供应商"表）中的所有记录和右表（"产品"表）中的联接字段记录相等的那些记录。如果"供应商"表的一条记录与"产品"表的某条记录有相同的"供应商 ID"字段值，那么它们的组合在查询结果中。如果"供应商"表的某条记录在"产品"表中没有"供应商 ID"字段值相同的记录，则它与空记录的组合也会出现在查询结果中。也就是说那些存在于"供应商"表中的所有记录都将被查询，对于"产品"表中没有的记录，相应的字段将显示为空白，而只存在于"产品"表中的记录则不能够被查询。

　　单选按钮 3 是一个右外部联接，结果和单选按钮 2 相反，包含右表（"产品"表）中的所有记录和左表（"供应商"表）中的联接字段记录相等的那些记录，即那些只存在于"供应商"表中的记录不能够被查询。所有"产品"表中的记录都将被查询，而不管"供应商"表中有没有相应的记录。

 提 示

　　内部联接是最常见的联接类型。在包含内部联接的查询运行时，查询结果中只包含两个联接表中存在有公共值的记录。

　　外部联接与内部联接类似，也是指示 Access 如何去合并两个数据源中的信息。但外部联接还指示 Access 当不存在公共值时是否包括数据。因此外部联接具有方向性，即可以指定是包括在联接中指定的第一个数据源中的所有记录（称为左联接），还是包括联接中第二个数据源中的所有记录（称为右联接）。

　　在数据源之间建立关联关系之后，如果在查询设计视图中同时从表或查询中添加字段到设计网格中，默认的联接将告知 Access 查询检查联接字段的匹配值（即等值联接）。如果联接字段匹配，将把这两条记录组合起来作为一个记录显示在查询结果中。如果一个表或查询在另一个表或查询中没有匹配记录，则两者的记录都不会显示在查询的结果中。如果希望查询选取一个表或查询中的全部记录，而无论它在其他表或查询中是否具有匹配记录，则可以更改联接类型为外部联接。

　　更改查询的联接类型的操作十分简单，只需三步：第一步，在设计视图中打开查询；第二步，双击表或查询的字段列表之间的连接线；第三步，在"联接属性"对话框中，选择所需的选项，然后单击"确定"按钮，即可完成对联接类型的改变。

 提 示

　　如果添加到查询中的表不包含任何可联接的字段，这时必须添加一个或多个其他的表或查询，以作为将使用的数据表间的桥梁。例如，将"客户"表和"订单明细"表添加到查询中，由于没有任何字段可以联接，它们之间将不会有连接线。但是，由于"订单"表与这两个表都相关，所以可以在查询中包含"订单"表作为这两个表之间的联接。

　　下面以"Northwind.accdb"示例数据库为例，介绍在设计视图中创建联接查询的方法。

操作目标

统计出每份订单上当前没有中止的每种产品的产品名称、单价、订购数量、折扣及其订购价格，其中"订购价格"为计算字段，其计算公式为 订购价格：CCur（[订单明细].[单价] * [数量] *（1-[折扣]））。"订购价格"为该计算字段的名称，表示用"订单明细"表中的"单价"乘以"数量"后再乘以（1-[折扣]），相当于算出了打过折后的价格。表达式中用到一个 CCur( )转换函数，其作用是将数据转换为货币类型。

操作步骤

1）打开查询的设计视图，在"显示表"窗口中添加查询所需的表或已有查询。在本示例中添加"产品"表和"订单明细"表。

2）在数据源之间建立关联关系。如果关联关系已经存在，则可以跳过此步。如图 4.18 所示，"产品"表和"订单明细"表在表设计时建立的一对多关系将被继承下来。在本示例中，联接两个表的联接字段为"产品 ID"。

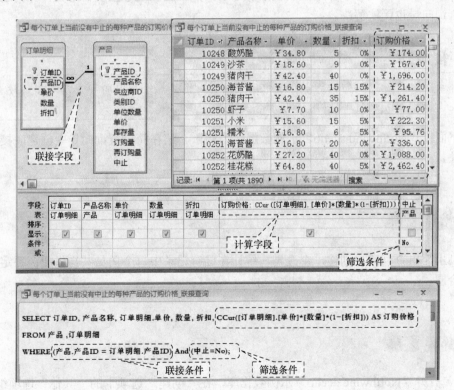

图 4.18　每个订单上当前没有中止的每种产品的订购价格_联接查询

 提 示

如果当前的查询中包含了多个表，需要在表与表之间建立联接，否则设计完成的查询将按完全联接生成查询结果( )"叉积"( )。在添加表或查询时，如果所添加的表或查询之间已经建立了关系，则在添加表或查询的同时也添加新的联接。

3）除了增加了"在数据源之间建立关联关系"这一环节以外，在设计视图下创建联接查询的其他步骤与前面介绍过的在设计视图下创建基于单数据源的查询完全相同。在本示例中，其查询的设计视图如图 4.18 所示。

4）在"设计"选项卡的"结果"选项组中，单击"运行"按钮。如图 4.18 所示，查询结果显示每份订单上当前未中止的每种产品的产品名称、单价、订购数量、折扣及其订购价格。

3. 简单查询向导创建联接查询

通过简单查询向导创建联接查询，用户无需自己建立联接，系统会自动在多个表或查询之间建立起联系。如果需要，简单查询向导还可以对记录组或全部记录进行总计、计数以及平均值的计算，并且可以统计字段中的最小值或最大值。但是向导也有其局限性，不能通过设置筛选条件来限制检索的记录，并且当查询中涉及自定义计算问题时，简单查询向导也无法解决。

 技 巧

综合以上三种方法的特点，创建联接查询时，可以首先利用简单查询向导创建查询，然后在设计视图或 SQL 视图中进一步修改完善。

下面以"Northwind.accdb"示例数据库为例，介绍在简单查询向导中创建联接查询的方法。

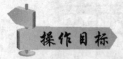 操作目标

利用简单查询向导创建一个查询，统计在已有记录中每个雇员共与供应商签定过多少份合同。

 操作步骤

1）打开"Northwind.accdb"示例数据库，在"创建"选项卡的"其他"选项组中，单击"查询向导"按钮，在弹出的"新建查询"对话框中，如图 4.19（1）所示，选择"简单查询向导"选项，然后单击"确定"按钮。

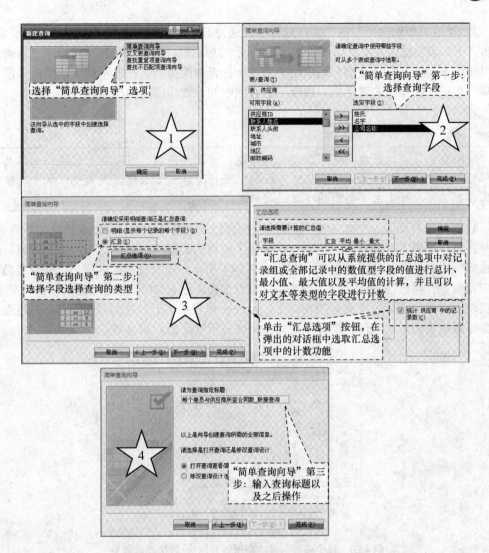

图 4.19 每个雇员与供应商所签合同数_联接查询

2）"简单查询向导"第一步：选择查询字段。在弹出的"简单查询向导"对话框的"表/查询"下拉列表中，选择查询基于的表或查询的名称，然后从中选择要检索数据的字段。为了实现本示例所要达到的目的，分别在"雇员"表（从对话框的"表/查询"下拉列表中选择表）中选择"姓氏"和"名字"字段，在"供应商"表中选择"公司名称"字段。选择之后，系统将会自动在雇员和公司之间建立起联系，如图 4.19（2）所示。

 提 示

在"简单查询向导"对话框中，可以根据需要从多个表中选择字段。即可以先在一个表中选择所要的字段后，重新选择附加的表或查询，然后选择要使用的字段。重复此步骤直到拥有所需的所有字段。

　　3）"简单查询向导"第二步：选择字段选择查询的类型。选择了所需要的字段后，单击"下一步"按钮，弹出如图4.19（3）所示的对话框。在此对话框中可以从"请确定采用明细查询还是汇总查询"选项组中选定一种查询的类型。在本示例中，单击"汇总选项"按钮，在弹出的对话框中选取汇总选项中的计数功能，如图4.19（3）所示。

 提　示

　　"明细查询"可以查看所选字段的详细信息，"汇总查询"可以从系统提供的汇总选项中对记录组或全部记录中的数值型字段的值进行总计、最小值、最大值以及平均值的计算，并且可以对文本等类型的字段进行计数（Count）。

　　4）"简单查询向导"第三步：输入查询标题以及之后的操作（可以选择是执行查询，还是在设计视图中查看查询的结构）。选择了查询的类型后，单击"下一步"按钮，弹出最后一个对话框，为查询命名。如图4.19（4）所示，输入查询的名称为"每个雇员与供应商所签合同数_联接查询"。选中"打开查询查看信息"单选按钮，最后单击"完成"按钮。如图4.20所示，在向导的帮助下，Access建立了基于多表的联接查询，并将查询结果以数据表的形式呈现，最后一列为每个雇员所签定的合同总数。

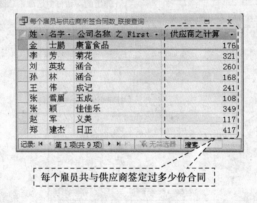

图4.20　每个雇员与供应商所签合同数_联接查询效果

4.2.4　查找重复项查询

　　查找重复项查询向导，以表中某个字段为基础，显示单个数据源中的某个字段的重复记录。例如，可以搜索"姓名"字段中的重复值来确定公司中是否有同名同姓的雇员，或者可以搜索在"城市"字段中的重复值来查看同一城市中的供应商名单。

　　下面以"Northwind.accdb"示例数据库中的"雇员"表为例，介绍建立查找重复项查询的方法。

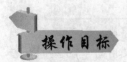

　　查询"雇员"表中同年、同月、同日参加工作的所有雇员信息。

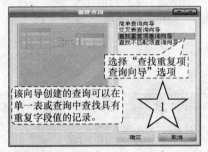 操作步骤

1）打开"Northwind.accdb"示例数据库，在"创建"选项卡的"其他"选项组中，单击"查询向导"按钮，弹出"新建查询"对话框，如图 4.21（1）所示，选择"查找重复项查询向导"选项，然后单击"确定"按钮。

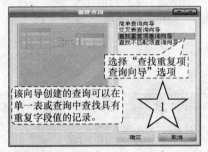
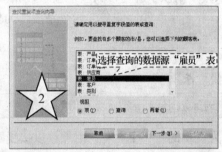
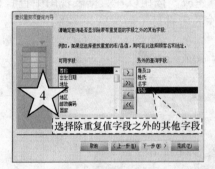
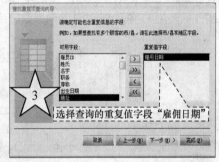

图 4.21　查找重复项查询向导

2）在表列表框中，选择包含重复数据的单一的一个表或查询，在本示例中，选取"雇员"表，如图 4.21（2）所示。然后单击"下一步"按钮。

3）在当前的"可用字段"列表框中，仅选择可能包含重复信息的一个或多个字段，系统便会按照选取的字段自动对数据源中的记录进行检索。在本示例中，则仅添加"雇佣日期"字段，如图 4.21（3）所示，然后单击"下一步"按钮。

提 示

如果在此步骤中添加的字段不包含完全相同（逐个字符比较）的值，则查询可能不会返回任何结果。

4）在下一个"可用字段"列表框中，选择要在查询结果中显示的除重复值字段之外的其他字段，用以了解更多与重复值字段相关的信息。在本示例中，选择"雇员 ID"、"姓氏"、"名字"和"职务"四个字段作为要显示的其他字段，如图 4.21（4）所示，然后单击"下一步"按钮。

 提 示

如果没有选择显示除重复值以外的字段，查询结果将对每一个重复值进行总计。

5）为查询键入一个名称，用户可以接受默认名称"查找雇员的重复项"，如图 4.21（5）所示，或输入自定义的名称，然后单击"完成"按钮以在数据表视图中查看记录。如图 4.22 所示，用户将看到相同日期参加工作的所有员工的名单。

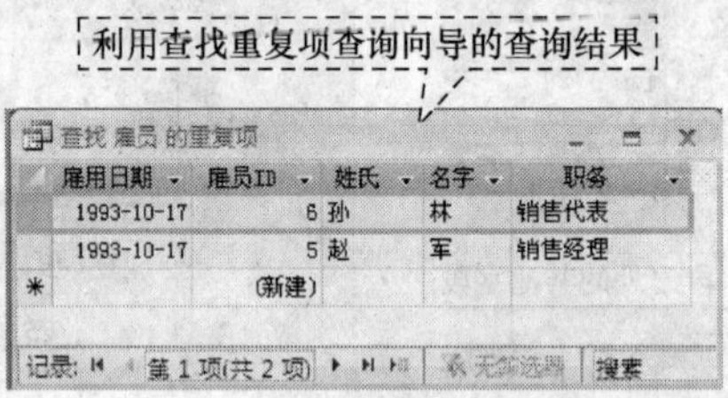

图 4.22　查找重复项查询向导的查询结果

4.2.5　查找不匹配项查询

查找不匹配项查询向导所创建的查询可以查找两个表之间的"孤儿"记录或者"遗弃"记录。孤儿记录是"多"表中的记录，它在"一"表中没有相应记录。例如，在"Northwind.accdb"示例数据库的"订单"表中查找缺少运货商的订单。遗弃记录是一对一表或一对多表的"一"表中的记录，它在其他表中没有相应记录。例如，在"客户"表中查找没有订单的客户。

 提 示

查找不匹配项查询可以协助查找那些在其他表中没有相应记录的记录，这等同于两个表之间的外部联接。如果在表之间创建关系并尝试设置参照完整性，但 Access 报告无法激活该功能，那么说明某些记录破坏完整性。查找不匹配项查询将协助快速查找这些记录。

下面以"Northwind.accdb"示例数据库中的"订单"表和"客户"表为例，介绍建立查找不匹配项查询的方法。

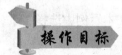

操作目标

查找没有订单的客户。

操作步骤

1）打开"Northwind.accdb"示例数据库，在"创建"选项卡的"其他"选项组中，单击"查询向导"按钮，弹出"新建查询"对话框，如图 4.23（1）所示，选择"查找不匹配项查询向导"选项，然后单击"确定"按钮。

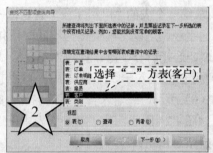

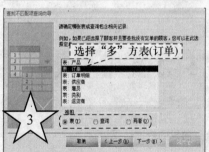

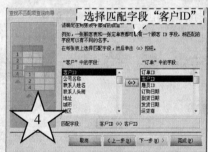

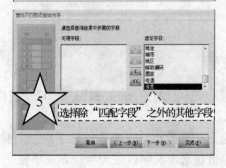

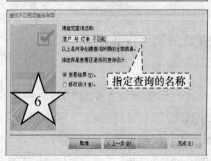

图 4.23　查找不匹配查询向导

2）如图 4.23（2）所示，选择作为"一"方的表（具有不匹配记录的表）。在本示例中要查看从未有订购记录的客户的列表，请选择"客户"表，然后单击"下一步"按钮。

3）如图 4.23（3）所示，选择作为"多"方的表（相关的表）。在本示例中选择"订单"表，然后单击"下一步"按钮。

4）如图 4.23（4）所示，选择将表相关联的字段（一般为主键和外键），即为匹配字段。在本示例中，从"客户"表中选择"客户 ID"字段，从"订单"表中选择"客户 ID"字段，然后单击中间的"对比"按钮 <=>。此操作将根据"匹配字段"显示框中"客户 ID"字段的值进行检索，筛选出不匹配的记录。

提 示

> 因为查找不匹配项查询实际上是外部联接的另一种说法，所以匹配字段，也即联接字段的字段名称可以不相同，但数据类型必须一致，否则 Access 会报错。

5）从第一个表的"可用字段"列表框中，选择要在查询结果中显示的除匹配字段之外的其他字段，用以了解更多与不匹配项相关的信息。在本示例中，单击"全部选择"按钮 >>，选择所有字段，如图 4.23（5）所示。单击"下一步"按钮。

6）为查询键入一个名称，用户可以接受默认名称，"客户与订单不匹配"，如图 4.23（6）所示，或输入自定义的名称，然后单击"完成"按钮以在数据表视图中查看记录。如图 4.24 所示，从"客户"表中筛选出与"订单"表不匹配的记录，即没有过订单的客户信息按钮。

利用查找不匹配项查询向导的查询结果

客户ID	公司名称	联系人姓名	联系人头衔	地址	城市	地区	邮政编码	国家	电话	传真
ALPKI	三川实业有限公司	刘小姐	销售代表	大崇明路 50 号	天津	华北	343567	中国	(030) 300'	(030) 307
FISSA	嘉元实业	刘小姐	结算经理	东湖大街 28 号	天津	华北	458965	中国	(091) 255₅	(091) 255
PARIS	立日股份有限公司	李柏麟	物主	惠安大路 38 号	石家庄	华北	502299	中国	(031) 423₄	(031) 423

图 4.24　查找不匹配查询向导的查询结果

4.3　SQL 特定查询

Access 有三类查询不能使用设计网格创建，但可以在"SQL 视图"窗口中直接键入适当的 SQL 语句来创建，称为 SQL 特定查询。

SQL 特定查询主要包括联合查询、传递查询和数据定义查询。除了以上三种 SQL 特定查询之外，可以在子查询中，使用 SQL 语句来定义字段或为字段定义条件。

提　示

任何类型的查询都可以在 SQL 视图中打开，通过修改查询的 SQL 语句，就可以对现有的查询进行修改使之满足用户的要求。在设计视图中无法打开 SQL 特定查询，只能在 SQL 视图中打开或运行它们。除数据定义查询外，运行 SQL 特定查询都会在数据表视图中打开查询。

4.3.1　联合查询

联合查询可以使用 UNION 运算符将两个或多个选择查询的结果"纵向"合并在一起。合并的两个 SELECT 语句必须具有相同的输出字段数，采用相同的顺序并包含相同或兼容的数据类型。在运行查询时，来自每组相应字段的数据将合并到一个输出字段中，使得查询输出所包含的字段数与每个 SELECT 语句相同，且字段名称从第一个 SELECT 子句中提取。

 提　示

联合查询可合并两个或多个表中的数据，但具体方式与联接查询和追加查询不同。联接查询通过联接行来合并数据，而联合查询通过追加行来合并数据。联合查询与追加查询的不同之处在于联合查询不更改基础表，而是在一个记录集中追加行，该记录集在查询关闭后不再存在。

下面以"Northwind.accdb"示例数据库为例，介绍建立联合查询的方法。

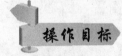 操作目标

利用"客户"表和"供应商"表建立一个联合查询，用于同时查看这两个表中所有位于东北地区的联系人信息。

 操作步骤

1）打开"Northwind.accdb"示例数据库，在"创建"选项卡的"其他"选项组中，单击"查询设计"按钮，在弹出的"显示表"对话框中不选择任何表，并关闭"显示表"对话框。在"设计"选项卡的"查询类型"选项组中，单击"联合"按钮。Access 将隐藏查询设计网格并显示"SQL 视图"对象选项卡，即进入 SQL 语句的编写模式。

2）键入以下 SQL 语句。

```
SELECT 地区,城市, 公司名称, "客户" AS [关系]
FROM 客户 WHERE 地区 = "东北"
UNION
SELECT 地区,城市, 公司名称, "供应商" AS [关系]
```

```
FROM 供应商 WHERE 地区 = "东北"
ORDER BY 关系;
```

如果希望能够辨别各个行分别来自哪个表，可以在每个 SELECT 语句中添加一个文本字符串并将其用作一个字段。例如，在本示例中的两个 SELECT 语句，一个要检索"客户"表中的字段，另一个则要检索"供应商"表中的字段，可以在第一个语句的末尾将字符串"客户"添加为字段，而在第二个语句的末尾将"供应商"添加为字段。此外，还可以使用 AS 关键字向这些字符串分配字段别名（如"关系"）。如图 4.25 所示，该查询的输出将包括一个名为"关系"的字段，其中会显示各个行是来自"客户"表，还是来自"供应商"表。

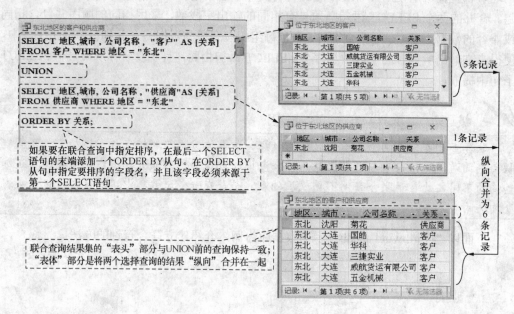

图 4.25　联合查询

另外，查询中还使用了 ORDER BY 排序子句用于联合查询的结果，并不是单独用于第一个或第二个查询。换句话说，在完成联合查询之后才执行排序。

 提　示

在 UNION 运算符后增加关键字 ALL，用于指定在查询结果中包含重复行（如果存在）。

3）保存该查询名称为"东北地区的客户和供应商"。双击执行该查询，联合查询结果如图 4.25 所示。

4.3.2　数据定义查询

数据定义查询和其他查询不同，它不检索数据，而是使用数据定义语言创建，修改或删除数据表，从而实现对表结构的设计及维护。其实，能够用数据定义查询完成的工

作都可以用 Access 的设计工具来完成。本节主要讨论的数据定义语句，如表 4.8 所示。

表 4.8 数据定义语句及用途

SQL 语句	用 途	语 法
CREATE TABLE	创建表	CREATE TABLE 表名(字段名 1 数据类型, 字段名 2 数据类型,…);
ALTER TABLE	修改表	ALTER TABLE 表名 ADD 新增字段名 数据类型;
DROP TABLE	删除表	DROP TABLE 表名;
INSERT INTO	追加记录	INSERT INTO 表名 (字段 1, 字段 2,…) VALUES (值 1, 值 2,…);

下面以"Northwind.accdb"示例数据库为例，介绍创建数据定义查询的方法。

在"Northwind.accdb"示例数据库中，使用数据定义查询创建表来存储地区代理的"地区代理编号"、"姓名"、"联系电话"及"所在地区"，并且这四个字段都最多包含十个字符。

1）打开"Northwind.accdb"示例数据库，在"创建"选项卡中的"其他"选项组中，单击"查询设计"按钮，在弹出的"显示表"对话框中不选择任何表，并关闭"显示表"对话框。在"设计"选项卡的"查询类型"选项组中，单击"数据定义"按钮。Access 将隐藏查询设计网格并显示"SQL 视图"对象选项卡，即进入 SQL 语句的编写模式。

2）键入以下 SQL 语句。

```
Create Table 地区代理
   (地区代理编号 char(10),姓名 char(10), 联系电话 char(10), 所在地区
char(10));
```

CREATE TABLE 命令的必要元素只有 CREATE TABLE 命令本身、表名称、至少一个字段及每个字段的数据类型。

3）以"新建表"为名保存该数据定义查询，如图 4.26 所示，在导航窗格中可以看到已经增加了一个图标与普通查询不同的名为"新建表"的数据定义查询。双击运行该查询后，在导航窗格中切换到"表"选项卡，就会看到增加了一个表名为"地区代理"的新表。打开新表后可以看到如图 4.26 所示的空数据表。

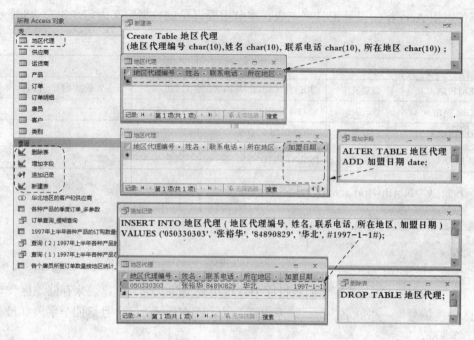

图 4.26　数据定义查询

　提　示

　　设计完成一个数据定义查询，保存关闭后，就可以通过双击运行。与运行普通查询后的情况不同，Access 并不直接显示数据定义查询的结果，例如，CREATE TABLE 命令就是在数据库中新建了一个数据表，其中的数据即为该数据定义查询运行的结果，并且每执行一次就会生成一次该表，如果数据库中已有同名的表，则新表将覆盖该同名的表。

　操作目标

　　在已经建立的"地区代理"表中，使用数据定义查询来添加一个日期/时间型的新字段"加盟日期"。

　操作步骤

　　1）打开"Northwind.accdb"示例数据库，在"创建"选项卡的"其他"选项组中，单击"查询设计"按钮，关闭"显示表"对话框。在"设计"选项卡的"查询类型"选项组中，单击"数据定义"按钮。Access 将隐藏查询设计网格并显示"SQL 视图"对象选项卡，即进入 SQL 语句的编写模式。

2）键入以下 SQL 语句。

```
ALTER TABLE 地区代理
ADD 加盟日期 date;
```

3）以"增加字段"保存该数据定义查询，如图 4.26 所示，在导航窗格中可以看到已经增加了一个图标与普通查询不同的名为"增加字段"的数据定义查询。双击运行该查询后，在导航窗格中，双击打开"地区代理"表，如图 4.26 所示，表中已经新增了一个"加盟日期"字段。

在已经建立的"地区代理"表中，使用数据定义查询插入一条数据记录。

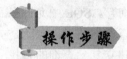

1）打开"Northwind.accdb"示例数据库，在"创建"选项卡的"其他"选项组中，单击"查询设计"按钮，关闭"显示表"对话框。在"设计"选项卡的"查询类型"选项组中，单击"数据定义"按钮。Access 将隐藏查询设计网格并显示"SQL，视图"对象选项卡，即进入 SQL 语句的编写模式。

2）键入以下 SQL 语句。

```
Insert into 地区代理(地区代理编号,姓名,联系电话,所在地区,加盟日期)
Values('050330303','张裕华','84890829','华北',#1997-1-1#);
```

3）以"追加记录"保存该数据定义查询，如图 4.26 所示，在导航窗格中可以看到已经增加了一个图标与普通查询不同的名为"追加记录"的数据定义查询。双击运行该查询后，在导航窗格中，双击打开"地区代理"表，如图 4.26 所示，表中已经新增了一条记录。

在"Northwind.accdb"示例数据库中，使用数据定义查询删除"地区代理"表。

1）打开"Northwind.accdb"示例数据库，在"创建"选项卡的"其他"选项组中，

单击"查询设计"按钮，关闭"显示表"对话框。在"设计"选项卡的"查询类型"选项组中，单击"数据定义"按钮。Access 将隐藏查询设计网格并显示"SQL 视图"对象选项卡，即进入 SQL 语句的编写模式。

2）键入以下 SQL 语句。

```
DROP TABLE 地区代理；
```

3）以"删除表"保存该数据定义查询，如图 4.26 所示，在导航窗格中可以看到已经增加了一个图标与普通查询不同的名为"删除表"的数据定义查询。双击运行该查询后，在导航窗格中切换到"表"选项卡，就会看到前面所创建的"地区代理"表已经消失，表中的数据记录也同时被全部删除。

4.3.3　子查询

在 WHERE 子句中包含一个形如 SELECT…FROM…WHERE…的查询块，此查询块称为子查询（嵌套查询），包含子查询的语句称为父查询（外部查询）。SQL 中允许多层嵌套，嵌套查询的运行顺序是从里往外，外层查询可以利用内层查询的结果，也就是说每个子查询应该在其上级查询处理之前求解，子查询的结果用于建立其父查询的查找条件。

子查询必须遵守两个规定，一是子查询不能单独作为一个查询，必须与其他查询相结合；二是子查询中的 SELECT 语句不能定义联合查询和交叉表查询。

创建子查询有以下两种基本方法。

1）直接在 SQL 视图中创建整个查询。

2）在父查询的设计网格中，某个字段的条件行单元格内输入 SELECT 子查询语句。

下面以"Northwind.accdb"示例数据库为例，分别介绍创建子查询的两种方法。

在 SQL 视图中创建子查询，用于查看"产品"表中单价在平均值之上的产品信息，并以单价降序排列。

1）打开"Northwind.accdb"示例数据库，在"创建"选项卡的"其他"选项组中，单击"查询设计"按钮，在弹出的"显示表"对话框中不选择任何表，并关闭"显示表"对话框。在"设计"选项卡的"结果"选项组中，单击"SQL 视图"按钮。Access 将隐藏查询设计网格并显示"SQL 视图"对象选项卡，即进入 SQL 语句的编写模式。

2）键入以下 SQL 语句。

```
SELECT 产品ID, 产品名称,单价
FROM 产品
WHERE 单价>(SELECT AVG([单价]) FROM 产品)
ORDER BY 单价 DESC;
```

其中，（SELECT AVG（[单价]） FROM 产品）是子查询。在 SELECT 语句中使用聚合函数 AVG([单价])返一个值，作为所有产品的单价平均值，然后用这个值作为条件建立父查询。父查询随后会检查"产品"表中各个产品的单价是否大于该平均值。

 **提　示**

由于 ORDER BY 子句是对最终查询结果的显示顺序提出的要求，因此子查询中的 SELECT 语句不能使用 ORDER BY 子句。

3）在"设计"选项卡的"结果"选项组中，单击"运行"按钮。如图 4.27 所示，查询结果中以单价降序排列单价在平均值之上的所有产品信息。

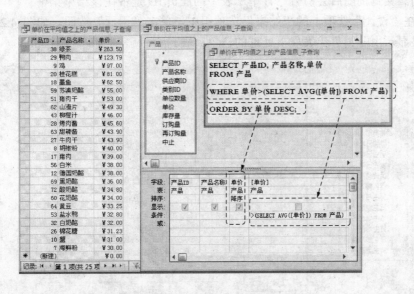

图 4.27　单价在平均值之上的产品信息_子查询

 **提　示**

使用比较运算符引导的子查询，子查询的结果必须为唯一值。

 **操作目标**

在设计视图中创建子查询，用于查看由非销售代表雇员处理的订单列表。

操作步骤

1）打开"Northwind.accdb"示例数据库，在"创建"选项卡的"其他"选项组中，单击"查询设计"按钮，在"显示表"对话框的"表"选项卡中，双击"订单"和"雇员"字段。关闭"显示表"对话框。

2）在"订单"表中，双击"订单 ID"字段、"订购日期"字段和"雇员 ID"字段，以将其添加到查询设计网格中。在"雇员"表中，双击"头衔"字段以将其添加到设计网格中。

3）右击"雇员 ID"列的"条件"行，然后选择快捷菜单中的"显示比例"选项按钮。

4）在"显示比例"对话框中，键入以下表达式。

In (SELECT 雇员 ID FROM 雇员 WHERE 头衔<>"销售代表")

这是子查询，用于选择雇员的头衔不是"销售代表"的雇员 ID，并且将结果集提供给父查询。父查询随后会检查"订单"表中的雇员 ID 是否在该结果集中。

5）在"设计"选项卡的"结果"选项组中，单击"运行"按钮。如图 4.28 所示，查询结果显示由非销售代表雇员处理的订单列表。

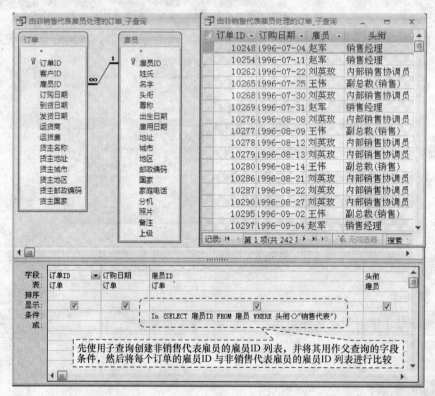

图 4.28　由非销售代表雇员处理的订单_子查询

4.3.4　传递查询

传递查询利用 SQL 数据库服务器所需的语法将 SQL 命令直接发送到 SQL 数据库服务器，如，Microsoft SQL Server、Oracle 等，通常将这些数据库服务器作为系统后端，而 Access 作为客户机工具或前端。用户通过使用传递查询，可以直接向 ODBC（open database connectivity，开放式数据库连接）数据库服务器发送命令，从而直接操作和使用服务器上的表，而不需要将服务器中的表联接到本地的 Access 数据库中，达到减少网络负荷的目的。

创建传递查询后，需要指定要连接数据库的信息。可以在查询属性表的"ODBC 连接字符串"属性中直接键入连接字符串，或者单击"生成器"选项，然后输入要连接的服务器的信息。如果没有指定连接字符串，Access 会在运行查询时提示提供连接信息。

4.4　交叉表查询

在正式讨论交叉表查询之前，先来比较两个选择查询。查询（1）是一个简单选择查询，用于显示 1997 年上半年各种产品在每个月份中每份订单上的订购数量，其设计视图与查询结果如图 4.29 所示；查询（2）是一个分组统计查询，用于显示 1997 年上半年各种产品的订购数量按月份统计的结果，其设计视图与查询结果如图 4.29 所示。

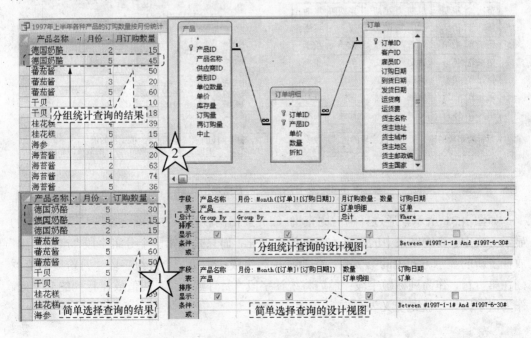

图 4.29　简单选择查询与分组统计查询的比较

　　在查询（1）的设计视图中，"月份"字段是一个计算字段，其值由表达式"Month([订单]![订购日期])"求得。"数量"字段的数值来自于"订单明细"表，其值为各种产品在每份订单上被订购的数量。其实在查询（1）中，只是将"订单明细"表中"数量"字段的值按"产品名称"字段和"月份"字段分组显示而已，并没有对"数量"字段的值进行求和运算，即"只分组，未求和"。例如，在查询（1）的结果集中，"德国奶酪"在同一个 5 月份，分别被订购两次，两份订单所订购的数量各为"30"和"15"。最后一列"订购日期"字段下的表达式"Between #1997-1-1# And #1997-6-30#"作为筛选条件，用来限定所选订单均为 1997 年上半年内的。

　　查询（2）是在查询（1）设计视图的基础上，增加了一个"总计"行，将查询（1）中"只分组，未求和"的"数量"字段的值进行了"纵向"求和。查询（2）还分别以"产品名称"字段和"月份"字段作为两个分组字段，"月订购数量"字段作为统计字段由聚合函数 Sum（求和）求得，即"月订购数量"字段的数值是由每种产品在同一个月份中所有订单上订购数量作"纵向"求和得到的。例如，在查询（2）的结果集中，"德国奶酪"在 5 月份的"月订购数量"字段的值为"45"，它是由"德国奶酪"在同一个 5 月份，分别被两份订单所订购的数量"30"和"15"相加而得到的。

　　现在，将上面这个分组统计查询（2）换一种显示方式。如图 4.30 所示，用类似课程表的样式来重新显示查询的结果。

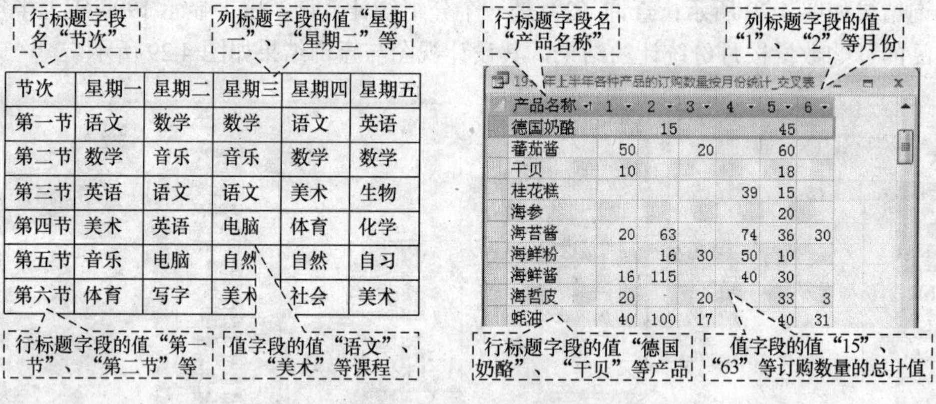

节次	星期一	星期二	星期三	星期四	星期五
第一节	语文	数学	数学	语文	英语
第二节	数学	音乐	音乐	数学	数学
第三节	英语	语文	语文	美术	生物
第四节	美术	英语	电脑	体育	化学
第五节	音乐	电脑	自然	自然	自习
第六节	体育	写字	美术	社会	美术

左图标注：
- 行标题字段名"节次"
- 列标题字段的值"星期二"、"星期三"等
- 行标题字段的值"第一节"、"第二节"等
- 值字段的值"语文"、"美术"等课程

1997 年上半年各种产品的订购数量按月份统计_交叉表

产品名称	1	2	3	4	5	6
德国奶酪		15			45	
番茄酱	50		20		60	
干贝	10				18	
桂花糕				39	15	
海参					20	
海苔酱	20	63		74	36	30
海鲜粉		16	30	50	10	
海鲜酱	16	115		40	30	
海哲皮	20			20	33	3
蚝油	40	100	17		40	31

右图标注：
- 行标题字段名"产品名称"
- 列标题字段的值"1"、"2"等月份
- 行标题字段的值"德国奶酪"、"干贝"等产品
- 值字段的值"15"、"63"等订购数量的总计值

图 4.30　课程表与交叉表查询的比较

　　如图 4.31 所示，通过仔细对比查询（2）新旧两种显示方式就会发现，其实在新的显示方式中，查询结果中的数据本身并没有变化，而只是将第一个分组字段"产品名称"放在了新的显示方式中的第一列，作为行标题字段；将第二个分组字段"月份"的值罗列在第一行，作为列标题字段；最后将统计字段"月订购数量"的值放在行列的交叉处，作为值字段，这就是交叉表查询。

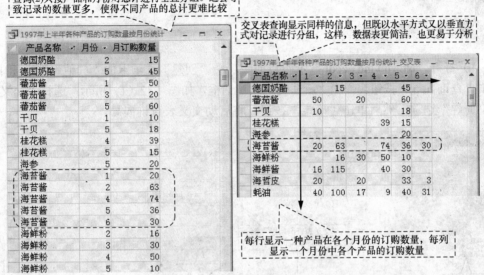

图 4.31　查询（2）新旧两种显示方式的比较

在交叉表查询中，行标题字段的字段名"产品名称"显示在第一行第一列的单元格内，而列标题字段和值字段的字段名都没有显示。

交叉表查询其实就是一种特殊的分组统计查询，其特殊性体现在两个方面，一方面交叉表查询有两个以上分组字段（最多三个）；另一方面在原分组统计查询的基础上，数据保持不变，只是按照课程表的格式，重新规划各个字段的显示位置，从水平和垂直两个方向（以行和列作为分组限定条件）上，对数据表进行分组统计的查询方法。

如何创建交叉表查询？其实就是在已建立好分组统计查询的基础上，再为各字段安排"角色"，确定哪些分组字段作行标题，哪个分组字段作列标题，哪个字段的统计值作值。然后根据自己的需要来决定是使用交叉表查询向导，一步一步按提示设置交叉表的行标题、列标题和值，还是在设计视图中先做好分组统计查询，然后再在设计网格中自己设置行标题、列标题和值。

4.4.1　交叉表查询向导

下面以"Northwind.accdb"示例数据库为例，介绍利用向导建立交叉表查询的方法。

按地区统计每个雇员所签订单数目。要求在交叉表的左侧显示雇员姓名，上面显示不同的货主地区，行列交叉处显示雇员在各个地区所签订单数目。

操作步骤

1）打开"Northwind.accdb"示例数据库，在"创建"选项卡的"其他"选项组中，单击"查询向导"按钮，弹出"新建查询"对话框，如图 4.32（1）所示，选择"交叉表查询向导"选项，然后单击"确定"按钮，将启动交叉表查询向导。

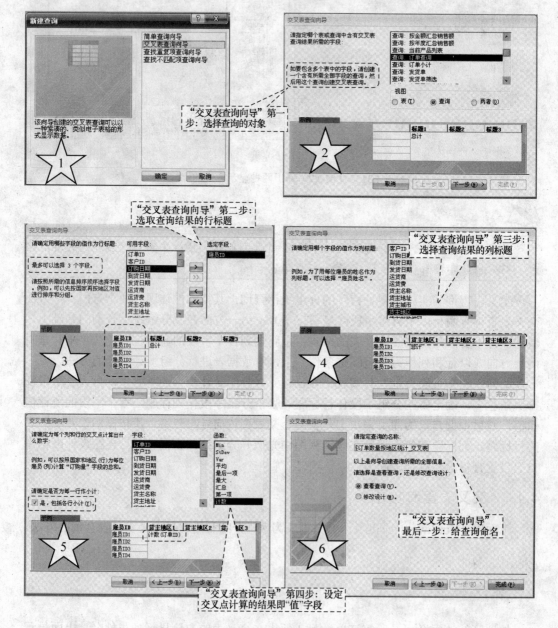

图 4.32　利用交叉表查询向导创建查询

2）"交叉表查询向导"第一步：选择单个表或单个已有查询为基础来创建这个交叉表查询。如图 4.32（2）所示，在本示例中选择"Northwind.accdb"示例数据库中的"订单查询"选项作为数据源，然后单击"下一步"按钮。

 提 示

使用交叉表查询向导，所选择的字段必须来自于同一张表或者查询，如果所需要的字段来自于多个数据源，则应该先建立一个选择查询，用来将交叉表查询所需的字段全部放在一起，然后再使用交叉表查询向导以这个查询为数据源创建交叉表查询。

3）"交叉表查询向导"第二步：在"可用字段"列表框中选择作为行标题的字段。在本示例中，选择"雇员 ID"字段作为数据分类的依据，如图 4.32（3）所示，将其添加到"选定字段"列表框中，作为行标题，然后单击"下一步"按钮。

 **提 示**

最多可选择三个字段用作行标题源，选择这些字段的顺序将决定对结果排序的默认顺序，并且在选取字段之后，示例窗口中会显示出查询结果的样式。

4）"交叉表查询向导"第三步：选择作为列标题的字段。如图 4.32（4）所示，有且只能有一个字段作为列标题。在本示例中，选择"货主地区"字段作为列标题，然后单击"下一步"按钮。

 技 巧

作为列标题的字段最好是包含少量可能值（如性别）的字段，而不是包含许多不同值（如年龄）的字段，这样有助于使结果易于阅读。例如，在本示例中，对于"雇员 ID"字段和"货主地区"字段同为分组字段，但因为后者最多只有七个值，而前者会随着公司规模的扩大不断增加雇员，所以应该安排后者作为列标题字段，前者作为行标题字段。

 **提 示**

如果选择作为列标题的字段为日期/时间类型字段，则向导会增加一个步骤，要求指定用于组合日期的间隔。在这里可以指定"年"、"季度"、"月"、"日期"或"日期/时间"。如果没有为列标题选择日期/时间类型字段，则向导会跳过此步骤。

5）"交叉表查询向导"第四步：选择一个字段和一个用于计算该字段统计值的函数，运算结果将作为行列交叉处的数据，即值字段。所选字段的数据类型将决定哪些函数可用。值字段也是有且只能选择一个。在本示例中，如图 4.32（5）所示，在"字段"列表框中选择"订单 ID"字段，在"函数"列表框中选择"计数"选项，等价于用聚合函数 Count，求得每个雇员在每个地区所签订单的数目，也就是按"雇员 ID"字段和"货主地区"字段分组，进行 Count（[订单 ID]）的运算。

6）在同一页的左边，还可以选择是否为每一行作小计。如图 4.32（5）所示，"小计"运算的值将作为第二个行标题字段显示在交叉表的左侧，在本示例中选中"是，包括各行小计"复选框，然后单击"下一步"按钮。

 **提　示**

> 这里为每一行作的"小计"运算和作为值字段的 Count（[订单 ID]）运算之间是有区别的，前者是按每个雇员为单位"横向"将各个雇员在不同地区所签订单数目相加，即"只分雇员，不分地区"进行汇总。例如，将雇员张雪眉在东北、华北等七个地区所签订单数目相加；而后者是按每个雇员为单位"纵向"将其在同一个地区所签订单数目相加，是"既分雇员，又分地区"进行汇总。

7）"交叉表查询向导"最后一步：键入查询的名称，并指定是查看结果还是修改查询设计。在本示例中，以"各个雇员所签订单数量按地区统计_交叉表"为名保存该查询，如图 4.32（6）所示。然后单击"完成"按钮，完成该查询的创建。最后得到的交叉表查询结果如图 4.33 所示。

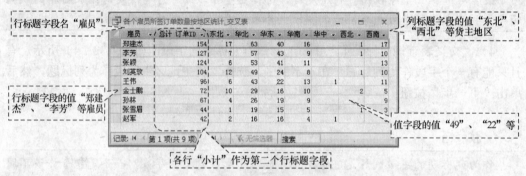

图 4.33　利用交叉表查询向导创建查询结果

通过所建立的交叉表查询，可以非常清楚地知道每个雇员所签订单的总数以及同一地区中各个雇员所签订单数目。例如，在华中地区只有王伟和赵军两人有销售业绩，而在西北地区销售业绩最好的雇员为金士鹏。这个示例充分说明建立交叉表查询的目的正是为了使用户更容易地看出数据的规律和趋势，更加方便地分析数据。

4.4.2　设计视图创建交叉表查询

如果所建的交叉表查询中的字段来自于一个表或查询，那么最快捷的方法就是使用交叉表查询向导来完成；如果所建的交叉表查询中的字段来自于多个数据源，那么最直接的方法就是使用设计视图来完成，创建步骤大体分为两步，首先建立分组统计查询，再布局各字段的显示位置，确定哪些分组字段作行标题，哪个分组字段作列标题，然后在行与列的交叉处显示统计字段的统计值。

下面以"Northwind.accdb"示例数据库为例，介绍用设计视图建立交叉表查询的方法。

操作目标

按月份统计 1997 年上半年每个产品的订购数量。要求在交叉表的左侧显示产品名称，上面依次显示上半年的六个月份，行列交叉处显示各个产品在 1997 年上半年每个月中的订购数量，再对各个产品汇总其整个上半年的订购总数。

操作步骤

1）创建满足要求的分组统计查询。打开"Northwind.accdb"示例数据库，在"创建"选项卡的"其他"选项组中，单击"查询设计"按钮，在"显示表"对话框的"表"选项卡中，双击"订单"、"订单明细"和"产品"表，然后关闭"显示表"对话框。

此时进入选择查询的设计视图。如图 4.29 所示，按照查询（2）"1997 年上半年各种产品的订购数量按月份统计"的设计网格，完成本示例的分组统计查询。

2）为各字段设定"角色"。在"设计"选项卡的"查询类型"选项组中，单击"交叉表"按钮，进入交叉表设计视图。如图 4.34 所示，可以发现在交叉表查询设计网格中缺少了"显示"行，而增添了"交叉表"行，单击可以看到其下拉列表中有"行标题"、"列标题"和"值"三个选项。

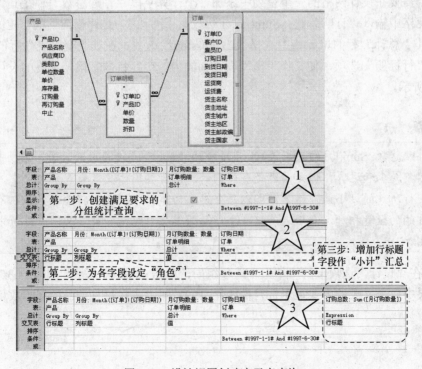

图 4.34　设计视图创建交叉表查询

提 示

建立交叉表查询至少要指定三个字段，一个分组字段用来作行标题（最多三个），一个分组字段用来作列标题（有且只能有一个），并且只有分组字段才能作行或列标题，一个统计字段放在行与列交叉位置作值（有且只能有一个）。

在"产品名称"字段的"交叉表"行中，选择"行标题"选项，这样就选定了交叉表的行标题字段，如图4.34所示，按照同样的方法，将"月份"字段和"订购数量"字段分别设定为列标题字段和值字段。

 **提 示**

原来在分组统计查询中作为筛选条件的字段"订购日期"，在交叉表查询的设计网格中不需要作任何变动，在其"条件"行的单元格中仍以1997年上半年的表达式"Between #1997-1-1# And #1997-6-30#"作为筛选条件，在其"总计"行的单元格中仍为"Where"选项（"条件"选项），保留"交叉表"单元格为空，使其仍作为交叉表查询的条件字段，同样不显示在最终的结果集中。注意：不能为值字段指定条件，也不能在该字段上进行排序。

3）增加一个行标题字段为每一行作"小计"汇总。为了统计各产品在上半年内的订购总数，需要在设计网格的一个空列中添加一个计算字段"订购总数"。在其"字段"行的单元格中输入"订购总数：Sum([月订购数量])"，因为是"横向"的自定义计算，所以在其"总计"行的单元格中选择"Expression"选项，在其"交叉表"行的单元格中选择"行标题"选项，使其作为交叉表查询的另一个行标题字段，最终的设计效果如图4.34所示。

 **提 示**

"订购总数：Sum([月订购数量])"字段中的"Sum"与"月订购数量"字段中的"总计"虽然都是求和运算，但是两者是有区别的。前者类同于交叉表查询向导中，为交叉表中每一行所作的"小计"运算，即以每个产品为单位"横向"将各个产品在不同月份中所有订购的数量相加；而后者是以每个产品为单位"纵向"将其在同一月份中被订购的数量相加。

4）在"设计"选项卡的"结果"选项组中，单击"运行"按钮。如图4.35所示，查询结果中以交叉表的方式显示按月份统计1997年上半年每种产品的订购数量及订购总数。

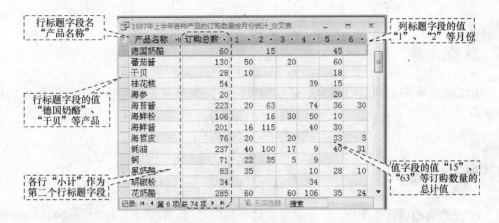

图 4.35　1997 年上半年各种产品的订购数量按月份统计_交叉表

4.5　参　数　查　询

　　假设用户希望每次输入一个不同的订购日期，就可以在订单表中查找到相关的订单信息，即每次都只改变筛选条件的值，而查询的基本结构总保持不变。用户或许想到可以建立一个选择查询，但是无法预计下一次要查询哪一天，所以在条件表达式"订购日期=？"中，"="比较运算符右边的值总是在变化，这样的查询需求该如何实现呢？其实用户可以在设计查询时，先不明确的告诉 Access 实际查询的是哪一天，而是在每次运行时再要求用户输入需要查询的订购日期，让查询按照输入的订购日期来检索信息，这称为是参数查询。

　　与一般查询在设计时就确定查询条件不同，参数查询的条件不是在建立时确定的，而是在每次运行时，系统都会弹出提示用户输入查询条件的对话框，然后将用户输入的值作为参数传送到查询中，就如同用户在查询设计网格中直接键入了该值一样，检索出符合相应条件的记录。

　　因为参数查询只是在选择查询或交叉表查询中增加了可变化的条件，即参数。所以创建参数查询可以分为两步，首先根据需要创建好选择查询或交叉表查询，然后再在其设计视图中对哪个字段查询就在哪个字段的条件表达式中，将变化的值用方括号"[]"代替。方括号中的内容为查询运行时提示对话框内显示的信息，即格式为 [提示信息]。

　　因为参数为实际值的占位符，所以参数查询中有几个方括号，运行时就会弹出几个提示对话框来询问参数的值。根据方括号的数量将参数查询分为单参数查询和多参数查询两种。

4.5.1　单参数查询

　　下面以"Northwind.accdb"示例数据库为例，介绍在选择查询基础上建立单参数查询的方法。

通过输入货主名称中的某个字符，即可检索出货主名称中含有该字符的所有订单信息。

1）在查询的设计视图中，打开需要设计参数的查询。本例中打开"Northwind.accdb"示例数据库中的"订单查询"表。

2）在需应用参数的字段的"条件"行中，输入相应的参数条件。如图 4.36 所示，在"货主名称"字段的"条件"行中，输入"Like "*" & [货主名称中含有：] & "*""。在方括号中定义的文字会在执行该参数查询时，显示于系统弹出的对话框内，这些文字主要是为了确保用户在得到提示时知道需要输入什么内容，为可选项。如果不定义文字，将弹出没有提示信息的输入参数对话框。

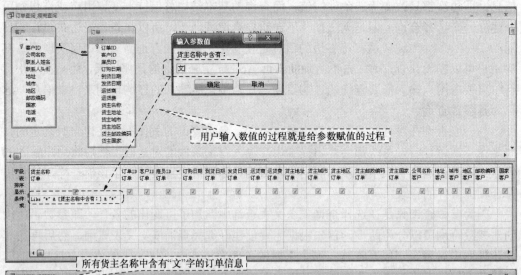

图 4.36　单参数查询

 **提　示**

　　对哪个字段查询就在哪个字段下的条件表达式中，将变化的值用方括号"[ ]"取代。例如，要查找货主名称中含有"小"字的，则在"货主名称"字段的条件表达式为 Like "*小*"。若改为参数查询，则货主名称中含有的字符不确定，为变化的值，此时只需要将"小"字用方括号"[ ]"替换即可，注意不能写成 Like "*[ ]*"，而应该使用连接符"&"将通配符连接起来写成 Like "*" & [货主名称中含有:　] & "*"。

　　3）单击"Office 按钮"，执行"另存为"菜单项中的"对象另存为"命令，在系统弹出的"另存为"对话框中，以"订单查询_模糊查询"为名，在原"订单查询"基础上新建的参数查询保存起来。

 **提　示**

　　创建参数查询时应该注意，如果是在一个已建好的查询中创建参数查询，则直接在设计视图中打开该查询，然后在其基础上输入参数条件即可。需要保存时，若执行"保存"命令，则存盘后，原查询将被该参数查询内容所替换；若希望保留原查询，应执行"另存为"命令。

　　4）双击运行新建的参数查询"订单查询_模糊查询"。如图 4.36 所示，系统弹出"输入参数值"对话框。在这里输入货主名称中想要查询的某个字符，例如，输入"文"字，然后单击"确定"按钮，即可显示货主名称含有"文"字的所有订单信息。

　　如此便实现了模糊查询，以后每次运行该参数查询时，只需在系统弹出的提示对话框中输入货主名称中需检索的若干个关键字符，即可得到相应的查询结果。

4.5.2　多参数查询

　　多参数查询可在多个字段相应的　"条件"行中定义不同的参数。Access 默认弹出参数对话框的次序是按照字段与其参数的位置从左到右排列的。用户可按要求输入不同的参数，系统将按多个条件查找出满足要求的数据。

　　下面以"Northwind.accdb"示例数据库为例，介绍在交叉表查询基础上建立多参数查询的方法。

 **操作目标**

　　将已有的交叉表查询"各种产品的季度订单"修改为以"订购日期"为参数的多参数查询。用户通过输入查询的起止日期，即可在查询结果中按照交叉表的方式显示起止日期内的各种产品的季度订单信息。

操作步骤

1）在查询的设计视图中，打开需要设计参数的查询。本例中打开"Northwind.accdb"示例数据库中的交叉表查询"各种产品的季度订单"。

2）在需应用参数的字段的"条件"行中，输入相应的参数条件。如图 4.37 所示，在"订购日期"字段的"条件"行中，将原条件表达式"Between #1997-1-1# And #1997-12-31#"修改为"Between [起始日期] And [终止日期]"，即可得到如图 4.37 所示的多参数查询。

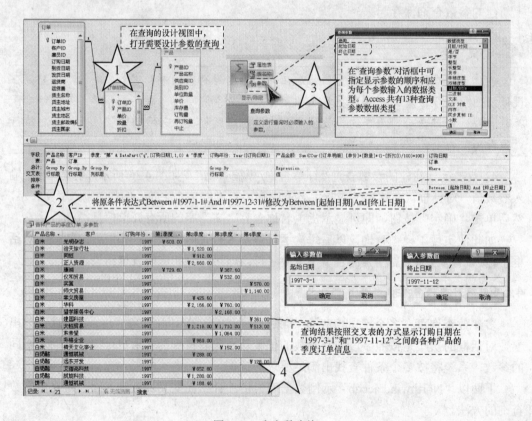

图 4.37　多参数查询

3）通常，可以通过"查询参数"对话框对多参数查询进行两方面的控制，第一是修改系统默认的参数对话框弹出的次序，第二是限定每个参数的数据类型。在本示例中，单击"设计"选项卡中的"参数"按钮，在如图 4.37 所示的"查询参数"对话框中，重新指定显示参数的顺序，并将其均设为日期/时间型。

技 巧

　　通过指定每个参数的数据类型可以提高参数查询的可用性。当运行参数查询时，Access 将使用在"查询参数"对话框中设定的数据类型验证用户输入的数据。如果用户输入错误类型的数据，Access 不会接受该输入值并会显示错误消息"您为该字段输入的值无效"，并提示用户重新输入。如果在"查询参数"对话框中输入参数而未指定数据类型，Access 将把输入的值转换为文本型数据。

　　4）单击"Office 按钮"🖱️，执行"另存为"菜单项中的"对象另存为"命令，在系统弹出的"另存为"对话框中，以"各种产品的季度订单_多参数"为名，将在原交叉表查询"各种产品的季度订单"基础上新建的多参数查询保存起来。

　　5）双击运行新建的多参数查询"各种产品的季度订单_多参数"。如图 4.37 所示，系统将依次弹出两个对话框，在第一个对话框中输入的日期是订购的起始日期，例如，输入"1997-3-1"；在第二个对话框中输入的日期则是订购的终止日期，例如，输入"1997-11-12"。如图 4.37 所示，查询结果将包括订购日期在起始日期和终止日期之间的全部记录。

4.6　动作查询

　　选择查询、交叉表查询、参数查询都是从表中选择需要的数据，并不能对表中数据进行修改。而动作查询除了从表中选择数据外，还能改变操作目标表中的数据。

　　按照动作查询对操作目标表所执行的操作，可以将动作查询分为以下四类，如表 4.9 所示。

表 4.9　动作查询类型和功能

类　　型	功　　能
生成表查询	根据查询结果生成新表
追加查询	将符合条件的记录添加到表尾
删除查询	从表中删除符合条件的整条记录
更新查询	添加、更改或删除符合条件的记录中个别字段的数据

4.6.1　生成表查询

　　普通查询只是一个操作的集合，其运行的结果是一个动态数据集。当查询运行结束时，该动态数据集合是不会被 Access 所保存的。如果希望查询所形成的动态数据集能够以表的形式被固定的保存下来，就需要设计生成表查询。生成表查询是将查询结果以表的形式存储，即利用查询来建立一个独立的新表。

　　因为生成表查询是用选择查询的结果生成一个新表，它只是把查询得到的数据复制到目标表（新表）中，查询的数据源表并不会受到影响，所以用户可以先创建一个选择查询，将需要复制的数据按指定条件查找出来，然后将其转换为生成表查询，从而将选择查询得到的数据复制到指定的新表中。

下面以"Northwind.accdb"示例数据库为例，介绍建立生成表查询的方法。

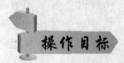

以"产品"表为基础生成一个由"产品名称"、"单价"、"库存量"三列构成的新表，保存产品表中所有类别为"肉/家禽"的记录。

1）设计合适的选择查询。打开"Northwind.accdb"示例数据库，在"创建"选项卡的"其他"选项组中，单击"查询设计"按钮，在"显示表"对话框的"表"选项卡中，选择"产品"表作为生成表查询所需的数据源表。关闭"显示表"对话框。

在选择查询的设计视图中，选择"产品"表的"产品名称"、"单价"、"库存量"和"类别 ID"字段。前面三个字段作为包含在新表中的字段，最后一列的"类别 ID"字段作为条件字段，并为其设置筛选条件以返回所需的记录。例如，"产品"表中所定义的，该字段为数字型数据，"肉/家禽"字段对应的数字为"6"，即只把该字段值为"6"的记录复制到新表中，所建查询的设计视图如图 4.38（1）所示。

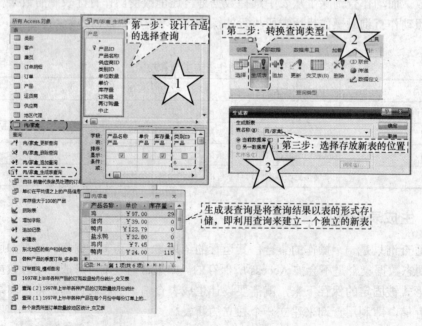

图 4.38　肉/家禽_生成表查询

2）转换查询类型。如图 4.38（2）所示，在"设计"选项卡的"查询类型"选项组中，单击"生成表"按钮，将弹出"生成表"对话框。

3）选择存放新表的位置。在"表名称"文本框中输入所要创建的新表名称。新表可以建立在当前数据库中，也可以建立在另外一个数据库中。如图 4.38（3）所示，在本示例中将新表放入当前数据库中，并命名为"肉/家禽"，然后单击"确定"按钮。

 提　示

生成表查询以选择查询设计视图中添加的表为数据源表，以在"生成表"对话框中输入的表为目标表（新表）。

4）在运行生成表查询之前，可以预览将包括在新表中的字段，单击"开始"选项卡上的"视图"下拉按钮，选择"数据表视图"选项。如果要返回设计视图作进一步地修改，可再次选择"视图"下拉列表中的"设计视图"选项返回即可。

 **提　示**

无论哪一种动作查询，在运行后都是不可撤销与恢复的。因此，为了避免误操作引起的数据丢失，最佳做法是始终在运行动作查询前应做好数据库或表的备份，而且始终在运行动作查询之前，切换到数据表视图，预览执行动作查询时受影响的数据，注意这时动作查询本身并未真正运行。

因此动作查询与普通查询不同，不能通过切换到数据表视图来运行查询，只能通过两种方式运行，即保存查询后双击运行或在"设计"选项卡中单击"结果"选项组中的"运行"按钮！。

5）如果确定要生成新表，则在"设计"选项卡中单击"结果"选项组中的"运行"按钮！。Access 给出提示，说明生成新表的记录总数，并询问用户是否继续进行操作。单击"是"按钮，运行生成表查询。

6）在导航窗格中切换到"表"选项卡，如图 4.38 所示，可以看到已经增加了一个表名为"肉/家禽"的新表。打开"肉/家禽"表，可以看到其表头为"产品名称"、"单价"、"库存量"字段，表体为产品表中所有类别为"肉/家禽"的记录。

 **提　示**

生成表查询是把从指定的表或查询中筛选出来的记录集复制到一个新表中。简单地说，是将查询结果以表的形式存储，即生成一个独立的新表。新表中的数据严格说来只是一个快照，该新表与其数据源表之间没有任何关系或连接。

7）关闭查询，并以"肉/家禽_生成表查询"保存。如图 4.38 所示，在导航窗格中可以看到已经增加了一个图标后面带有感叹号"！"且名为"肉/家禽_生成表查询"的生成表查询。

提 示

　　设计完成一个生成表查询，保存关闭后，即可通过双击运行它。与运行普通查询后的情况不同，Access 并不直接显示生成表查询结果，而是在数据库中新建了一个数据表，其中的数据即为生成表查询运行的结果，并且每运行一次就会生成一次该表，如果数据库中已有同名的表，则新表将覆盖现有的同名表。

 知识拓展

　　在 Access 中所有查询的实质都是 SQL 语句的应用，可以在查询的 SQL 视图中查看"肉/家禽_生成表查询"所对应的 SQL 语句。

```
SELECT  产品.产品名称, 产品.单价, 产品.库存量 INTO [肉/家禽]
FROM  产品
WHERE  (((产品.类别ID)=6));
```

4.6.2　追加查询

　　如果需要按指定条件从数据库的一个或多个数据源表（或查询）中筛选出一组记录，可以使用选择查询，而再将这些筛选出来的记录复制到另外一个结构相同的现有表的末尾，则必须使用追加查询。

　　追加查询的运算实质是先通过选择查询形成一个与目标表结构相同的关系，然后将这个关系同目标表作并运算，从而将查询结果中的记录纵向添加到目标表的尾部。因此可以先创建选择查询以筛选出要复制的记录，然后将其转换为追加查询，从而将选择查询得到的数据复制到现有表中。

　　下面以"Northwind.accdb"示例数据库为例，介绍建立追加查询的方法。

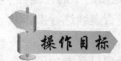 操作目标

　　将"产品"表中所有类别为"特制品"的记录追加到"肉/家禽"表中。

 操作步骤

　　1）创建查询以选择要复制（追加）的记录。打开"Northwind.accdb"示例数据库，在"创建"选项卡的"其他"选项组中，单击"查询设计"按钮，在"显示表"对话框的"表"选项卡中，选择"产品"表作为追加查询所需的数据源表（其中包含要复制记录的表或查询）。关闭"显示表"对话框。

　　在选择查询的设计视图中，从字段列表中将要追加的字段、要用来设置筛选条件的字段拖动到查询设计网格中。如图 4.39（1）所示，在本示例中选择"产品"表的"产品名称"、"单价"、"库存量"和"类别 ID"字段。前面三个字段作为要追加的字段，

最后一列的"类别 ID"字段作为条件字段，并为其设置筛选条件以返回所需的记录。例如，"产品"表中所定义的，该字段为数字型数据，"特制品"类别对应的数字为"7"，即只把该字段值为"7"的记录追加到目标表中，所建查询的设计视图如图4.39（1）所示。

 提　示

源表中字段的数据类型必须与目标表中字段的数据类型兼容。文本字段与大多数其他类型的字段兼容。数字字段只与其他数字字段兼容。例如，可以将数字追加到文本字段，但是不可将文本追加到数字字段。

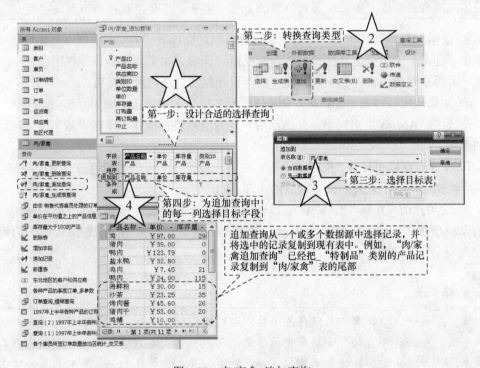

图 4.39　肉/家禽_追加查询

2）转换查询类型。如图 4.39（2）所示，在"设计"选项卡的"查询类型"选项组中，单击"追加"按钮，将弹出"追加"对话框。

3）选择目标表。在"追加"对话框中，单击当前数据库按钮（如果尚未选择），从"表名称"下拉列表中选择目标表，然后单击"确定"按钮。如图 4.39（3）所示，在本示例中选择"肉/家禽"表作为要追加到的表，即目标表。

 **提　示**

追加查询以设计视图中添加的表为数据源表，以"追加"对话框中选定的表为目标表。要被追加记录的表，即目标表必须是已经存在的表。通常，源表和目标表位于同一数据库中。如果向其他数据库表添加记录，则必须知道数据库的位置和名称。

4）为追加查询中的每一列选择目标字段。返回查询的设计视图后，这时设计网格会发生相应的变化，即增添一个"追加到"行。如图 4.39（4）所示，"字段"行为数据源表中的字段，"追加到"行中显示的字段为目标表中的字段。

 **提 示**

追加查询将只追加匹配字段中的数据而忽略其他数据。如果已经在两个表中选择了相同名称的字段，Access 将自动在"追加到"行中填上相同的名称。如果在两个表中并没有相同名称的字段，则可在"追加到"行中选择目标表中具有相同数据类型、大小一致的不同名称的字段。如果保留目标字段为空，则查询不会将数据追加到该字段。

5）在运行追加查询之前，可以预览将要追加到目标表中的记录，在"开始"选项卡中单击"视图"下拉按钮，选择"数据表视图"选项。如果要回到设计视图作进一步地修改，可再次选择"视图"中拉列表中的"设计视图"选项返回即可。

6）如果确定要对表追加数据，则在"设计"选项卡中单击"结果"选项组中的"运行"按钮 ! 。Access 给出提示，并询问用户是否继续进行操作。单击"是"按钮，运行追加查询。

7）在导航窗格中打开"肉/家禽"表，如图 4.39 所示，可以看到追加查询已经把"特制品"类别的产品记录复制到了该表的尾部。

8）关闭查询，并以"肉/家禽_追加查询"保存。如图 4.39 所示，在导航窗格中可以看到已经增加了一个图标后面带有感叹号"！"且名为"肉/家禽_追加查询"的追加查询。

 **提 示**

设计完成一个追加查询，保存关闭后，即可通过双击运行它。与运行普通查询后的情况不同，Access 不直接显示追加查询结果，而是根据指定的追加条件，将数据源表中相关字段的数据复制到目标表的尾部，并且每运行一次就会追加一次。例如，每双击运行一次"肉/家禽_追加查询"，就将"产品"表中所有类别为"特制品"的记录追加到"肉/家禽"表中一次。

 知识拓展

在 Access 中所有查询的实质都是 SQL 语句的应用，可以在查询的 SQL 视图中查看"肉/家禽_追加查询"所对应的 SQL 语句。

```
INSERT INTO [肉/家禽] ( 产品名称, 单价, 库存量 )
SELECT 产品.产品名称, 产品.单价, 产品.库存量
FROM 产品
WHERE (((产品.类别ID)=7));
```

4.6.3 删除查询

生成表查询和追加查询是将指定的字段和记录复制到另一个表中。运行这些查询时，结果将在另一个表中生成，而不是在当前表中生成，而删除查询与更新查询将在该查询当前所使用的数据源表上执行更新或删除操作。删除查询是从源表中批量删除符合条件的整条记录（行）。例如，使用删除查询来删除"产品"表中已经中止的产品记录。

删除查询的运算实质是首先从表中找出要删除的记录集，然后将表与被删除的记录集作差运算，从而实现记录的批量删除操作。因此可以先创建一个选择查询，将需要删除的记录按照指定的删除条件查找出来，然后将其转换为删除查询，统一进行删除处理。

下面以"Northwind.accdb"示例数据库为例，介绍建立删除查询的方法。

从"肉/家禽"表中删除所有"库存量"为 0 的记录。

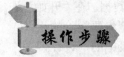

1）选择删除操作的目标表（被删除记录的表）。如图 4.40（1）所示，打开"Northwind.accdb"示例数据库，在"创建"选项卡的"其他"选项组中，单击"查询设计"按钮，在"显示表"对话框的"表"选项卡中，选择"肉/家禽"表作为删除查询所需的目标表（被删除记录的表）。关闭"显示表"对话框。

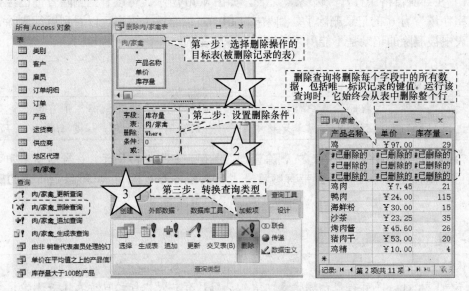

图 4.40　肉/家禽_删除查询

2）设置删除条件。如图 4.40（2）所示，在选择查询设计网格中依次添加用于设置记录筛选条件的字段，并在"条件"行中设定相应的条件。在本示例中双击 "库存量" 字段，将"库存量"字段添加到查询设计网格中。在"库存量"字段的"条件"行单元格中输入要进行删除查询的条件"=0"。

 提 示

在设计网格中，只放入作为删除条件的字段即可，不需要列出所有字段。因为运行删除查询时，将删除满足条件的整条记录，而不只是删除指定字段中的数据。

如果在删除查询中没有设定任何删除条件，则会删除数据表中的全部记录，但数据表本身依旧存在，即删除查询只能删除记录，不能删除数据表。这一点与 DROP TABLE 是有区别的。

3）转换查询类型。如图 4.40（3）所示，在"设计"选项卡的"查询类型"选项组中，单击"删除"按钮。Access 将选择查询更改为删除查询，如图 4.40（2）所示，设计网格发生相应的变化："排序"行和"显示"行消失，出现"删除"行。作为删除条件的字段所对应的"删除"行单元格会出现"Where"选项。

4）删除数据之前一定要仔细确认找出的数据是不是将要删除的数据。在"开始"选项卡中单击"视图"下拉按钮，选择"数据表视图"选项，可以预览将要删除的记录。如果要回到设计视图作进一步地修改，可再次选择"视图"下拉列表中的"设计视图"选项返回即可。

5）如果确定要删除表中数据，则在"设计"选项卡中单击工具栏上的"运行"按钮 。Access 给出提示，提醒用户将删除目标表表中的部分记录，单击"是"按钮，运行删除查询。

6）在导航窗格中打开"肉/家禽"表，如图 4.40 所示，可以看到删除查询已经把所有"库存量"为 0 的记录删除了。如果按 Ctrl＋Z 组合键，用户可以看到运行删除查询后，表中被删除的记录是不能用"撤销"命令恢复的。

 提 示

按照上述操作过程删除表中数据中时，如果数据表处于打开状态，则在运行完删除操作之后会看到表中删除的数据单元格中有"#已删除的"的标志，如图 4.40（2）所示。

7）关闭查询，并以"肉/家禽_删除查询"保存。如图 4.40 所示，在导航窗格中可以看到已经增加了一个图标后面带有感叹号"！"且名为"肉/家禽_删除查询"的删除查询。

 提 示

设计完成一个删除查询，保存关闭后，即可通过双击运行它。与运行普通查询后的情况不同，Access 不直接显示删除查询结果，而只有打开操作的目标表（被删除记录的表），才能看到删除查询的运行结果。

删除查询可以从单个表中删除记录，也可以从多个相关表中删除记录。请记住以下规则：如果数据是一对多关系的"多"方，则可以直接删除数据而不必更改关系，但如果数据是一对多关系的"一"方，则必须先更改关系，使其满足一定条件，即在"关系"对话框中选择"实施参照完整性"与"级联删除相关记录"选项。

 知识拓展

在 Access 中所有查询的实质都是 SQL 语句的应用，可以在查询的 SQL 视图中查看"肉/家禽_删除查询"所对应的 SQL 语句。

```
DELETE  [肉/家禽].库存量
FROM  [肉/家禽]
WHERE  (((([肉/家禽].库存量)=0));
```

4.6.4 更新查询

更新查询用于批量更改或删除现有记录中个别字段的值，所需更新的记录就是在查询中通过设置更新条件所查找到的记录。例如，可以将所有奶制品的价格提高十个百分点，或将某一工作类别的人员的工资提高五个百分点。

下面以"Northwind.accdb"示例数据库为例，介绍建立更新查询的方法。

将"肉/家禽"表中"库存量"不小于 20 的所有产品的单价打八折，而其余产品价格不变。

1）选择更新操作的目标表（被更新字段值的表）。如图 4.41（1）所示，打开"Northwind.accdb"示例数据库，在"创建"选项卡的"其他"选项组中，单击"查询设计"按钮，在"显示表"对话框的"表"选项卡中，选择"肉/家禽"表作为更新查询所需的目标表（被更新字段值的表）。关闭"显示表"对话框。

2）转换查询类型。如图 4.41（2）所示，在"设计"选项卡的"查询类型"选项组中，单击"更新"按钮。Access 将选择查询更改为更新查询。设计网格发生相应的变化："排序"和"显示"行消失，出现"更新到"行。

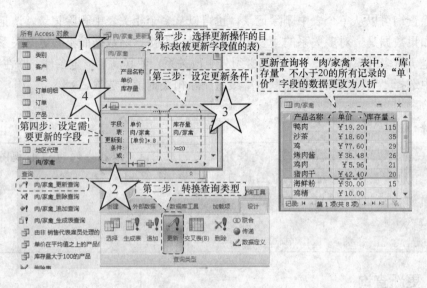

图 4.41　肉/家禽_更新查询

3）设置更新条件。如图 4.41（3）所示，在选择查询设计网格中依次添加用于设置记录筛选条件的字段，并在"条件"行中设定相应的条件表达式。在本示例中双击"库存量"字段，将"库存量"字段添加到查询设计网格中。如图 4.41（1）所示，在"库存量"字段的"条件"行单元格中输入要进行更新查询的条件">=20"。

 提示

> 　在更新查询的设计网格中，只放入作为更新条件的字段和需要更新的字段即可，不需要列出所有字段。
>
> 　如果在更新查询中没有设定任何更新条件，更新查询会将表中全部记录的更新字段的值都设置为"更新到"行单元格中的数值。

4）设定需要更新的字段。如图 4.41（4）所示，在更新查询设计窗口中依次添加需要更新的字段，并在要更新字段值的"更新到"行单元格中键入用来改变这个字段值的表达式或数值。在本示例中，双击"单价"字段，将"单价"字段添加到更新查询设计网格中。在"单价"字段的"更新到"行单元格中输入"[单价]*0.8"，这表示将"肉/家禽"表中，"库存量"不小于 20 的所有记录的"单价"字段的数据更改为八折。

 提示

> 　用户如果在"单价"字段的"更新到"行单元格中输入"单价*0.8"，系统将提示错误。错误的原因在于"单价"字段值为字符串型常量，而"[单价]"才表示"单价"字段的数值，表达式"[单价]*0.8"的含义是将所有符合更新条件（[库存量]>=20）的记录中"单价"字段的现有数值乘以 0.8 之后，作为"单价"字段的新数值，即"更新到"行单元格中的数值。

5）更新数据之前一定要仔细确认找出的数据是不是要更新的数据。在"开始"选项卡中单击"视图"中下拉按钮，选择"数据表视图"选项，可以预览将要更新的字段。如果要返回"设计"视图作进一步地修改，可再次选择"视图"下拉列表中的"设计视图"选项返回即可。

 提　示

选择"视图"下拉列表中的"数据表视图"选项时，数据表中显示的数据仍是未被更新时的原始数据的大小。

6）如果确定要更新表中数据，则在"设计"选项卡上的"结果"选项组中单击"运行"按钮。Access 给出提示，提醒用户将更新所选记录中个别字段的原有数据，单击"是"按钮，运行更新查询。

7）在导航窗格中打开"肉/家禽"表，用户可以看到更新查询已经把所有"库存量"不小于 20 的记录的"单价"都按八折进行了处理。如果按 Ctrl＋Z 组合键，用户可以看到运行更新查询后，表中更新过的记录是无法复原的。

8）关闭查询，并以"肉/家禽_更新查询"保存。如图 4.41 所示，在导航窗格中可以看到已经增加了一个图标后面带有感叹号"！"且名为"肉/家禽_更新查询"的更新查询。

 提　示

设计完成一个更新查询，保存关闭后，即可通过双击运行它。与运行普通查询后的情况不同，Access 不直接显示更新查询结果，而是根据指定的更新条件与计算更新的表达式，在数据库中更新了目标表中相关字段的数据，并且每运行一次就会更新一次。比如，每双击运行一次"肉/家禽_更新查询"，就将"肉/家禽"表中"库存量"不小于 20 的记录的"单价"字段的数值乘以一次 0.8。

 知识拓展

在 Access 中所有查询的实质都是 SQL 语句的应用，可以在查询的 SQL 视图中查看"肉/家禽_更新查询"所对应的 SQL 语句。

```
UPDATE [肉/家禽] SET [肉/家禽].单价 = [单价]*0.8
WHERE((([肉/家禽].库存量)>=20));
```

 提　示

使用更新查询可以添加、更改或删除现有记录集中个别字段中的数据。请注意更新查询与删除查询、追加查询、生成表查询三者的区别。

使用删除查询和更新查询都可以从数据库中删除数据。删除查询用于删除满足条件的整条记录（行）。更新查询可用于删除记录中个别字段中的数据。用户可以使用更新查询将现有值更改为 Null 空值（不包含数据）或零长度字符串（中间不包含空格的一对双引号）以删除字段中的现有数据。

不能使用更新查询向表中添加新记录，但可以将现有的 Null 值更改为非 Null 值，此更改与添加数据具有相同的效果。若要向一个或多个现有表中添加新记录（行），请使用追加查询。如果需要将现有表中的数据复制到新表中，则必须使用生成表查询。

小 结

在 Access 数据库系统中，所有对关系表进行的关系运算都是以查询对象的形式来实现的。例如，①投影运算，其功能是从一个关系中选取某些属性列组成一个新的关系，由字段选择查询实现。②选择运算，从一个关系中筛选出满足一定条件的元组构成一个新的关系，由记录选择查询实现。③联接运算，将两个关系联接起来形成一个新的关系，新关系的列由两个关系的列叠加而成，由联接查询实现。④并运算，将两个结构相同的关系中所有的元组合并成一个关系，可由追加查询或联合查询实现。⑤差运算，从一个关系中除去与另一个关系相同的元组，由删除查询实现。

查询以表或查询作为数据源，按照一定的条件对数据源中的数据进行检索等操作，得到一个外观形式同表一样的结果集。虽然查询也是一个关系，但它不是基本表。查询对象本身仅仅保存运算命令，查询结果集只是暂存在内存中，并没有永久保存。

在 Access 中，可以通过查询向导、查询设计器或直接用 SQL 语言编写查询语句这三种方式来创建查询。利用向导虽然可以快速创建查询，但是对于具有筛选条件的查询，向导并不能满足要求，往往还需要在设计视图或 SQL 视图中对向导所建的查询进行修改，最后切换到数据表视图中来查验 Access 找到的数据是否符合用户的要求。

习 题

一、单选题

1. 在查询设计视图中（　　　）。

    A. 只能添加数据库表　　　　B. 可以添加数据库表，也可以添加查询

    C. 只能添加查询　　　　　　D. 以上说法都不对

2. 建立一个基于学生表的查询，要查找出生日期（数据类型为日期/时间型）在 1980-06-06 和 1980-07-06 间的学生，在出生日期对应列的准则行中应输入的表达式是（　　　）。

    A. between 1980-06-06 and 1980-07-06

    B. between #1980-06-06# and #1980-07-06#

    C. between 1980-06-06 or 1980-07-06

    D. between #1980-06-06# or #1980-07-06#

3．要修改表中一些数据，应该使用（　　）。

　　A．生成表查询　　　　　　　　B．删除查询

　　C．更新查询　　　　　　　　　D．追加查询

4．创建交叉表查询，在交叉表行上有且只能有一个的是（　　）。

　　A．行标题和列标题　　　　　　B．行标题和值

　　C．行标题、列标题和值　　　　D．列标题和值

5．下面哪一种查询不属于动作查询（　　）。

　　A．删除查询　　　　　　　　　B．更新查询

　　C．追加查询　　　　　　　　　D．交叉表查询

6．以下关于查询的叙述正确的是（　　）。

　　A．只能根据数据库表创建查询

　　B．只能根据已建查询创建查询

　　C．可以根据数据库表和已建查询创建查询

　　D．不能根据已建查询创建查询

7．Access 支持的查询类型有（　　）。

　　A．选择查询、交叉表查询、参数查询、SQL 查询和动作查询

　　B．基本查询、选择查询、参数查询、SQL 查询和动作查询

　　C．多表查询、单表查询、交叉表查询、参数查询和动作查询

　　D．选择查询、统计查询、参数查询、SQL 查询和动作查询

8．在 Access 数据库中已建立了 tBook 表，若查找图书编号是 112266 和 113388 的记录，应在查询设计视图准则行中输入（　　）。

　　A．112266 and 113388　　　　B．not in(112266,113388)

　　C．in(112266,113388)　　　　D．not(112266 and 113388)

9．将表 A 的记录复制到表 B 中，且不删除表 B 中的记录，可以使用的查询是（　　）。

　　A．删除查询　　　　　　　　　B．生成表查询

　　C．追加查询　　　　　　　　　D．交叉表查询

10．查询设计视图窗口分为上下两部分，下部分为（　　）。

　　A．设计网格　　　　　　　　　B．字段列表

　　C．属性窗口　　　　　　　　　D．查询记录

二、填空题

1．使用向导创建交叉表查询时，选择作为行标题的字段最多只能是＿＿＿＿个字段。

2．假设某数据库表中有一个"姓名"字段，查找姓"仲"的记录的准则是＿＿＿＿。

3．利用对话框提示用户输入参数的查询过程称为＿＿＿＿。

4．在 SQL 查询中使用 WHERE 子句指出的是＿＿＿＿。

5．书写查询准则时，日期值应该用＿＿＿＿括起来。

三、思考题

1. 在此数据库的基础上，写出 SQL 语句。

（1）查出所有男同学的基本信息。

（2）查出学生的学号，姓名，班级，课程名称，成绩。

（3）查出成绩表中成绩大于平均成绩的信息。

（4）查出民族为汉族或者回族的学生的所有基本信息。

（5）查出成绩在 70～80 分之间的学生姓名，课程名称和成绩。

2. 数据库中有如下的表：

学生（学号，姓名，性别，出生日期，民族，住址，电话，班级）
教师（系别，姓名，职称，课程编号，专业编号）
课程（课程编号，课程名）
成绩（课程编号，学号，成绩）
专业（专业编号，专业名称）

有如下的成绩查询，根据该查询回答问题：

学号	姓名	性别	出生日期	课程名称	成绩
00135402	黄宏	男	1979-6-9	计算机	62
00135403	马晓明	男	1983-3-18	计算机	54
00135404	蔡琴	女	1982-5-10	计算机	64
00135402	黄宏	男	1979-6-9	英语	88
00135403	马晓明	男	1983-3-18	英语	75
00135402	黄宏	男	1979-6-9	政治理论	35
00135401	张丽丽	女	1982-1-4	政治理论	77
00135401	张丽丽	女	1982-1-4	计算机	60
00135401	张丽丽	女	1982-1-4	英语	70

记录：10　共有记录数：10

（1）该查询来自哪几个表？

（2）能否插入新记录，为什么？

（3）说明如何将性别栏移动到出生日期后面？

（4）在此"成绩列表"视图的基础上，写出 SQL 查询语句。

① 查询黄宏同学的计算机成绩。

② 查询 1980 年以后出生的同学。

③ 查询成绩在 60～75 分之间的男学生。

④ 将学生成绩增加低于 60 分的增加 5 分。

⑤ 求学生的平均成绩。

（5）写出查询的准则：

课程名称是计算机，或英语之一
出生日期在 1980-12-31 和 1983-1-1 之间
学生名称中包含"小"字
成绩大于平均成绩
课程是除"计算机"以外的其他课程

第 5 章
窗　　体

本章要点

Access 提供了主要的人机交互界面——窗体。事实上，在 Access 应用程序中，所有操作都是在各种各样的窗体内进行的。因此，窗体设计的好坏直接影响 Access 应用程序的友好性和可操作性。

本章内容主要包括：

➤ 窗体的视图
➤ 窗体的结构
➤ 窗体的控件
➤ 创建窗体
➤ 主/子窗体
➤ 切换面板

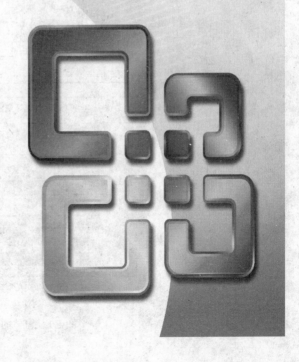

5.1　窗　体　概　述

　　Access 中的窗体对象是组成 Access 数据库应用系统的界面，用户主要通过窗体使用和管理数据库。可以将窗体视作应用程序开发人员提供给最终用户处理业务数据的窗口，数据的使用与维护大多数是通过窗体来完成的。

　　窗体主要有命令选择型窗体和数据交互型窗体两种。如图 5.1（a）所示的就是一种命令选择型窗体，主要作为主操作界面，用它将整个系统中的对象组织起来，从而形成一个连贯、完整的系统。该图所示即为"Northwind.accdb"示例数据库的主界面窗体（名为"主切换面板"窗体），其中包含本书作为实例讲解的 Access 数据库应用系统的名称以及调用各个功能窗体的命令按钮，单击一个命令按钮，即可打开相应的功能窗体。

　　如图 5.1（b）所示的窗体是一种数据交互型窗体，主要用于向数据库输入数据或显示数据库中的数据，这是窗体的基本功能。它可显示来自多个表中的数据，并通过窗体对数据库中相关数据进行添加、删除、修改等各种操作。窗体是以表或查询为基础而创建的，在窗体中显示的数据实际上是调用的表或查询中的数据。窗体不过是用户操作数据库的界面，通过它，用户可以对数据库中的数据进行管理和维护，操作的结果会自动保存到相关数据源中。当然，数据源中的记录发生变化时，窗体中的信息也会随之发生变化。它是数据库与用户之间联系的桥梁。

(a) 命令选择型窗体

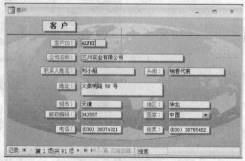

(b) 数据交互型窗体

图 5.1　窗体的类型

命令选择型窗体不需要指定数据源，而数据交互型窗体则不同，它必须具有数据源。其数据源可以是数据库中的 Access 表对象、Access 查询对象，或是一条 SQL 语句。如果一个数据交互型窗体的数据源来自若干个表或查询，则需要在窗体中设置子窗体，令每一个子窗体均拥有一个自己的数据源。数据源是数据交互型窗体的基础。

事实上，Access 窗体对象具有更多应用功能，可以根据 Access 数据库应用系统的实际需求设计不同的 Access 窗体对象。但是，无论 Access 窗体对象具有何种形式的功能，在一个 Access 数据库应用系统中，Access 窗体对象的主要功能是提供应用系统的人机操作界面。

5.1.1　窗体的视图

为了能够以各种不同的角度与层面来查看窗体对象，在 Access 2007 环境下，窗体具有下列四种主要的视图类型。

1. 窗体视图

窗体视图是用于测试窗体对象的屏幕效果以及利用窗体对象进行数据输入/输出的窗口，使用导航按钮可以在记录之间进行快速地切换。窗体视图也是在导航窗格中双击窗体时所使用的默认视图。

2. 布局视图

布局视图和设计视图是可以在其中对窗体进行设计调整的两种视图。与设计视图相比，布局视图更注重于外观，是用于修改窗体的最直观的视图。在布局视图中查看窗体时，窗体实际正在运行，用户看到的数据与它们在窗体视图中的显示外观非常相似。因此，该视图非常适合重新排列控件并调整控件的大小或者执行其他许多影响窗体的视觉外观和可用性的任务。

在布局视图中打开窗体时，Access 2007 会将文本框和其他控件放在称为布局的参考线中。布局由控件周围的橙色网格表示，可以将布局视为一个表，该表中的每个单元格要么为空，要么包含单个控件。布局可用于将控件沿水平方向和垂直方向对齐，以使窗体具有一致的外观。

但某些任务不能在布局视图中执行，需要切换到设计视图执行。在某些情况下，Access 显示一条消息，通知用户必须切换到设计视图才能进行特定的更改。

3. 设计视图

窗体的设计视图用于显示窗体的设计方案，在该视图中可以创建新的窗体，也可以对已有窗体的设计进行修改。与布局视图相比，设计视图提供了窗体结构的更详细视图，可以看到窗体的页眉、主体和页脚部分。窗体在设计视图中显示时实际并不在运行，因此，在进行设计方面的更改时，无法看到基础数据，然而有些任务在设计视图中执行要比在布局视图中执行更容易。例如，可以向窗体添加更多类型的控件，如标签、图像、线条和矩形；可以在文本框中编辑文本框控件来源，而不使用属性表，可以调整窗体节，如窗体页眉或主体节的大小；可以更改某些无法在布局视图中更改的窗体属性，如"默认视图"或"允许窗体视图"属性。

 提 示

在窗体的设计视图中有很多的网格线，还有标尺。网格和标尺都是为了在窗体中放置各种控件定位使用的。如果不希望它们出现，可右击窗体设计视图中的窗体标题，在弹出的快捷菜单上选择"标尺"或"网格"选项，它们就会消失。

4. 数据表视图

窗体的数据表视图采用行、列的二维表格方式显示窗体的数据源（表或者查询）中的数据记录，也就是用于查看窗体对象数据源的窗口。

 提 示

Access 提供了在视图之间切换的多种方法。如果窗体已经打开，则可以通过执行下列操作之一来切换到其他视图。

1）右击导航窗格中的窗体，然后在弹出的快捷菜单中选择所需的视图。

2）右击窗体的文档选项卡或标题栏，然后在弹出的快捷菜单中选择所需的视图。

3）在"开始"选项卡的"视图"选项组中，单击"视图"按钮在可用的视图之间切换。或者也可以单击"视图"下拉按钮，然后从菜单中选择一个可用的视图。

4）右击窗体自身的空白区域，然后选择所需的视图。如果是在设计视图中打开窗体，则必须右击设计网格的外部。

5）单击 Access 状态栏上的某个小视图图标。

5.1.2 窗体的结构

窗体中的信息可以分布在五个部分中，即窗体页眉、页面页眉、主体、页面页脚和窗体页脚，每个部分称为一个"节"。如图 5.2 所示，大部分的窗体只有主体节，其他节可以根据实际需要通过"视图"选项组中的选项进行添加。其中，页面页眉和页面页脚节中的内容在打印时才会显示。

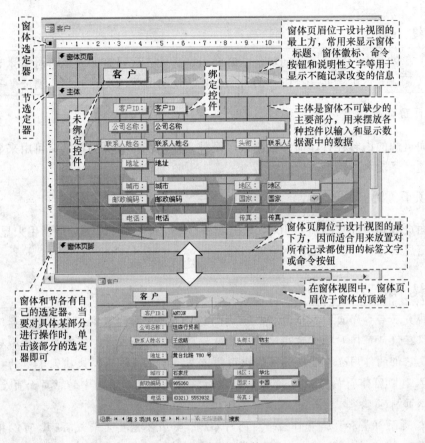

图 5.2　窗体的结构

1. 窗体页眉

窗体页眉位于设计视图的最上方，常用来显示窗体标题、窗体徽标、命令按钮和说明性文字等用于显示不随记录改变的信息。在窗体视图中，窗体页眉显示在窗体的顶端；打印窗体时，窗体页眉打印输出到文档的开始处。窗体页眉不会出现在窗体的数据表视图中。

2. 主体

主体是窗体不可缺少的主要部分，用来摆放各种控件以输入和显示数据源中的数据。

3. 窗体页脚

窗体页脚和窗体页眉对应，一般位于设计视图的最下方，因而适合用来放置对所有记录都使用的标签文字或命令按钮。在窗体视图中，窗体页脚显示在窗体的底部；打印时，窗体页脚打印输出到文档的结尾处。与窗体页眉类似，窗体页脚也不会出现在窗体的数据表视图中。

提 示

> 由于窗体页脚和窗体页眉的功能基本相同，通常在设计窗体中省略对窗体页脚的设计，或只是让窗体页脚起一个窗体的脚注作用，说明窗体的制作时间、设计者等内容。

4. 页面页眉

页面页眉的内容在打印时才会出现，而且会打印在每一页的顶端，可用来显示每一页的标题、字段名等信息。

5. 页面页脚

页面页脚和页面页眉前后相对，只出现在打印时每一页的底端，通常用来显示页码、日期等信息。

 **提 示**

> 页面页眉与页面页脚只出现在打印的窗体上，通常因为窗体主要用于屏幕信息的交互，所以在设计窗体时很少考虑对页面页眉与页面页脚的设计。若有页面页眉与页面页脚窗体，它们的作用也大多是为了输出说明信息。可以通过选择快捷菜单中的"页面页眉/页脚"和"窗体页眉/页脚"选项来显示和隐藏窗体设计视图中的"页面页眉/页脚"和"窗体页眉/页脚"。
>
> 窗体/页面页眉和页脚是作为一对同时添加。如果不需要页眉或页脚，可以将此节属性中的"可见性"属性设置为"否"，或使用鼠标拖动该节的大小使其高度调整为"0"。注意，如果删除页眉或页脚节，就会丢失节中原有的所有控件。

5.1.3　窗体的控件

窗体对象只是一个存放窗体控件的容器，窗体所具有的多种功能是通过窗体中放置的各种控件来完成的。控件是窗体中显示数据、执行操作或装饰窗体的对象。窗体中的所有信息都包含在控件中。例如，可以在窗体中使用标签显示信息，使用命令按钮打开另一个窗体，或者使用线条或矩形来分隔与组织控件。

Access 在"设计"选项卡中提供了一个"控件"选项组，创建窗体所使用的控件都包含在其中，常用控件的功能如表 5.1 所示。

 提 示

> "控件"选项组中包含了可用在窗体上的所有控件的按钮。如果在使用"控件"选项组时，不知道某个控件的作用，可以将鼠标指针指向这个控件并暂停一会儿，此时就会出现简短的提示信息。

表 5.1 常见控件及其功能

工具按钮名称	按钮图标	工具按钮的功能
"选择" 按钮		用于选定控件、节或窗体。单击该工具按钮可以释放事先锁定的工具栏按钮
"控件向导" 按钮		用于打开或关闭控件向导。使用控件向导可以创建列表框、组合框、选项组、命令按钮、图表、子报表或子窗体。要使用向导来创建这些控件，必须按下"控件向导"按钮
"标签" 按钮	Aa	用于显示说明文本的控件，如窗体或报表上的标题或指示文字
"文件框" 按钮	ab|	用于显示、输入或编辑窗体或报表的基础记录源数据，显示计算结果，或接收用户输入数据的控件
"选项组" 按钮		与复选框、选项按钮或切换按钮搭配使用，可以显示一组可选值
"切换按钮" 按钮		该按钮可用于结合到 Yse/No 字段的独立控件或用来接收用户在自定义对话框中输入数据的非结合控件，或者选项组的一部分
"选项按钮" 按钮		该按钮可用于结合到 Yse/No 字段的独立控件或用来接收用户在自定义对话框中输入数据的非结合控件，或者选项组的一部分
"复选框" 按钮		该按钮可用于结合到 Yse/No 字段的独立控件或用来接收用户在自定义对话框中输入数据的非结合控件，或者选项组的一部分
"组合框" 按钮		该控件组合了文件框和列表框的特性，即可以在文本框中输入文字或在列表框中选择输入项，然后将值添加到基础字段中
"列表框" 按钮		显示可滚动的数据列表。在窗体视图中，可以从列表框中选择值输入到新记录中，或者更改现有记录中的值
"命令按钮" 按钮	xxxx	用于在窗体或报表上创建命令按钮
"图像" 按钮		用于在窗体或报表上显示静态图片
"未绑定对象框" 按钮		用于在窗体或报表上显示非结合型 OLE 对象
"绑定对象框" 按钮		用于在窗体或报表上显示结合型 OLE 对象
"分页符" 按钮		用于在窗体中开始一个新的屏幕.或在打印窗体或报表时开始一个新页
"选项卡控件" 按钮		用于创建一个多页的选项卡窗体或选项卡对话框
"子窗体/子报表" 按钮		用于在窗体或报表中显示来自多个表的数据
"直线" 按钮		用于在窗体或报表中画直线
"矩形" 按钮		用于在窗体或报表中画一个矩形框

 提 示

　　列表框和组合框的唯一区别是列表框只允许在列表中选择内容，不允许键盘输入；而组合框允许从列表中选择内容，也可以自行输入内容，只要保证输入内容是列表中的内容即可。

1. 控件的类型

根据控件与数据源之间的关系，Access 控件可以分为三种类型。

（1）绑定型控件

绑定型控件与数据源中的某个字段绑定在一起，用于在窗体中显示、输入或更新表或查询中的字段值，相当于通过控件来源属性将控件和窗体数据源中的一个字段相连接。当移动窗体上的记录指针时，控件的内容会动态改变。当窗体运行时，在绑定型控件中输入的数据便会自动保存到数据源表的字段中，而当数据源表中的字段值发生变化后，控件的值也会发生变化。例如，在"供应商"窗体中的文本框都是绑定型控件，其中"供应商 ID"文本框连接"供应商"表中的"供应商 ID"字段，其他的文本框也都连接了"供应商"表中相应的字段。

 **提 示**

可以通过以下两种方式创建绑定控件。

一种方式是通过将选定字段从"字段列表"窗格拖动到窗体上，可以创建绑定到该字段的控件，同时该绑定控件还将附带有一个标签，默认情况下该标签采用字段名称作为其标题。其中的"字段列表"窗格列出了基础记录源或数据库对象中的全部字段。要显示"字段列表"窗格，可以在"设计"选项卡的"工具"选项组中，单击"添加现有字段"按钮，或直接按 Alt+F8 组合键即可。

另一种方式是通过在控件本身或在"属性表"窗格中的"控件来源"属性框中键入字段名来将字段绑定到控件。"属性表"窗格定义了控件的特征，如名称、数据源和格式。若要显示"属性表"窗格，请按 F4 键。

（2）未绑定型控件

未绑定型控件是无控件来源（字段或表达式）的控件。使用未绑定型控件可以用来显示不变动的对象，如标题、提示文字，或者是美化窗体的线条、圆形、矩形等对象。未绑定型控件没有与数据源形成对应关系，移动窗体上的记录指针时，它的内容并不会随之改变。例如，在"供应商"窗体中的标签框都是未绑定型控件。

 **提 示**

向窗体中添加未绑定型控件时，可在"控件"选项组中单击选择相应的控件，然后在窗体的合适位置单击即可。

（3）计算型控件

计算型控件的控件来源是表达式而不是表或者查询的一个字段。窗体运行时，计算型控件的值不能编辑，只用于显示表达式的值。表达式是运算符、常数、函数和字段名称、控件和属性的任意组合。表达式的计算结果为单个值。表达式可以利用窗体中所引用的表或查询中字段的数据，也可以是窗体中其他控件中的数据。当表达式的值发生变化时，会重新计算结果并输出显示。文本框控件是窗体中最常用的计算型控件。例如，要在文本框中显示当前日期，需将该文本框的"控件来源"属性设置为"=Date()"。

 **提 示**

使用以下两种方式可以向窗体中添加计算型控件。

1）右击文本框控件，在弹出的快捷菜单中选择"属性"选项，弹出该控件的"属性"窗口，在"数据"选项卡的"控件来源"属性框中，键入以等号"="开头的表达式。

2）在窗体的设计视图窗口，双击文本框控件，进入文本框控件的文本编辑状态，此时，可以在文本框中直接输入以等号"="开头的表达式。

2. 控件的属性

在窗体设计视图中的对象有三类，即窗体、节、控件。任何一个对象都具有一系列的属性，这些属性的不同取值决定着该对象的特征，即对象的结构和外观，以及它所包含的文本或数据的特性。

使用"属性表"窗格可以设置对象的属性，从而定制满足设计要求的对象。在选择窗体、节或控件后，在"设计"选项卡的"工具"选项组中单击"属性表"按钮，可以弹出当前选中对象的"属性表"窗格。

"属性表"窗格由格式、数据、事件、其他和全部五个选项卡组成。在每个选项卡下面包含若干个属性，用户可以通过直接输入或选择进行属性设置。其中，"格式"选项卡中的属性集用来指定对象的外观；"数据"选项卡中的属性集用于指定对象数据的来源和数据的显示格式；"事件"选项卡中的属性集用来指定某个事件发生时的处理过程。这个处理过程需要用到"宏"或 VBA 编程；"其他"选项卡中的属性集表示控件或者窗体的附加特征；"全部"选项卡包括前四个选项卡中的所有内容，具体如表 5.2 和表 5.3 所示。

表 5.2　常用的控件属性

选 项 卡	属 性	作 用
格式	标题	作为控件中显示的文字信息
	宽度、高度、上边距、左边距等	用来控制控件外观大小及其中文字的具体位置
	字体名称、字体大小、字体粗细、倾斜字体等	设置窗体和控件中文本的字体显示效果
	特殊效果属性	用于设定控件的显示效果，如"平起"、"凸起"、"凹陷"、"蚀刻"、"阴影"、"凿痕"等
	前景色	控件上字体的颜色
	背景色	控件的颜色

续表

选 项 卡	属　　性	作　　用
数据	控件来源	告诉系统如何检索或保存在窗体中要显示的数据，如果控件来源中包含一个字段名，那么在控件中显示的就是数据源中该字段值，对窗体中的数据所进行的任何修改都将被写入字段中；如果该属性含有一个计算表达式，那么这个控件会显示计算的结果；如果设置该属性值为空，则该控件与数据源中的字段无关
	输入掩码	用于设定控件的输入格式，仅对文本型或日期型数据有效
	默认值	用于设定一个计算型控件或非绑定型控件的初始值，可以使用表达式生成器向导来确定默认值
	有效性规则	用于设定在控件中输入数据的合法性检查表达式，可以使用表达式生成器向导来建立合法性检查表达式
	是否锁定	用于指定该控件是否允许在窗体运行视图中接收编辑控件中显示数据的操作
	是否有效	用于决定是否能够单击该控件。如果设置该属性为"否"，该控件虽然一直在窗体视图中显示，但不能用 TAB 键选择或单击，同时在窗体中控件显示为灰色

表 5.3　常用的窗体属性

选 项 卡	属　　性	作　　用
格式	标题	将作为窗体标题栏上显示的信息
	默认视图	决定了窗体的显示形式，该属性值有"连续窗体"、"单一窗体"、"数据表""数据透视表"、"数据透视图"、"分割窗体"六个选项
	滚动条	决定了窗体显示时是否只有窗体滚动条，该属性值有"两者均无"、"只水平"、"只垂直"和"两者都有"四个选项
	记录选择器	有"是"和"否"两个选项。它决定窗体显示时是否有记录选择器数据表，最左端是否有标志块
	导航按钮	有"是"和"否"两个选项。它决定窗体运行时是否有导航按钮，即数据表最下端是否有导航按钮组
	分隔线	有"是"和"否"两个选项。它决定窗体显示时是否显示窗体各节间的分隔线
	自动居中	有"是"和"否"两个选项。它决定窗体显示时是否自动居于桌面中间
	最大化/最小化按钮	决定是否使用 Windows 标准的最大化按钮和最小化按钮
数据	记录源	一般是本数据库中的一个数据表对象名或查询对象名，它指明了该窗体的数据源
	排序依据	一个字符串表达式，由字段名或字段名表达式组成，指定排序的规则
	允许编辑、允许添加、允许删除	有"是"或"否"两个选项，它决定了窗体运行时是否允许对数据进行编辑修改、添加或删除等操作
	数据输入	有"是"或"否"两个选项，如果选择"是"选项，则在窗体打开时，只显示一个空记录，否则显示已有记录

3. 控件的布局

在窗体设计过程中，经常要在窗体上添加或删除控件，从而改变控件的布局效果。在这种情况下可能需要调整控件的大小、间距以及对齐方式等。

（1）控件的选择

在设计视图中设置控件的格式和属性时，首先应选择这些控件。

若要选择一个单一的控件，只带要单击该控件即可。

若要选择多个分散的控件，请在按住 Shift 键的同时单击要选择的各个控件；若要选多个相邻的控件，可按住鼠标左键在窗体上拖曳一个矩形选择框，以将这些控件包围起来。

若要选择当前窗体中的全部控件，请按 Ctrl+A 组合键，也可按住鼠标左键在窗体上拖曳一个矩形选择框，以将这些控件全部包围起来。选择了控件后，该控件的显示状态将发生变化，在其边框上将出现一些黄色的方块，其中较大的一个方块是移动控制柄，其他一些方块是尺寸控制柄。

（2）控件的移动

若要同时移动控件及其附加标签，请用鼠标指针指向控件或其附加标签(不是移动控制柄)，当鼠标指针变成双十字状，将控件及其附加标签拖动到新的位置上。

若要分别移动控件及其标签，请用鼠标指针指向控件或其标签左上角的移动控制柄，当鼠标指针变成双十字状，将控件或标签拖动到新的位置上。

（3）调整控件大小

用鼠标指针指向控件的一个尺寸控制柄，当鼠标指针变成双向箭头时，拖动尺寸控制柄以调整控件的大小。如果选择了多个控件，则所有控件的大小都会随着一个控件的大小变化而变化。

若要通过调整所选控件的大小，是指正好容纳其内容，则选择该控件，在"排列"选项卡中的"大小"选项组中，单击"正好容纳"按钮即可。

若要统一调整多个控件的相对大小，则选择要调整大小的那些控件，则在"排列"选项卡中的"大小"选项组中，单击下列按钮之一："至最高"按钮——将选择的控件调整为与最高的选择的控件高度相同；"至最短"按钮——将选择的控件调整为与最短的选择的控件高度相同；"至最宽"按钮——将选择的控件调整为与最宽的选择的控件宽度相同；"至最窄"按钮——将选择的控件调整为与最窄的选择的控件宽度相同。

（4）调整控件间的间距

除了通过移动控件来调整控件之间的间距以外，也可以用菜单命令来平均分布控件或改变控件之间的间距。

要调整多个控件之间的间距，使用菜单命令可以达到此目的。在窗体上选择要调整间距的多个控件，至少要选择三个控件。对于带有附加标签的控件，应当选择控件，而不要选择其标签。然后在"排列"选项卡中的"位置"选项组中单击"水平相等"、"水平增加"、"水平减少"按钮即可调整其水平间的距离，对于控件垂直间距可参照水平调整方法。

控制控件之间的对齐，有两种方法，即使用网格对齐和按照指定方式对齐。

使用网格对齐可在"排列"选项卡中单击"控件对齐方式"选项组中的"对齐网格"按钮，按照指定方式对齐可在"控件对齐方式"选项组选择下列对齐方式之一："靠左"按钮——将选择的控件的左边缘与选择范围中最左边的控件的左边缘对齐；"靠右"按钮——将选择的控件的右边缘与选择范围中最右边的控件的右边缘对齐；"靠上"按钮——将选择的控件的顶部与选择范围中最上方控件的顶部对齐；"靠下"按钮——将选择的控件的底端与选择范围中最下方的控件底端对齐。

（5）删除控件

删除控件可在窗体上选择要删除的一个或多个控件，按 Delete 键即可。

（6）复制控件

复制控件可在窗体上选择要复制的一个或多个控件，使用 Ctrl＋C 组合键，然后确定要复制到的位置，使用 Ctrl＋V 组合键即可。

5.2　创建窗体

Access 提供了多种制作窗体的方法。通常先使用"向导"建立窗体的基本轮廓，然后再切换到窗体设计视图，使用手动方式进行调整。

5.2.1　自动创建窗体

Access 在"创建"选项卡中提供了几个快速创建窗体的工具，用户在使用其中的工具时，只需选择某个单一的表或查询，然后单击即可自动创建好窗体。

1. 使用窗体工具创建窗体

可以使用"窗体"选项组中的工具快速创建一个单项目窗体。这类窗体每次只显示关于一条记录的信息，并且会将基础数据源中的所有字段都添加到该窗体中，如图 5.3 所示。

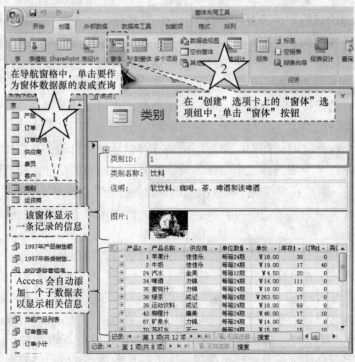

图 5.3　使用窗体工具创建窗体

提 示

如果 Access 发现某个表与用来创建窗体的表或查询之间有一对多关系，Access 就会向基于相关表或查询的窗体添加一个数据表。例如，如果创建了一个基于"类别"表的简单窗体，并且"类别"表与"产品"表之间定义了一对多关系，该数据表就会显示"产品"表中与当前类别记录有关的所有记录。如果确定不需要该数据表，可以将其从窗体中删除。

但是，如果有多个表与用来创建窗体的表之间有一对多关系，Access 就不会向窗体中添加任何数据表。

使用"窗体"选项组中的工具创建一个窗体后，会在布局视图中显示它，可以在窗体显示数据的同时对它进行设计上的修改，以便更好地满足需要；若要开始使用窗体，切换到窗体视图即可。

2. 创建分割窗体

在"窗体"选项组中单击"分割窗体"按钮创建窗体后，会直接进入布局视图模式。如图 5.4 所示，所建窗体为用户选择的同一个数据源同时提供了两种视图，即窗体视图和数据表视图，并且两者总是保持相互同步。如果在窗体的一个部分中选择了一个字段，则会在窗体的另一部分中选择相同的字段。因此，可以在任一部分中添加、编辑或删除数据。

图 5.4　创建分割窗体

分割窗体是 Microsoft Office Access 2007 中的新增功能，可以在一个窗体中同时利用数据表和单记录窗体这两种窗体类型的优势。例如，可以使用窗体的数据表部分快速定位记录，然后使用窗体部分以醒目而实用的方式查看或编辑记录。

3. 创建多个项目窗体

多项目窗体有时称为连续窗体，它能以行和列的形式在窗体中一次显示多条记录。初次创建时，多项目窗体可能类似于一个数据表，如图 5.5 所示。

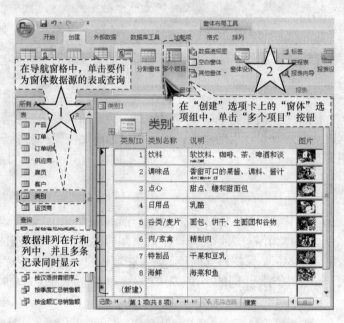

图 5.5　创建多项目窗体

但是多项目窗体的自定义选项要比数据表更多一些。例如，可以直接在布局视图中，添加图形元素、按钮及其他控件。

5.2.2　使用窗体向导创建窗体

按照上节的方法可以快速地创建窗体，但所建窗体形式、布局和外观已经确定，不能再选择要显示的字段，同时这种方法创建的窗体只能显示单一数据源的数据。

使用向导创建窗体，可以通过系统提供的一系列对话框，输入自己的设计思想，依靠系统自动完成窗体的设计，并且如果事先指定了表与查询之间的关系，通过该向导还可以创建主/子窗体显示来自多个表或查询中的字段。

下面以"Northwind.accdb"示例数据库中的"类别"窗体为例，介绍用向导来创建窗体的方法。

"类别"窗体用于增加和编辑产品类别，其中主窗体中显示类别的信息，子窗体中显示对应类别中具体的产品信息。

1）打开"Northwind.accdb"示例数据库，在"创建"选项卡的"窗体"选项组中，单击"其他窗体"按钮，然后选择"窗体向导"选项。

2）在窗体向导的第一个对话框中，选择建立窗体所用数据来源，即确定要让查询或表中的哪些字段显示在窗体上。在该对话框的"可用字段"列表框中，列出所选记录源中的所有字段名，以供创建窗体时选用。"选定字段"列表框中列出已经选中的字段名。如图 5.6（1）所示，在本示例中选择窗体的数据来源分别为"产品"表和"类别"表，并在"产品"表中选择"产品名称"、"类别 ID"、"库存量"、"单位数量"字段。在"产品"表中选择"类别名称"、"图片"、"说明"字段。

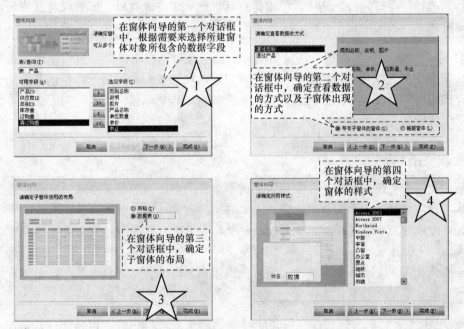

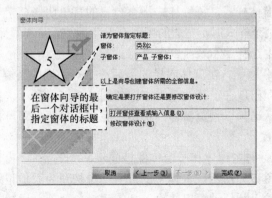

图 5.6　使用窗体向导创建窗体

3）选定字段后，单击"下一步"按钮，在窗体向导的第二个对话框中确定查看数据的方式以及子窗体出现的方式。这里的子窗体指的是插入到另一窗体中的窗体。原始窗体称为主窗体。当显示具有一对多关系的表或查询中的数据时，使用子窗效果更好。例如，在本示例中，如图 5.6（2）所示，在"请确定查看数据的方式"列表框中选择"通过类别"选项，并选中"带有子窗体的窗体"单选按钮，用于显示"类别"表和"产品"表中的数据。因为每一类别可以有多种产品，所以"类别"表和"产品"表之间是一对多关系。"类别"表中的数据是一对多关系中的"一"方，作为主窗体的数据源；"产品"表中的数据是一对多关系中的"多"方，作为子窗体的数据源。如果选中"链接窗体"单选按钮，则子窗体将以单击命令按钮的方式弹出。

 提 示

如果选择"通过产品"选项，即选择通过多方表来查看数据，则系统将以明细的方式显示窗体中的所有字段，其中属于"一"方表中的数据将多次重复显示。

4）单击"下一步"按钮，在窗体向导的第三个对话框中确定子窗体使用的布局。Access 窗体中的数据可以采用多种布局形式显示，如图 5.6（3）所示，单击其中的一种布局方式后，即可在本对话框的左侧看到对应的窗体布局示意。在本示例中选中"数据表"单选按钮。

 提 示

如果是不带有子窗体的单个窗体，则通常会有"数据表"、"表格式"、"纵栏式"和"两端对齐"四种布局方式以供选择。在"布局"栏中选定一种布局方式后，在左边的预览窗口中就会显示该选项对报表外观的影响，用户可以根据自己的需要选择合适的布局方式。

一般情况下，都是将子窗体的"默认视图"属性设置为"数据表"，则当该窗体打开时，只显示窗体中的窗体主体节，而不显示其他的四个窗体节。

5）单击"下一步"按钮，在窗体向导的第四个对话框中确定窗体的样式。Access提供了多种预定义的窗体样式，每种样式都有自己的背景阴影、字号、字体及线条粗细等外观属性。在选择某个样式时，左边的图片会发生改变，从而显示预览效果。如图 5.6（4）所示，在本示例中选择"Access 2003"样式。

6）单击"下一步"按钮，在窗体向导的最后一个对话框中为窗体指定标题。该标题将处于窗体页眉中，即出现在窗体的最上方。如图 5.6（5）所示，在本示例中使用系统默认标题，并保留默认选项以预览窗体。单击"完成"按钮，即可预览到由窗体向导创建的"类别"窗体。

"类别"窗体在运行时主窗体和子窗体保持同步，"产品"子窗体只显示与主窗体中相同类别的产品，如图 5.7 所示。窗体中的最后一个按钮为添加记录的按钮，只要单击此按钮，就可以进入输入新记录窗口并输入新的记录。此外，运行的窗体最左边一列称

为记录选择器，若要想复制一条已有记录到新记录的位置，可以先让要复制的记录出现在窗体上，接着右击其左边的记录选择器，在弹出的快捷菜单中选择"复制"选项，然后单击添加新记录的按钮，最后右击其左边的记录选择器，在弹出的快捷菜单中选择"粘贴"选项即可。若要修改记录，只要在运行的窗体上直接输入新值即可，因为要修改的表/查询一般情况都与窗体中的控件绑定，这样直接修改的值即可反映到表/查询中。

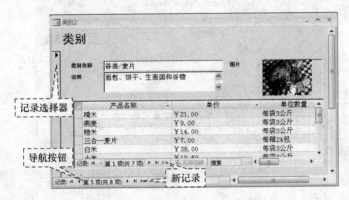

图 5.7　使用窗体向导创建窗体效果

5.2.3　使用空白窗体工具创建窗体

使用空白窗体工具创建窗体，顾名思义，此工具会打开一个新的空白窗体，然后可以根据需要自定义该窗体并设置其格式，尤其是只在窗体上放置几个字段时，这是一种非常快捷的窗体生成方式。

下面以"Northwind.accdb"示例数据库中的"产品列表"窗体为例，介绍使用空白窗体工具创建窗体的方法。

"产品列表"窗体是作为只读窗体，以"连续窗体"的形式显示各产品的信息，包括"产品名称"、"单价"、"单位数量"和"中止"四个字段。

1）打开"Northwind.accdb"示例数据库，在"创建"选项卡的"窗体"选项组中，单击"空白窗体"按钮，如图 5.8（1）所示。Access 在布局视图中打开一个空白窗体，并弹出"字段列表"窗格，其中列出了基础记录源或数据库对象中的全部字段。

2）在"字段列表"窗格中，单击包含要显示在窗体中的字段的表旁边的加号，将各个字段逐个拖动到窗体上，或按住 Ctrl 键的同时选择多个字段，然后同时将所有字段拖动到窗体上。在本示例中选择"产品"表的"产品名称"、"单价"、"单位数量"和"中止"四个字段，如图5.8（2）所示。

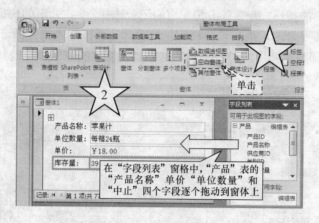

图5.8 使用空白窗体工具创建窗体

3）在导航窗格中右击窗体名称，然后单击"设计视图"按钮，切换到窗体的设计视图中来设置窗体的相关属性。

提 示

在窗体的布局视图的"格式"选项卡中，可以使用"控件"选项组中的工具向窗体中添加徽标、标题、页码或日期/时间。但若要向窗体中添加更多种类的控件，或需要设置窗体及控件的属性，则需要切换到窗体的设计视图下完成。

4）进入窗体的设计视图，双击左上角的窗体选定器，系统弹出窗体的"属性表"窗格，首先设置窗体的格式属性，如图5.9所示。

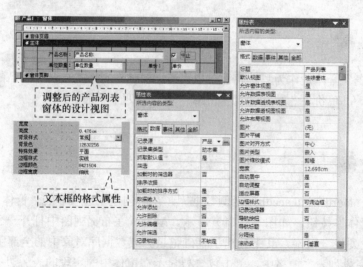

图5.9 "产品列表"窗体

将窗体的"默认视图"属性设置为"连续窗体";将"滚动条"属性设置为"只垂直";将"记录选择器"属性设置为"否",如果保留默认值为"是",则会在选中的记录前出现黑色的小三角;将"导航按钮"属性设置为"否",如果保留默认值为"是",则会在窗体的底部出现一个导航栏;将"分隔线"属性设置为"是",但在单个窗体中,一般都不用分隔线;其他窗体属性都使用默认值。

5)在窗体"属性表"窗格的"数据"选项卡中,设置窗体数据的来源和其他与数据有关的属性。为了避免用户在使用窗体查看记录的过程无意中修改表的内容,则将本窗体设计为"只读"窗体,即只提供查阅,不允许修改。因此,需将"允许编辑"、"允许删除"、"允许添加"、"数据输入"各属性都设置为"否"。

6)设置主题的"背景色"为浅灰色,然后设置文本框的格式,可以按住 Shift 键,并同时选中几个文本框,这样可以同时设置相同的属性,设置文本框的"特殊效果"为"平面","边框颜色"为深灰色,"背景色"为浅灰色。当然也可以先设置好一个,然后用格式刷,对其他的控件进行同样设置。

7)调整窗体上各控件的布局与大小,整个窗体调整合适后如图 5.9 所示。

8)单击快速访问工具栏中的"保存"按钮,在弹出的"另存为"对话框的"文件名"文本框中,输入"产品列表"作为新对象名。

5.2.4 使用设计视图创建窗体

在利用向导创建窗体时,每个控件的类型和属性都是由系统决定的,而在设计视图中,每个控件都可以由用户自己创建和修改,还可以修改已创建的窗体。设计视图提供了最灵活的创建窗体的方法。实际上,设计视图创建窗体的过程就是选择不同的控件,为每个控件设计不同属性和事件的过程。

下面以"Northwind.accdb"示例数据库中的"产品"窗体为例,介绍使用设计视图创建窗体的一般过程。

"产品"窗体用于浏览、编辑及录入产品数据,同时窗体上提供预览"产品列表"报表功能,并且可以将产品列表输出为 HTML 格式。

1)打开窗体设计视图。打开"Northwind.accdb"示例数据库,在"创建"选项卡的"窗体"选项组中,单击"窗体设计"按钮,即可进入窗体的设计视图,默认只显示主体部分。选择快捷菜单中的"窗体页眉/页脚"选项,就可以看到如图 5.10 所示的窗体全貌。

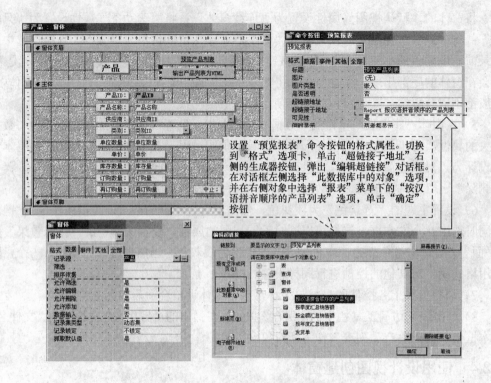

图 5.10　使用设计视图创建窗体

2）确定窗体数据源。双击设计视图左上角标尺相交处的方框，打开如图 5.10 所示的属性窗口，把窗体的"记录源"设置为"产品"表。

3）在窗体上添加控件。从"控件"选项组中选择标签、按钮等控件添加到窗体页眉中，然后直接从"字段列表"窗格中将"产品"表的各个字段拖动到窗体的主体节中，再调整位置与格式，即可得到如图 5.10 所示的窗体界面。

4）设置对象的属性。在窗体设计视图中的对象有三类，即窗体、节和控件。

首先切换到窗体的"属性表"窗格，设置窗体的数据属性。切换到"数据"选项卡，将"允许编辑"、"允许删除"、"允许添加"属性都设置为"是"，在这里可以对比上一节中只读窗体"产品列表"中相关属性的设置；"数据输入"属性设置为"否"，如果设置为"是"，则在运行窗体时，将不会显示已经存在的记录，而直接为输入状态，而且导航栏里也不会显示原来数据库中有多少条记录，即用户只有权限修改本次录入的数据而已。

再切换到"格式"选项卡，设置窗体的格式属性。将窗体的"默认视图"属性设置为"单个窗体"；将"导航按钮"属性设置为"是"，将"记录选择器"属性设置为"否"，将"滚动条"属性设置为"两者均无"。

然后切换到"产品 ID"文本框的"属性表"窗格，将"可用"属性设置为"否"，"是否锁定"属性设置为"是"，这是因为这个字段不用用户来输入或者修改，而是系统自动产生的流水号。

最后，设置窗体页眉中的两个命令按钮。首先是"预览报表"命令按钮，在单击这个按钮时会打开"按汉语拼音顺序的产品列表"报表。设置"预览报表"命令按钮的格式属性，切换到"格式"选项卡，这里用到的是"超链接子地址"的功能，设置时可以单击"超链接子地址"右侧的生成器按钮，如图 5.10 所示，打开"编辑超链接"对话框。在对话框左侧选择"此数据库中的对象"选项，并在右侧对象中选择"报表"菜单下的"按汉语拼音顺序的产品列表"选项，单击"确定"按钮。

📖 **提　示**

> "格式"属性中还有一个"超链接地址"选项，它的用法与"超链接子地址"的用法一样。它们的区别在于"超链接地址"一般是链接外部文件，如一个网页地址或者一篇文档等，而"超链接子地址"则可以对链接地址再进行具体化，如一篇文档中的某个具体的书签处，或一个工作簿中的某个具体的工作表等。

"输出产品列表为 HTML"命令按钮的功能是利用编程方式实现的，将在下一章中具体讨论。

5）查看窗体的设置效果，保存窗体对象。

通过上面几步，就完成了"产品"窗体的界面设计，运行效果如图 5.11（1）所示。

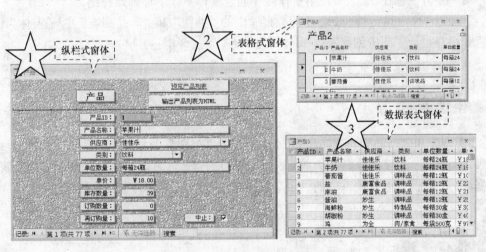

图 5.11　窗体的三种格式

📖 **提　示**

> 如图 5.11（1）所示的产品窗体每次只显示一条记录，称为纵栏式窗体。纵栏式窗体是窗体的默认格式，另外还有两种窗体格式，即表格式和数据表式。表格式窗体在同一画面显示多条记录，它的最上面一行是字段名称，接下来连续显示数据记录，如图 5.11（2）所示。数据表式窗体则以类似于数据表的行列形式显示数据，如图 5.11（3）所示。

5.3 高级窗体

5.3.1 子窗体

若两个表之间存在一对多关系，则可以通过公用字段将它们关联起来，并使用主窗体和子窗体来显示两表中的数据，即在主窗体中使用"一"方的表作为记录源，在子窗体中使用"多"方的表作为记录源，在主窗体中移动当前记录时，子窗体就会显示与主窗体当前记录相关的记录信息。

 **提 示**

在建立子窗体前，一定要检查表之间的正确关系是否已经建立。没有合理的关系，建立相关信息的子窗体是不可能的。

创建主/子窗体有两种方法，第一种是使用向导同时建立主窗体和子窗体；第二种是先建立主窗体，然后利用设计视图添加子窗体。

第一种方法已在 5.2.2 节使用窗体向导创建窗体中作了详细地介绍。

下面以"Northwind.accdb"示例数据库中的"类别"和"产品列表"主/子窗体为例，重点介绍在设计视图中创建主/子窗体的方法。

"类别"和"产品列表"主/子窗体用于显示"类别"表和"产品"表中的数据，两个表之间具有一对多关系。"类别"表是关系中的"一"方，在主/子窗体中作为主窗体数据源；"产品"表是关系中的"多"方，在主/子窗体中作为子窗体数据源。

1）在"窗体"对象组中设计一个"产品列表"窗体，如图 5.12（1）所示。

2）设计"类别"主窗体，如图 5.12（2）所示。

3）在"控件"选项组中选择"子窗体/子报表"控件，将其放置在如图 5.12（3）所示的"类别"主窗体的下部。系统自动弹出如图 5.12（3）所示的"子窗体向导"对话框。

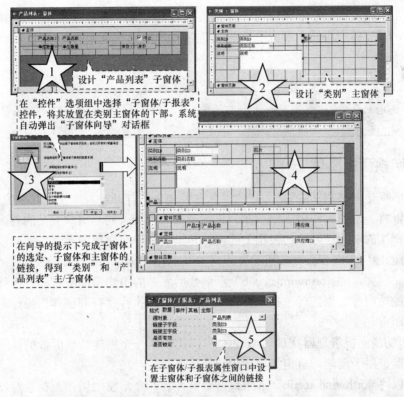

图 5.12　在设计视图中创建主/子窗体

 提　示

　　在确保"控件"选项组中的"使用控件向导"按钮按下后，通过单击"控件"选项组中某一控件按钮，并使用该控件向导来创建控件。

　　4）在向导的提示下完成子窗体的选定、子窗体和主窗体的链接，得到如图 5.12（4）所示的"类别"和"产品列表"主/子窗体。

　　5）主/子窗体运行同步的基础是主窗体和子窗体之间的链接，这个链接可以在子窗体向导的引导下实现，也可以在如图 5.12（5）所示的子窗体/子报表属性窗口中自主设置。

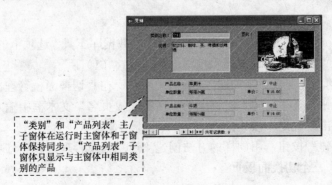

图 5.13　在设计视图中创建主/子窗体效果

链接主字段及链接子字段均为"类别 ID"字段，当主窗体中的"类别 ID"字段发生改变时，子窗体中将显示对应"类别 ID"字段的数据内容如图 5.13 所示。

提 示

除了用"子窗体/子报表"控件工具，也可以直接在窗体中选中"产品列表"，把它拖入"类别"主窗体的设计窗体，同样可以生成子窗体。

5.3.2 切换面板窗体

切换面板是一种特殊的窗体，它的设置主要是为了打开数据库中的其他窗体和报表。因此，可以将一组窗体和报表组织在一起，形成一个统一的与用户交互的界面，而不需要一次又一次的单独打开和切换相关的窗体和报表。切换面板的实现方式有以下两种。

1）用创建包含许多命令按钮的窗体来实现。用户单击不同的命令按钮，可以打开相应的窗体。例如，"Northwind.accdb"示例数据库中的主切换面板窗体。窗体上的命令按钮用"控件向导"创建，选择"窗体操作"类别，执行"打开窗体"操作，选择需打开的窗体即可。

2）用切换面板管理器实现。Access 专门提供了一个创建切换面板的向导——切换面板管理器，用于创建、自定义和删除切换面板。

下面以"Northwind.accdb"示例数据库中为例，介绍使用切换面板管理器创建切换面板的方法。

切换面板是用户与系统进行交互的主要通道，一个功能完善、界面美观、使用方便的用户界面，可以极大地提高工作效率。

操作步骤

1）打开"Northwind.accdb"示例数据库，在"数据库工具"选项卡的"数据库工具"选项组中，单击"切换面板管理器"按钮，如图 5.14（1）所示。

2）创建新的切换面板页。如图 5.14（2）所示，在"切换面板管理器"对话框中，单击"新建"按钮，在"新建"对话框的"切换面板页名"文本框中输入"罗斯文商贸管理系统"，单击"确定"按钮。

再单击"新建"按钮，用同样的方法创建"产品信息管理"、"订单信息管理"、"客户信息管理"三个切换面板页。

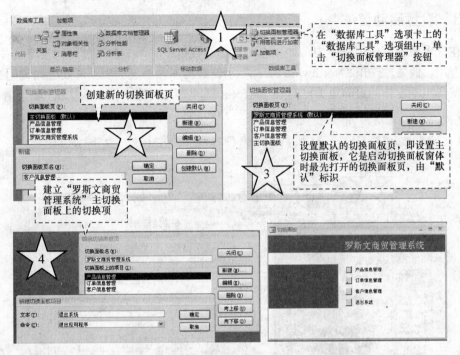

图 5.14　使用切换面板管理器创建切换面板

3）在"切换面板管理器"对话框中，设置默认的切换面板页，即设置主切换面板，它是启动切换面板窗体时最先打开的切换面板页，由"默认"标识，如图 5.14（3）所示。

4）建立"罗斯文商贸管理系统"主切换面板上的切换项。如图 5.14（4）所示，选择"罗斯文商贸管理系统（默认）"选项，单击"编辑"按钮，弹出"编辑切换面板页"对话框。

在"编辑切换面板页"对话框中，单击"新建"按钮，弹出"编辑切换面板项目"对话框。在"文本"文本框中输入"产品信息管理"，在"命令"下拉列表中选择"转至'切换面板'"选项，在"切换面板"对话框选中"产品信息管理"复选框，单击"确定"按钮。于是在"罗斯文商贸管理系统"主切换面板下创建了"产品信息管理"切换项。

用同样的方法创建"订单信息管理"、"客户信息管理"切换项。

最后单击"新建"按钮，在"文本"文本框中输入"退出系统"，在"命令"下拉列表中选择"退出应用程序"选项，单击"确定"按钮。

单击"关闭"按钮，返回"切换面板管理器"对话框。

5）创建主切换面板中每个切换面板项目的下一级切换项。选择"产品信息管理"选项，单击"编辑"按钮。

6）创建"订单信息管理"、"客户信息管理"切换面板下的切换项。

7）单击"关闭"按钮，返回数据库窗口。Access 自动命名切换面板窗体为"切换面板"，同时自动创建一个名为"Switchboard Items"的表。注意，此表不可删除，否则切换面板窗体将不能打开。

5.3.3 设置启动窗体

在许多数据库应用程序中，如果在每次打开数据库时都能自动打开同一个窗体，将会很有用。例如，打开"Northwind.accdb"示例数据库时出现的数据库及公司说明窗体。设置默认启动窗体的最简单方法是在"Access 选项"对话框中指定默认窗体，如图 5.15 所示。

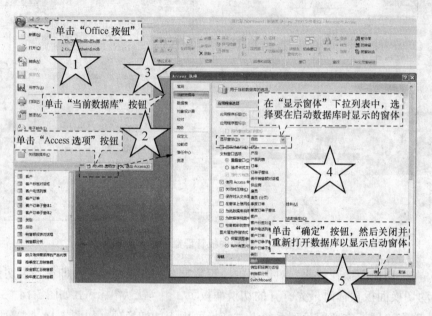

图 5.15　设置启动窗体

 **提　示**

若要绕过此选项和其他启动选项，请在启动数据库的同时按住 Shift 键。

5.3.4 设置弹出式窗体

弹出式窗体始终显示在其他已打开的数据库对象的上方，即使另一个对象正处于活动状态。

弹出式窗体分为无模式弹出式窗体和模式弹出式窗体。

1. 无模式弹出式窗体

打开无模式弹出式窗体，可以访问其他对象和菜单命令。无模式弹出窗体停留在其他窗口的上面，但可以在不关闭该窗体的情况下将焦点移到另一个窗口中。例如，在"Northwind.accdb"示例数据库中，单击"供应商"窗体中的"回顾产品"命令按钮，即可打开一个无模式弹出式窗体来显示"供应商"窗体中当前供应商提供的产品。

创建方法：在设计视图中打开窗体，双击窗体选择器，弹出"属性表"窗格，在"弹出方式"属性框中，选择"是"选项。

2. 模式弹出式窗体

模式弹出式窗体也称为自定义对话框。例如，"Northwind.accdb"示例数据库中的各年销售额对话框窗体。在除窗体视图之外的视图中打开模式弹出式窗体时，除非关闭了窗体，否则无法访问其他任何对象或菜单命令。

创建方法是在设计视图中打开窗体，双击窗体选择器，弹出"属性表"窗格，在"弹出方式"属性框中，选择"是"选项，在"模式"属性框中，选择"是"选项。

小 结

在 Access 数据库中，窗体是一种主要用于输入和显示数据的数据库对象，也可以将窗体用作切换面板来打开数据库中的其他窗体和报表，还可以用作自定义对话框来接收用户的输入及根据输入执行操作。

Access 窗体的结构包括五个称为节的部分，即窗体页眉、页面页眉、主体、窗体页脚、页面页脚。程序开发人员用窗体作容器，以控件为工具，不仅可以设计出符合用户需要的界面，还可以通过使用宏或 VBA 为在窗体或控件上发生的事件添加自定义的事件响应，从而实现用户的业务逻辑流程处理。

窗体上各个控件都有自己的属性，其中最重要的是控件来源属性。根据控件与数据源之间的关系，Access 控件可以分为三种类型，即绑定型控件、非绑定型控件和计算型控件。

子窗体是插入到另一窗体中的窗体。原始窗体称为主窗体，主窗体中的窗体称为子窗体。当显示具有一对多关系的表或查询中的数据时，使用子窗体效果更好。

习 题

一、单选题

1. 在 Access 中，以下控件中的（   ）允许用户在运行时输入信息。
   A. 标签　　　　　　　　　　B. 文本框
   C. 直线　　　　　　　　　　D. 列表框
2. 以下关于窗体的叙述错误的是（   ）。
   A. Access 的窗体结构和 VB 的窗体结构相同
   B. 窗体中的数据来源可以包含一个或者多个数据表的数据
   C. 窗体中的每一个控件也都具有各自的属性
   D. 窗体及控件属性的设置，只能在窗体设计视图环境下进行，在运行状态下不能进行

3. 可以作为窗体记录源的是（　　　）。
  A. 表   B. 查询
  C. SQL 语句   D. 表、查询或 SQL 语句
4. 以下关于列表框和组合框的叙述正确的是（　　　）。
  A. 列表框和组合框可以包含一列或几列数据
  B. 可以在列表框中输入新值，而组合框不能
  C. 可以在组合框中输入新值，而列表框不能
  D. 在列表框和组合框中均可以输入新值
5. 若要求在文本框中输入文本时达到密码 "*" 符号的显示效果，则应设置的属性是（　　　）。
  A. 默认值属性   B. 标题属性
  C. 密码属性   D. 输入掩码属性

二、填空题

1. 控件分为三种类型：_____、_____和_____。
2. 要改变窗体上文本框控件的数据源，应设置的属性是_____。
3. 计算控件的控件来源属性一般设置为_____开头的计算表达式。
4. 在显示具有_____关系的表或查询中的数据时，使用子窗体效果更好。

三、思考题

1. 为什么创建完切换面板，运行时会出错？
2. 为什么删除了原有的 "切换面板" 窗体，重新创建后，却找不到新的 "切换面板" 窗体？

第 6 章

报 表

本章要点

　　报表可以把来自不同表、查询中的数据结合起来，并以指定的格式打印输出。因为能够控制报表上所有内容的大小和外观，所以可以按照所需的方式显示需查看的信息。报表设计和窗体设计几乎一样，但其中也略有差别，这主要是因为两种对象有不同的作用。报表主要用来打印输出数据，但无法在报表窗口模式中修改数据；而窗体恰好相反，除了美化输入界面之外，主要用于维护数据记录。所以，报表通常会涉及数据的汇总，对格式有一些特别的要求。

本章内容主要包括：

➢　报表的视图
➢　报表的结构
➢　标签报表
➢　多列报表
➢　分组统计报表
➢　子报表
➢　报表快照

6.1 报表概述

数据库的打印工作是通过报表对象实现的，报表的主要功能是根据需要将数据库中的有关数据提取出来进行整理、分类、汇总和统计，并以用户要求的格式打印出来。

同窗体一样，报表本身不存储数据，它的数据来源于表、查询和 SQL 语句，只是在运行时将信息收集起来，然后用各种控件来显示这些数据。

如图 6.1 所示，用户可以将"发货单"报表与其记录源（即"发货单"查询）来进行比较来体会报表的作用。报表和查询都按"订单 ID"对订单进行排序，但是报表在单独的页面打印每张发货单，并在每一页的开头显示公司名称、公司 LOGO、报表名、公司地址、电话、传真和日期等信息，并且在每一页的结尾计算并打印输出每一份发货单的小计金额与发货单合计金额。

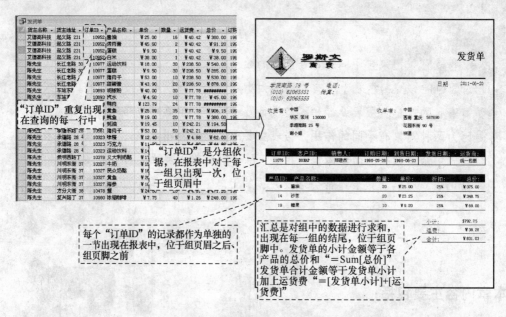

图 6.1 "发货单"报表与"发货单"查询的比较

 提 示

报表和窗体有许多共同之处：它们的数据来源都是表、查询和 SQL 语句，创建窗体时所用的控件基本上都可以在报表中使用，设计窗体时所用到各种控件操作也同样可以在报表的设计过程中使用。

报表与窗体的区别在于用途不同：窗体主要用于数据的输入和与用户的交互，而报表主要用于按照指定的格式来打印输出数据，不能在报表中输入数据。

6.1.1 报表的视图

用户可以通过多种方式来查看报表，具体采用哪种方法取决于用户希望使用报表及其数据实现什么目的。

1. 报表视图

在导航窗格中双击报表时，所使用的默认视图为报表视图。如果要在打印之前对报表上所显示的数据进行临时更改，或者要将数据从报表复制到剪贴板上，或者直接对报表应用筛选器来仅显示所需的行，都可以使用报表视图。

报表视图只是为报表提供了一个概要视图，但是它并没有显示页边距、页码以及打印预览。要很好地了解报表在打印时的效果，可右击报表的标题栏，然后从弹出的快捷菜单中选择"打印预览"选项。

2. 打印预览

如果只是要查看报表打印时的效果，可使用打印预览视图。在打印预览视图中，可以查看将在报表每页上显示的数据；可以使用工具栏上的按钮在单页、双页或多页方式之间切换，也可以改变报表的显示比例。对于多页报表，还可以使用"打印预览"窗口左下角的导航按钮在多页之间进行切换。

3. 布局视图

布局视图是用于修改报表的最直观的视图。在布局视图中，可以设置列宽、添加分组级别或执行几乎所有其他影响报表的外观和可读性的任务。采用布局视图的好处是可以在对报表进行修改的同时立即看到所做的更改对数据显示产生的影响。

虽然在布局视图中报表正在运行，但是在其中看到的报表并不与打印的报表完全相同。例如，布局视图中没有分页符。此外，如果已经使用"页面设置"设置了报表中列的格式，则这些列将无法在布局视图中显示。同时，某些任务不能在布局视图中执行，需要切换到设计视图执行。在某些情况下，Access 将显示一条消息，通知用户必须切换到设计视图才能进行特定的更改。

4. 设计视图

设计视图类似于一个工作台，将报表分为不同的"节"。每个节中的控件将被 Access 以不同的方式处理。设计视图提供了比布局视图更为丰富的工具，用户可以在其中完成创建和编辑报表结构的所有工作。

 **提 示**

Access 提供了在视图之间切换的多种方法。如果报表已经打开，则可以通过执行下列操作之一来切换至其他视图。

　　1）右击导航窗格中的报表，然后在弹出的快捷菜单上选择所需的视图。

　　2）右击报表的"文档"选项卡或标题栏，然后在弹出的快捷菜单上选择所需的视图。

　　3）在"开始"选项卡的"视图"选项组中，单击"视图"按钮在可用的视图之间切换。或者单击"视图"下拉按钮，然后从其下拉列表中选择一个可用的视图。"打印预览"在此菜单上不可用。

　　4）右击报表自身的空白区域，然后在弹出的快捷菜单上选择所需的视图。如果是在设计视图中打开报表，则必须右击设计网格的外部。

　　5）单击 Access 状态栏上的某个小视图图标。

6.1.2　报表的结构

　　在设计视图中查看报表的组成结构，可以发现报表和窗体类似，也是按五个节来设计的。另外，在报表分组显示时，还可以增加相应的组页眉和组页脚。组页眉和组页脚的数量随有无分组和分组层数的多少而定，其名称也随具体分组字段而定。

　　（1）报表页眉

　　报表页眉中的内容仅在整个报表开始处显示一次，是对整份报表的概括，一般用于设置可能出现在封面上的信息，如报表的标题、公司 LOGO、打印日期和使用说明等信息。

　　（2）页面页眉

　　页面页眉中的内容显示在每一页的顶部，一般用于设置每一页中数据的列标题。

　　（3）主体

　　主体中的内容对于报表记录源中的每一行记录会重复一次，是报表中显示数据的主要区域。

　　（4）页面页脚

　　页面页脚中的内容显示在每一页的结尾，一般用于设置页码或每一页的特定信息。

　　（5）报表页脚

　　与报表页眉相反，报表页脚中的内容仅在整个报表的底部显示一次，一般用于设置可能出现在封底上的信息，如用来显示整个报表的统计数据（总计、平均值）、日期和说明性文字等信息。

　　在设计视图中，报表页脚显示在页面页脚的下方。但是，在打印或预览报表时，在最后一页中报表页脚位于页面页脚的上方，在最后一个组页脚或明细行之后。

　　报表的结构如图 6.2 所示。

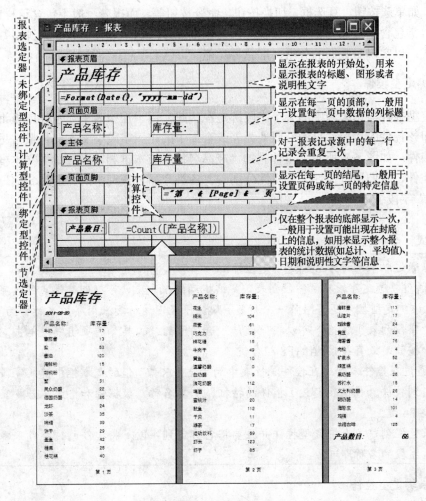

图 6.2 报表的结构

 提 示

在默认方式下，报表的每一页由主体、页面页眉和页面页脚组成。可以通过选择快捷菜单中的"页面页眉/页脚"和"报表页眉/页脚"选项来显示和隐藏报表设计视图中的"页面页眉/页脚"和"报表页眉/页脚"。

报表和页面页眉/页脚作为一对同时添加。如果不需要页眉或页脚，可以将此节属性中的"可见性"属性设置为"否"，或使用鼠标拖动该节的大小使其高度调整为"0"。注意：如果删除页眉或页脚节，就会丢失节中原有的所有控件。

6.1.3 报表的控件

与窗体对象相同，根据控件与记录源之间的关系，报表中的控件也可以分为绑定型控件、未绑定型控件和计算型控件。但是在窗体中可以包含更多的具有交互性操作功能的控件，如单选按钮、复选框、切换按钮、命令按钮等，而报表一般不包含这样的控件，报表中常常包含更多具有复杂计算功能的文本框控件，这些控件的数据来源多数为复杂的表达式，以实现对数据的分组、汇总等功能。

1. 绑定型控件

绑定型控件与记录源中的某个字段绑定在一起，用于在报表中显示表或查询中的字段值，即该控件的"控件来源"属性为表或查询中的相应字段。文本框是最常见的一类绑定型控件。如图 6.2 所示，主体区的"产品名称"文本框和"库存量"文本框都属于绑定型控件，它们通过控件来源属性分别与"各类产品"查询中的"产品名称"字段和"库存量"字段绑定。

 **提 示**

可以通过以下两种方式创建绑定控件：

1）通过将选定字段从"字段列表"窗格拖动到报表上，可以创建绑定到该字段的控件。同时该绑定型控件还将附带一个标签，默认情况下该标签采用字段名称作为其标题。要显示"字段列表"窗格，可以在"设计"选项卡的"工具"选项组中，单击"添加现有字段"按钮，或直接按 Alt+F8 组合键。

2）通过在控件本身或在控件属性表中的"控件来源"值的文本框中键入字段名来将字段绑定到控件。属性表定义了控件的特征，如其名称、数据源和格式。若要显示属性表，可按 F4 键。

如果已经创建了未绑定型控件并且要将它绑定到字段，将控件的"控件来源"属性设置为该字段的名称即可。

2. 未绑定型控件

未绑定型控件即无控件来源（字段或表达式）的控件。使用未绑定型控件可以显示信息、线条、矩形和图片。如图 6.2 所示，"产品库存"标签、"产品名称："标签和"库存量："标签等就是未绑定型控件，只起提示作用。但是标签在不同的节中所表达的含义不一样。"产品库存"标签处于报表页眉节，表明整个报表的意义，只会出现在打印的第一页中。"产品名称："标签处于页面页眉，它一般是针对主体区的数据给出提示，所以出现在打印的每一页的顶部。

3. 计算型控件

计算型控件的控件来源是表达式而不是字段，当表达式的值发生变化时，会重新计算结果并输出显示。文本框控件是报表中最常用的计算型控件，大致可以分成下面几类。

1）日期控件：一般处于报表页眉，显示报表打印日期。如图 6.2 所示，报表页眉的日期计算型控件。它是通过把文本框的控件来源设置为表达式 =Format(Date(),"yyyy-mm-dd")来实现的。其中 Date()函数是 Access 提供的当前日期函数，Format()函数定义日期输出格式，"="是计算型控件表达式起始符号。Access 中还有一个常用的日期函数 Now()，用于显示系统当前日期和时间。

2）页码控件：一般处于页面页眉，显示打印页号。如图 6.2 所示，页面页眉的页码计算型控件。它是通过把文本框的控件来源设置为表达式 = "第" & [Page] & "页"来实现的。其中 Page 函数是 Access 页码函数，"&"是字符串连接运算符。在 Access 中，与页码相关的函数还有 Pages，其作用是获得总页数。

3）汇总控件：对报表中的某些字段的一组记录或所有记录进行求和或求平均值等汇总运算。这种形式的计算一般是对报表字段列的纵向记录数据进行统计。在列方向进行统计时，可以使用 Access 提供的内置聚合函数来完成相应的计算操作。例如，Avg 函数、Sum 函数、Count 函数等。

 **提 示**

> 汇总计算型控件的汇总范围是由其所在的节来决定的。如果放在报表页眉/页脚则对整个报表汇总；如果放在组页眉/页脚则每次汇总都是以一个分组为单位；如果放在主体则对整个报表汇总，不过会多次重复显示；一般不放在页面页眉/页脚。如图 6.2 所示，"产品数目："所使用的汇总公式是 "=Count（[产品名称]）"，即 Count 函数对字段"产品名称"计数。因为将其放置在报表页脚中，则"产品数目"得到的是全部产品的数目，计数范围为整个报表。如果将同一个汇总计算控件放置在"类别名称"组页脚中，则会得到各类别产品的数目，计数范围为每个类别分组。

4）算术运算控件：一般处于主体节，是对每一个记录单独进行的计算。例如，在控件来源中使用表达式 "= [数量] * [价格]"得到每个产品记录的金额。

 **提 示**

> 使用以下两种方式可以向报表中添加计算控件：
>
> 1）右击文本框控件，在弹出的快捷菜单中选择"属性"选项，弹出该控件的"属性"窗口，在"数据"选项卡的"控件来源"属性框，键入以等号"="开头的表达式。
>
> 2）在报表的设计视图窗口中，双击文本框控件，进入文本框控件的文本编辑状态，此时，可以在文本框中直接输入以等号"="开头的表达式。

6.2 创 建 报 表

Access 提供了五种创建报表的方法：使用报表工具、使用报表向导、使用标签向导、使用空报表工具和使用设计视图。一般情况下，在创建报表时，可以先使用"报表工具"或"报表向导"等功能快速生成报表，完成报表的初始设计，然后在设计视图或布局视图中对已创建报表的功能及外观进行修改和完善，这样可提高报表设计的效率。

6.2.1　使用报表工具创建报表

使用报表工具是创建报表的最快方式，只需一步即可为选择的单个表或查询生成报表。虽然报表工具可能无法直接创建满足最终需求的报表，但所生成的报表将显示单个记录源中的所有字段，这对于迅速查看基础数据极其有用。系统会根据其记录源的字段数量自动安排布局，使报表在默认的页面设置里尽量将所有字段排列整齐。随后仍可在布局视图或设计视图中对其进行修改，以使报表更好地满足需求，如图 6.3 所示。

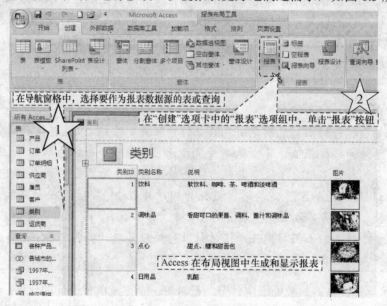

图 6.3　使用报表工具创建报表

查看报表之后，即可保存报表，然后关闭报表以及作为其记录源的基础表或查询。下次打开报表时，Access 将显示记录源中最新的数据。

6.2.2　使用报表向导创建报表

使用向导创建报表，可以通过系统提供的一系列对话框，输入自己的设计思想，依靠系统自动完成报表的设计。创建的报表对象可以包含多个表或查询中的字段，并可以进行记录分组、排序、计算各种汇总数据的操作。

下面以"Northwind.accdb"示例数据库中的"按汉语拼音顺序的产品列表"报表为例，介绍用报表向导来创建报表的方法。

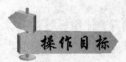

"按汉语拼音顺序的产品列表"报表以产品名称的第一个字母进行分组，并显示产品的名称、类别名称、单位数量和库存量等信息。

1）打开"Northwind.accdb"示例数据库，在"创建"选项卡的"报表"选项组中，单击"报表向导"按钮，Access 将弹出"报表向导"对话框。

2）在"报表向导"对话框中，选择建立报表所用数据来源，也称为报表的记录源，即确定查询或表中的哪些字段显示在报表上。在该窗口的"可用字段"列表框中，列出所选记录源中的所有字段名，供创建报表时选用。"选定字段"列表框中列出已经选中的字段名。如图 6.4（1）所示，在本示例中选择报表的数据来源为"按汉语拼音顺序的产品列表"查询，并选择"产品名称"、"类别 ID"、"单位数量"、"库存量"字段。

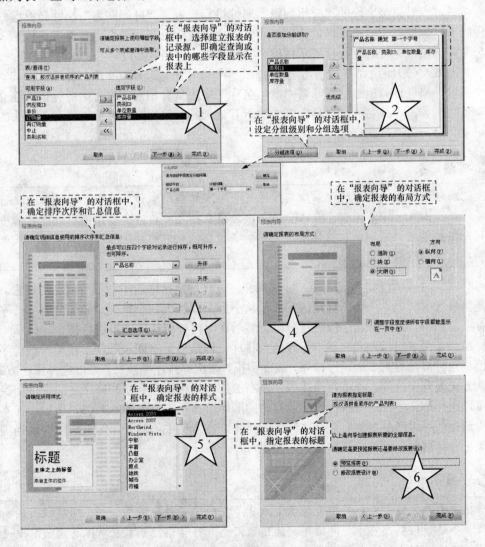

图 6.4　使用报表向导创建报表

 **提示**

　　如果要在报表中包含多个表和查询中的字段，在"报表向导"对话框中从第一个表或查询中选择字段之后，不要单击"下一步"或"完成"按钮，而是重复上述步骤来选择表或查询，然后选择报表中要包含的任何其他字段，然后单击"下一步"或"完成"按钮继续操作。

　　3）选择字段后，单击"下一步"按钮，进行设定分组级别的设置。这里的分组指的是在报表中以某一字段为标准，将所有该字段值相同的记录作为一组来生成报表。在"报表向导"对话框中，＞ 按钮和 ＜ 按钮分别用来添加和删除分组字段（双击字段名也可）。 按钮和 按钮用来对分组字段的优先级进行调整。选择分组字段后，单击"分组选项"按钮可以对组级字段的"分组间隔"属性进行设置。"分组间隔"属性会根据分组字段的不同数据类型给出不同的选项。对文本型字段，分组间隔有"普通"、"第一个字母"等选项。"普通"选项表示按整个字段值进行分组。

　　如图 6.4（2）所示，在本示例中选择以"产品名称"为分组字段，并选择以其"第一个字母"来进行分组。这意味着"产品名称"字段具有相同首字母的所有记录都会作为一组。例如，产品名称以"白"开头的所有记录是一组，产品名称以"海"开头的所有记录又是一组，以此类推。

 提示

　　记录分组是把报表中的记录信息按照某个字段的各个取值划分成不同的组来进行统计操作并输出统计信息。组可以嵌套，可以为报表指定多达四个分组字段，即在组中再进行分组。单击"优先级"按钮可改变各个字段在报表中的分组顺序。为分组字段选择的顺序就是分组级别的顺序。

　　4）设定好分组后，单击"下一步"按钮，进行确定排序次序和汇总信息的设置。排序是将报表中的记录按照所指定的字段值从小到大或从大到小排列。如果分组与排序同时存在，则将首先按分组字段进行分组，然后在组内按照排序字段进行排序。

　　Access 最多可按四个字段对记录进行排序，即最多可有四级顺序，在第一级排序字段值相同时再按照第二级顺序排序，以此类推。在选择排序字段后，可以选择排序方式。默认方式为升序排列，单击每个排序字段右边的按钮可以在升序和降序之间进行切换。也可以选择不排序，这时将按照记录存储的顺序输出报表。如图 6.4（3）所示，在本示例中选择按照"产品名称"进行"升序"排序。在本例中不涉及"汇总选项"，当需要分类汇总数据时，可单击该按钮进行设置。

 提示

　　报表向导只能对数据类型是数值型或货币型的字段进行汇总，如果所建报表的所有字段都不是数值型或货币型，则不会弹出"汇总"对话框。如果在"汇总选项"中设定了汇总内容，则向导通常会在"组页眉"或"组页脚"节中放置对分组汇总的计算字段，在"报表页眉"或"报表页脚"节中放置对报表记录源的所有记录汇总的计算字段。

5）设置好排序字段后，单击"下一步"按钮，确定报表的布局方式。

在"布局"选项组中选择一种布局方式后，在"报表向导"对话框左边的预览窗口中就会显示该选项对报表外观的影响，用户可以根据自己的需要选择合适的布局方式。如图6.4（4）所示，在本示例中选择"大纲"式布局且方向为"纵向"式。

6）单击"下一步"按钮，进行确定报表样式的设置。Access 提供了多种预定义报表样式，每种样式都有自己的背景阴影、字号、字体及线条粗细等外观属性。当选择某个样式时，"报表向导"对话框左边的图片会发生改变，从而显示预览效果。如图6.4（5）所示，在本示例中选择"Access 2003"样式。

 提 示

使用设计视图打开报表时，可以选择 Access 功能区的"排列"选项卡中的"自动套用格式"选项组中选项来自定义样式或添加自己的样式。

7）单击"下一步"按钮，进行为报表指定标题的设置。该标题只在报表开始出现一次，而不会出现在每一页的顶部。如图6.4（6）所示，在本示例中使用系统默认标题"按汉语拼音顺序的产品列表"。

在该对话框中还可以选择结束报表向导后是"预览报表"还是"修改报表设计"。如果对报表无特殊要求，可以直接预览由报表向导生成的报表，如果不满足于报表向导提供的功能，可以选中"修改报表设计"单选按钮，进入报表设计视图，对由报表向导生成的报表进行修改。

8）如图6.5所示，在本示例中保留默认选项以预览报表。单击"完成"按钮，即可预览到由报表向导创建的"按汉语拼音顺序的产品列表"报表。

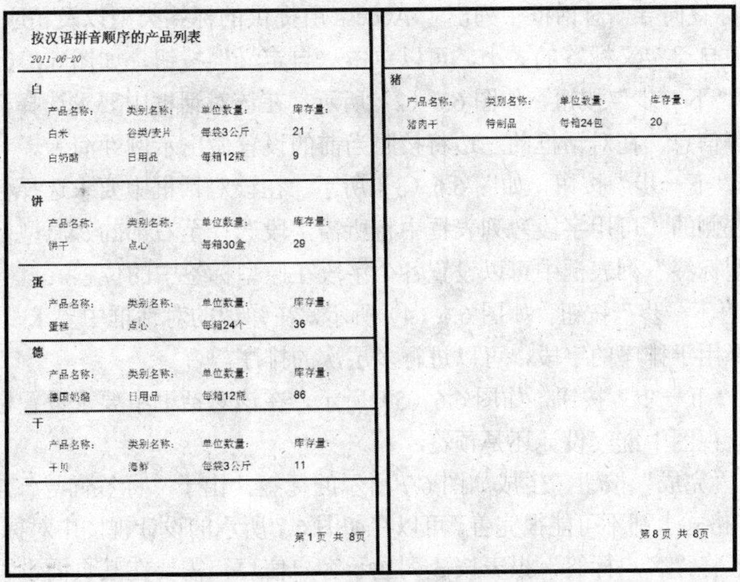

图6.5 "按汉语拼音顺序的产品列表"报表

6.2.3　使用标签向导创建标签

标签实际上是一种简化的报表，最常见的用途是"邮件标签"，如从数据库中获得客户的信息，将邮编、客户地址、客户名等打印成信封上的标签（或直接打印成信封）。

一般来说，用户可先使用标签向导创建基于一个表或查询对象中的各种标准大小的标签，然后在该报表的设计视图中对标签的外观进行自定义设计，这样可以加快标签报表的创建过程。

下面就以"Northwind.accdb"示例数据库中的"客户标签"报表为例，介绍用使用标签向导创建标签的方法。

"客户标签"报表从数据库中的"客户"表中获得客户的信息，将邮编、客户地址、客户名称等制作成信封上的标签。

1）打开"Northwind.accdb"示例数据库，在导航窗格中，双击要作为标签记录源的表或查询打开它。在本示例中选择"客户"表作为数据来源，然后在"创建"选项卡的"报表"选项组中，单击"标签"按钮弹出"标签向导"对话框。

2）在"标签向导"对话框中列出了 Access 所提供的标签类型以及相应的尺寸数据，如果用户希望自己定义标签的大小，可以单击"自定义"按钮，如图 6.6（1）所示。

3）单击"下一步"按钮，如图 6.6（2）所示，在该对话框中要求选择标签所用的字体以及颜色等信息，在对话框的左边将按照当前的设置做出示例性演示。

4）单击"下一步"按钮，如图 6.6（3）所示，在该对话框中要求选择标签中要使用的字段。从左侧的"可用字段"列表框中将所需字段选择至右部的"原型标签"列表框内。在"原型标签"列表框中可以设置各个字段在原型标签中的位置。

5）单击"下一步"按钮，如图 6.6（4）所示，在弹现的对话框中要求从"可用字段"列表框中选择用于排序的字段，可以进行多层次的排序。

6）单击"下一步"按钮，如图 6.6（5）所示，在该对话框中要求设置标签的标题并选择是在设计视图中继续设计还是预览。

7）单击"完成"按钮，生成如图 6.7 所示的标签，由于"标签向导"功能较简单，所以在字体、格式上都不可能很完善，可以在如图 6.7 所示的设计视图中对标签进行修改。

最后为了将"客户标签"报表按 3 列显示客户信息，需要在其页面设置中指定列数为 3，列布局选择按"先行后列"的布局即可。

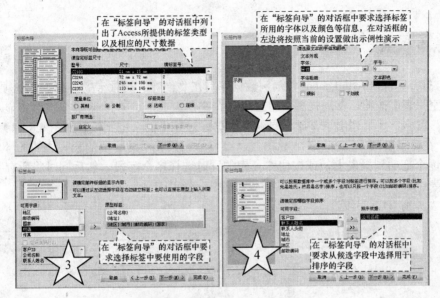

图 6.6 使用标签向导创建标签

图 6.7 客户标签的设计视图

6.2.4 使用空白报表工具创建报表

如果只在报表上放置很少几个字段时，可以使用空白报表工具从头生成报表。这是一种非常快捷的报表生成方式。下面以"Northwind.accdb"示例数据库中的"各类产品"报表为例，介绍用使用空白报表工具创建报表的方法。

"各类产品"报表按类别统计产品数量，并以多列显示各类别中产品的库存量。

操作步骤

1）打开"Northwind.accdb"示例数据库，在"创建"选项卡的"报表"选项组中，单击"空报表"按钮。布局视图中将显示一个空白报表，且 Access 窗口右侧将显示"字段列表"窗格，其中列出了基础记录源或数据库对象中的全部字段，如图 6.8（1）所示。

2）在"字段列表"窗格中，单击包含要显示在报表中的字段的表旁边的加号，将各个字段逐个拖动到报表上，或按住 Ctrl 键的同时选择多个字段，然后同时将所有字段拖动到报表上。如图 6.8（2）所示，在本示例中选择"产品"表的"产品名称"、"库存量"、"类别 ID"字段。

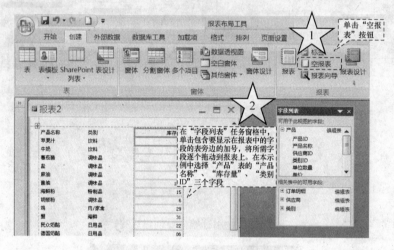

图 6.8　使用空白报表工具创建报表（一）

3）在"格式"选项卡的"分组和汇总"选项组中，单击"分组和排序"按钮会在布局视图下方新增一个"分组、排序和汇总"窗格，用以添加、删除和修改报表中数据的排序方式和分组选项。如图 6.9（3）所示，这也是窗体与报表对象的一大区别。

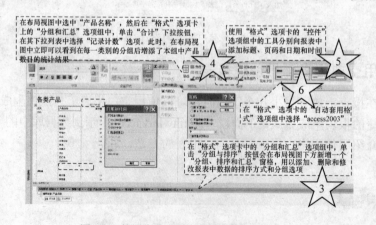

图 6.9　使用空白报表工具创建报表（二）

分组是指将报表中的记录按照某个字段的各个取值划分成不同的组来进行统计操作，并输出统计信息。如图 6.9（3）所示，在"分组、排序和汇总"窗格中单击"添加组"按钮，从字段列表中选择"类别 ID"，Access 会在"分组、排序和汇总"窗格中添加一个基于"类别 ID"的分组。同时在布局视图中可以立即看到按类别分组后的显示效果，在报表中按"类别 ID"字段的不同值将报表分为不同的段落，从而使报表减少了重复，层次更加清晰。

排序是按照某个指定的顺序来排列记录。如图 6.9（3）所示，在"分组、排序和汇总"窗格中单击"添加排序"按钮，从"字段列表"窗格中选择"产品名称"字段，Access 会在"分组、排序和汇总"窗格中添加一个基于"产品名称"的排序依据。同时在布局视图中可以立即看到每个分组内的记录将按照产品名称升序排列的效果。

 提 示

　　分组和排序使用的是同一个窗口。但是如果某字段只是用于排序，则应该选择"无页眉节"和"无页脚节"，图 6.9 中"产品名称"就是只用于排序。如果要分组则至少需在组页眉和组页脚选择一个，例如，按产品的类别名称进行分组的结果如图 6.9 所示。Access 最多可对十个字段和表达式进行分组，即分组字段一定是排序字段，反之，排序字段不一定是分组字段。

4）在布局视图中使用"合计"控件，是向报表添加总计、平均值和其他汇总运算最快的方式。如图 6.9（4）所示，在布局视图中选择"产品名称"，然后在"格式"选项卡的"分组和汇总"选项组中，单击"合计"下拉按钮，在其下拉列表中选择"记录计数"选项。此时，在布局视图中立即可以看到在每一类别的分组后增添了本组中产品数目的统计结果。

5）如图 6.9（5）所示，使用"格式"选项卡的"控件"选项组中的工具分别向报表中添加标题、页码和日期和时间。

6）在"格式"选项卡的"自动套用格式"选项组中提供了多种预定义报表格式，例如，"Access 2003"、"Access 2007"、"顶点"、"平面形状"等，这些格式可以统一地更改报表中所有文本的字体、字号及线条粗细等外观属性。如图 6.9（6）所示，在本示例中选择"Access 2003"选项。

7）单击快速访问工具栏中的"保存"按钮，在"另存为"对话框中，输入"各类产品"作为新对象名。

6.2.5　使用设计视图创建报表

因为 Access 报表对象是 Access 数据库中的一个容器对象，用于承载记录源，并通过相应的控件来显示记录源中的数据。所以，设计一个 Access 报表的过程就是在报表的各个"节"中合理地布局相应控件的过程：一般要先创建一个空白报表，然后为报表指定记录源，再添加各种控件，并将这些控件放置到适当的位置上，以实现数据库应用系统对输出报表的具体需求。

下面将围绕"Northwind.accdb"示例数据库中几个最具代表性的报表，来重点介绍在设计视图中创建报表的方法。

1. "按季度汇总销售额"报表

"按季度汇总销售额"报表是显示各年同一季度销售额的汇总报表。如图 6.10 所示，将其在设计视图中打开，然后双击左上角的"报表选定器"按钮，系统弹出报表的属性窗口，报表的记录源是"按季度汇总销售额"查询。

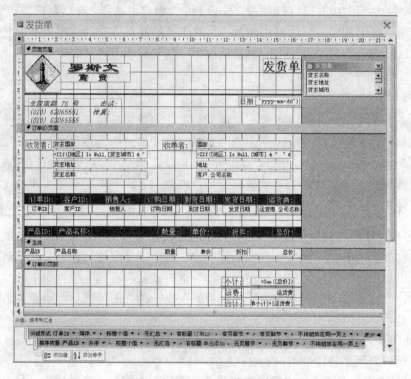

图 6.10　"按季度汇总销售额"报表

报表页眉中，有一个标签用于显示报表的标题；还有一个文本框，取值为表达式"=Format(Date() , "yyyy-mm-dd")"，用于按指定格式显示当前的系统日期。

页面页眉中只有一条水平线，这样会在每页的顶端都打印一条水平线。

在"格式"选项卡的"分组和汇总"选项组中，单击"分组和排序"按钮，然后在设计视图下方新增的"分组、排序和汇总"窗格中，会发现本报表进行了两层的分组嵌套。

除可以直接选择报表的记录源字段作为排序与分组项目外，还可以构造这些记录源字段的表达式作为排序或分组项目，这时，作为排序或分组项目的表达式，是以等号"="开头构造的有效表达式。例如，第一个分组字段为一个表达式"=DatePart("q",[发货日期])"，用于将发货日期转换为季度值，即"按季度"分组。第二个分组字段为发货日期，但分组形式不是"按整个值"，而是"按年"分组。这里展示了两种设置分组字段的方法，其结果是一样的，即可以将第一个分组字段也设为"发货日期"，然后将其分组形式设置为"按季度"即可。

 提 示

设置记录的排序，可以在"报表向导"或设计视图中进行。在"报表向导"中最多只能设置四个排序字段，并且排序只能是字段，不能是表达式。在设计视图中，最多可以设置十个字段或字段表达式，如表达式"=DatePart("q",[发货日期])"。

组页眉显示在每个新记录组的开头，用来在分组的顶端显示适用于整个组的信息。例如，"= DatePart("q" , [发货日期])"组页眉中有一个名为"季度："的标签和取值为表达式"= DatePart("q" , [发货日期])"的文本框，用于标示并返回发货日期所属的季度值；还设置了三个标签，即"年度："、"订单数目："和"销售额："作为各分组的标题信息，分别与"发货日期"组页脚中的三个文本框相对应；另外还添加了四条水平线作为分隔。

"发货日期"组页眉和主体都为空。这是因为主体中一般列出的是满足分组条件的明细记录，在这里只需为每一个年度有一个合计值，所以将其放置在"发货日期"页脚中即可。

组页脚显示在每个分组记录的底端，一般用来汇总分组内的数值数据（求和、计数、平均值等）。例如，"发货日期"组页脚中安排了三个文本框，内容分别如下："= DatePart("yyyy" , [发货日期])"表示将发货日期转换为四位的年份值；

"= Count([订单 ID])"表示用 Count 函数计算各个季度中不同年度的订单数目；

"= Sum([小计])"表示用 Sum 函数计算同一季度中每一年的订单小计的合计值，即各个季度中不同年度的销售额。

"= DatePart("q" , [发货日期])"组页脚中只有一条水平线，这样会在每季度分组的末端都打印一条水平线，用于标识本组的结束。

页面页脚中只包含一个文本框，其值为表达式 = "第" & [Page] & "页" ，用于居中显示页码，无报表页脚。

 **提 示**

"按年度汇总销售额"报表是显示每年各季度的销售额汇总报表，与"按季度汇总销售额"报表非常近似，只是在分组的层次上顺序不一样。"按年度汇总销售额"报表是先按年分组，在同一年份中的数据再按季度分组。"按季度汇总销售额"报表是先按季度分组，再统计出各个季度中不同年度的销售额。可以对照报表预览对比这两个报表的不同之处。

2. "发货单"报表

"发货单"报表提供在单独的页面上打印每张发货单的功能。如图 6.11 所示，将其在设计视图中打开，然后双击左上角的"报表选择器"按钮，系统弹出报表的属性窗口，报表的记录源是"发货单"查询。

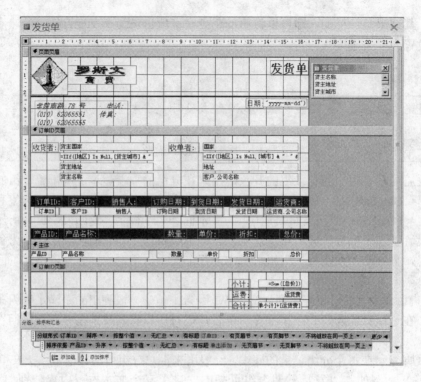

图 6.11　"发货单"报表

　　页面页眉中有公司名称、公司 LOGO、报表名、公司地址、电话、传真和日期信息，它会在每一页的顶端显示。

　　"订单 ID 页眉"是组页眉，分组形式为"按整个值"，表示同一个订单 ID 的信息会显示在同一组中，排序次序为降序表示在预览或打印报表时，最先预览或打印的一份订单是订单号最大的一份订单。订单 ID 组页眉中放置的内容为每一个订单中的唯一信息，如"收货者："和"收单者："的信息，由两个标签和八个文本框组成。其中六个文本框为绑定型控件，其"控件来源"属性为"发货单"查询中的相应字段。还有两个文本框为计算型控件，各用到一个很长的表达式"= IIf([地区] Is Null , [货主城市] & " " & [货主邮政编码],[货主地区] & " " & [货主城市] & " " & [货主邮政编码])"，这是一个 IIF 函数，以逗号"，"为间隔，将其分解成三部分来理解，第一部分是条件——[地区] Is Null，满足条件时显示第二部分的内容——[货主城市] & " " & [货主邮政编码]，若不满足则显示第三部分的内容——[货主地区] & " " & [货主城市] & " " & [货主邮政编码]。

　　而对于每份订单中各个产品的具体内容，在这里需要列出明细，这部分内容适合在主体中进行显示，本例中包含"产品 ID"、"产品名称"、"数量"、"单价"、"折扣"、"总价"六个字段。

　　"订单 ID 页脚"为分组页脚，这里适合显示每个组中的数据汇总信息。在这里计算出了一份发货单的"小计"金额等于各产品的总价之和"=Sum[总价]"，发货单的"合计"金额等于"发货单小计"加上运货费，表达式为"=[发货单小计]+[运货费]"。

在这个报表中还可以学习到如何利用有颜色的水平线及矩形来对数据加以分隔，从而达到美化报表的作用。

3. "各类销售额"报表及"各类销售额"子报表

通过 Access 提供的"主/子报表"功能可以根据需要将多个报表组合成一个报表。合并时必须而且只能有一个报表作为主报表，插入到主报表中的报表称为子报表。

如图 6.12 所示，在"各类销售额"报表中，主报表以图表形式显示各类产品的销售额，在每一个产品大类中，以子报表的形式显示本类别中每种产品的具体销售额。

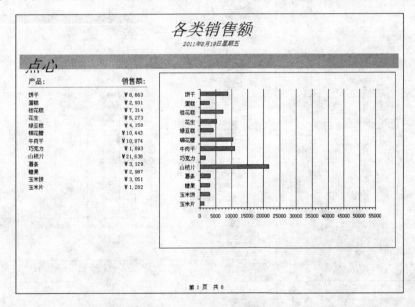

图 6.12　"各类销售额"报表及"各类销售额"子报表

"各类销售额"子报表通过"类别 ID"字段与主报表链接，用于显示当前类别中所有产品的销售额情况。如图 6.13 所示，该报表的记录源为"各类销售额"查询。报表中隐藏了页面页眉/页脚节，只显示主体节。其中只有两个绑定型控件："产品名称"文本框和"产品销售额"文本框，其控件来源分别为"各类销售额"查询中的"产品名称"和"产品销售额"字段。两个文本框的边框均设置为"透明"，并调整主体节的大小以恰好容纳这两个控件为宜。最后设置记录按"产品名称""升序"排序。

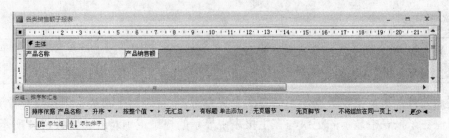

图 6.13　"各类销售额"子报表

如图 6.14 所示，"各类销售额"主报表的记录源也为"各类销售额"查询。报表页眉中只有一个标题标签和一个用于显示当前日期的文本框，无报表页脚；无页面页眉，页面页脚中只有一个用于显示页码的文本框；主体中也无内容。在"分组、排序和汇总"窗格中可以看出，该报表设置了一个"类别名称"组，报表的主要内容都设计在"类别名称"组页眉中。

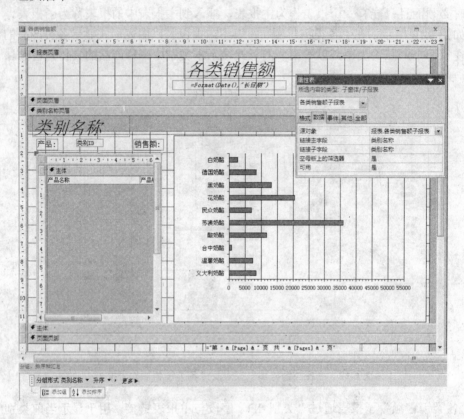

图 6.14   "各类销售额"主报表

在"类别名称"组页眉中，首先安排了一个绑定型文本框，用于显示"类别名称"字段；下面再设置一个文本框，绑定"类别 ID"字段，这个文本框的"可见性"属性设置为"否"，表示在报表中并不显示该控件，这个控件只是在插入图表时作为链接字段。

 提　示

> 设置主报表/子报表链接字段时，链接字段并不一定要显示在主报表或子报表上，但必须包含在主报表/子报表的记录源中。

在插入包含与主报表数据相关信息的子报表时，主报表与子报表必须建立链接关系，从而确保在子报表中显示的记录与在主报表中显示的记录正确对应。如图 6.14 所示，在选择"设计"选项的"控件"选项组中单击"子窗体/子报表"按钮，在"类别 ID"文

本框的下方插入子报表。设置子报表的"源对象"为"各类销售额子报表"，"链接主字段"和"链接子字段"两个属性设置为 "类别 ID"字段，以实现主报表与子报表的链接。

设置好子报表后，可以预览一下，调整子报表以合适的大小，然后在其上的对应位置放置两个标签"产品"和"销售额"，作为子报表中数据的列标题。

 **提 示**

Access 将不打印子报表中的页面页眉和页面页脚，因此，如果将列标题的标签放在子报表的页眉中，则在打印该报表时不会出现这些内容，可以将列标题的标签放在主报表或子报表的报表页眉中。

最后，从"控件"选项组中单击"插入图表"按钮，根据向导提示依次设置创建图表的查询，选择用于图表的字段、图表类型，并将"类别 ID"设置为链接文档和图表的字段，这样就可以实现图表与记录的同步变化。

6.3 输 出 报 表

6.3.1 报表的页面设置

一般情况下，设计报表只有一列，但在实际应用中，报表往往由多列信息组成，称为多列报表。如"Northwind.accdb"示例数据库中的"各类产品"报表，其最大特点是以多列格式按类别显示库存量的统计结果，这是通过页面设置来实现的。

图 6.15 "各类产品"报表的页面设置

在"打印预览"视图中打开"各类产品"报表，单击"页面设置"按钮，弹出"页面设置"对话框，如图 6.15 所示，设置打印方向为"横向"。在"列"选项卡的"网格设置"选项组中，设置"列数"为"3"，表示每页分 3 列，"列间距"选项表示每列之间的距离。"列尺寸"选项组中的"宽度"选项代表每列的宽度。在设置时，需参考所选纸张的大小，来设置节的宽度，如果分多列设置，则每列的宽度乘以列数再加上所有的列间距的总和须小于纸张的宽度。在"列布局"选项组中选中"先列后行"单选按钮，表示每个分组中的数据均从新的一列开始，一列显示不下时才在第二列显示。

右击报表的标题栏，然后从弹出的快捷菜单中选择"设计视图"选项，进入"各类产品"报表的视计视图，如图 6.16 所示，报表的数据源是"各类产品"查询。

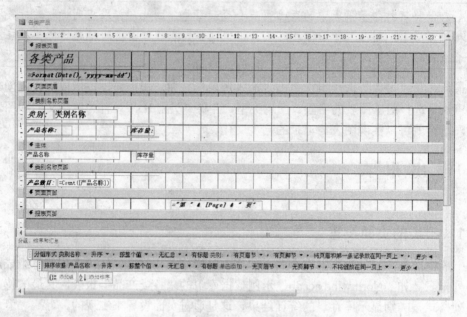

图 6.16　"各类产品"报表的设计视图

在设计视图中安排控件时需按照"页面设置"对话框中设定的列宽来布局，具体可参看标尺。报表页眉中包含两个标签分别用于显示标题及日期，并且使用灰色作为节的背景色。"类别名称页眉"是一个组页眉，在"分组、排序和汇总"窗格中设定"类别名称"为分组字段，并显示组页眉和组页脚。组页眉中含组标题"类别名称"文本框及其标签"类别"，以及为主体节数据提供列标题的标签"产品名称："和"库存量："，另外还有两条粗水平线起到分隔作用。查看组页眉的属性，在格式页面的新行或新列属性中设为"节前"，表示在一组显示完后，在下一列中显示下一组的数据；如果设为"无"，则下一组的数据会接着本组的数据后面显示。可以更改设置并预览，体会该设置的作用。主体节中含绑定型文本框："产品名称"和"库存量"，显示各分组中的明细信息。"类别名称页脚"设置了一个包含产品数目统计值的文本框，其控件来源为表达式"=Count([产品名称])"，Count 函数是一个计数函数，而且有一个标签为这个计算型文本框提供一个标识符。这里在每个分组的结果中画上一条水平线，并在下面统计出这一分组类别中的产品数量。页面页脚中包含页码信息。报表页脚无内容。

提 示

> 如果运行报表时，出现每隔一页都为空白页，这就表示报表的宽度超出了页的宽度。如果移动控件使其靠近或者超出右边距，则右边距也就会自动添加。当它超过 8 英寸刻度时，就无法在一张纸上显示整个页面了，用户所看到的空白页实际上是上一页的右边部分。要解决这个问题，必须缩小左边距或右边距，或者缩小报表宽度。

6.3.2 报表快照

报表可以被导出并保存为多种不同的文件格式，以便将其分发给其他用户。例如，将报表导出并保存为 HTML 文件（.htm 或.html）或文本文件（.txt）等。但是以上文件格式可能不包含在原始报表中存在的所有可视元素，如图形、颜色、线条或边框。而"报表快照"是一种扩展名为.snp 的文件，文件中包含了 Access 报表中每一页的高保真副本，并保留了报表中的二维布局、图形以及其他的嵌入对象。

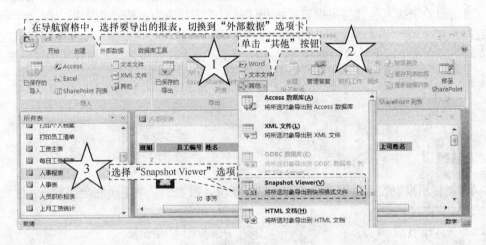

图 6.17 以"报表快照"方式导出报表

如图 6.17 所示，在"导出-Snapshot Viewer"对话框的"文件名"文本框中键入文件名保存该文件即可。

提 示

> 要查看快照文件，必须在计算机上安装 Microsoft Snapshot Viewer 程序。在 Access 的早期版本中，Snapshot Viewer 与 Access 一起安装。但是，Snapshot Viewer 不与 Microsoft Office Access 2007 一起安装。要查看快照文件，必须从 Microsoft 下载中心下载并安装免费的 Microsoft Snapshot Viewer 程序。由于下载 Snapshot Viewer 程序不需要 Microsoft Office Access 2007 许可证，计算机上没有安装 Access 2007 的用户也可以下载 Snapshot Viewer 软件并使用它查看创建的快照文件。

注意：快照是静态数据，即产生的快照只是快照产生那一时刻的报表数据，以后对报表的修改不会影响到快照，用户只有重新生成快照才能获得更新后的数据。

小　结

　　报表是专门为打印而设计的对象，Access 2007 中使用报表对象来实现打印格式数据功能，将数据库中的表、查询的数据进行组合，形成报表，还可以在报表中添加多级汇总、统计比较、图片和图表等。报表的设计方法与窗体的设计相似，可以使用绑定到表或查询中的控件来显示数据；可以在报表中使用复杂的表达式，实现数据的分组、总计等功能；也可以添加直线和图片等美化报表的控件；还可以在报表中使用图表等。

　　子报表是插在其他报表中的报表，主报表与子报表的数据来源有以下几种关系：①一个报表内的多个子报表的数据来自不相关记录源。在这种情况下，未绑定型的主报表只是作为合并不相关子报表的"容器"使用。②主报表和子报表的数据来自相同的记录源。当用户希望插入包含与主报表数据相关信息的子报表时，应该把主报表与一个表格查询或 SQL 语句结合。③主报表和多个子报表数据来自相关记录源。一个主报表也能够包含两个或多个子报表共用的数据。这种情况下，子报表包含与公共数据相关的详细记录。

习　题

一、单选题

　　1. 在使用报表设计器设计报表时，如果要统计报表中某个字段的全部数据，应将计算表达式放在（　　）。

　　　　A. 组页眉/页脚　　　　　　　　　　B. 页面页眉/页脚

　　　　C. 报表页眉/页脚　　　　　　　　　D. 主体

　　2. 以下关于报表的叙述中错误的是（　　）。

　　　　A. 利用报表可以设计计算字段，可以对记录进行分组，计算各组的汇总数据

　　　　B. Access 的报表与窗体不同，报表不能用来输入数据

　　　　C. 主报表可以是绑定型的也可以是未绑定型的，即主报表可以基于也可以不基于表、查询或 SQL 语句

　　　　D. 报表页眉中的任何内容都能在报表的每一页开始处打印一次

　　3. 可以作为报表记录源的是（　　）。

　　　　A. 表　　　　　　　　　　　　　　　B. 查询

　　　　C. SQL 语句　　　　　　　　　　　　D. 表、查询或 SQL 语句

　　4. 确定一个控件在报表中位置的属性是（　　）。

　　　　A. Width 或 Height　　　　　　　　　B. Width 和 Height

　　　　C. Top 或 Left　　　　　　　　　　　D. Top 和 Left

5. 报表有四种视图，分别为设计视图、报表视图、布局视图和（   ）。

    A. 数据表视图   B. 大纲视图

    C. 打印预览   D. 表格视图

二、填空题

1. 控件分为三种类型：_____、_____和_____。

2. 要设置在报表每一页的顶部都输出的信息，需要设置_____。

3. 计算型控件用_____作为控件来源。

4. 报表快照是具有_____扩展名的独立文件，包括报表中所有页的高保真备份。

三、思考题

1. 报表由哪几部分组成？

2. 报表与窗体的区别与联系是什么？

3. 报表的功能是什么？

第 7 章
宏 和 模 块

───────◆ 本章要点 ───────

　　Access 拥有强大的程序设计能力，它提供了功能强大并且容易使用的宏，通过宏可以轻松完成许多在其他软件中必须编写大量程序代码才能。另外一种编写 Access 应用程序的常用工具是 VBA，它是 VB 的一个变形，程序员一般将一些通用的 VBA 代码放在模块中，以实现代码的重用。

本章内容主要包括：

➢ 宏的概念与类型
➢ 创建宏的基本方法
➢ 宏的应用
➢ 模块的概念
➢ 模块的设计与使用
➢ 模块的应用

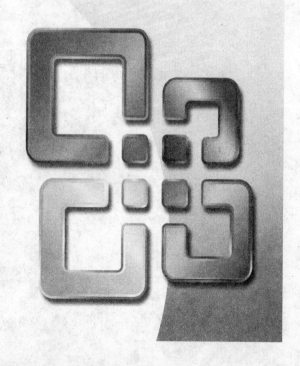

7.1 宏

7.1.1 宏的基本概念

宏是指一个或多个操作的集合，其中每个操作实现特定的功能，例如，打开某个窗体或打印某个报表。通过宏可以将所建的数据库对象构成一个应用系统，比用 VB 等程序设计语言编写代码要更加快速简单，而且不需要记住语法，也不需要编程，只需利用几个简单的宏操作就可以对数据库完成一系列的操作。宏实现的中间过程是自动的。

宏最基本的设计单元为一个宏操作，Access 提供了 50 多种宏操作，常用的宏操作可以按功能分为十大类，如表 7.1 所示。

表 7.1　常用的宏操作

宏 功 能	宏 操 作
打开或关闭数据表、查询、窗体和报表	Close、OpenForm、OpenQuery、OpenTable、OpenReport 等
打印数据	Pirnt
运行查询	RunQuery 和 RunSQL
测试条件和控制动作流	DoMenuItem、CancelEvent、RunCode RunMacros Quit StopMacro 等
设置值	Requery、SendKeys 和 SetValue 等
查找数据或定位记录	ApplyFilter，FindNext、FindRecord 和 GoToRecord 等
建立菜单和运行菜单	Addmenu 和 DoMenuItem 等
控制显示	Echo、GoToPage、GoToControl、Hourglass、Maximiz、Minimize、MoveSize、RepaintObject、Restore、SelctObject、SetWarnings 和 ShowAllRecords 等
通知或警告用户	Beep、MsgBox 和 SetWarnings 等
重新命名，引入和导出对象，执行复制	Rename、TransferDatabase、TransferSpreadsheet、TransferText 和 CopyObject 等

7.1.2 宏的设计与使用

1. 宏的创建

宏的创建非常简单，只要在宏设计视图中按顺序选择一个个宏操作并设置好相应的参数即可。图 7.1 给出了一个"产品列表"宏的例子，它的功能是打开"产品列表"窗体。

从图 7.1 可以看到，宏的设计视图分为两部分。上半部的表用于设置宏的操作，下半部用于设定操作参数。默认情况下，上半部的表由两列组成：操作和注释。"操作"列用于从系统提供的 50 多个宏操作中选择一个，例如，打开窗体的宏操作"OpenForm"；"注释"列是对操作的说明，以便于用户清楚操作的功能。

设计视图的下半部用于设置当前操作的操作参数，如"OpenForm"宏操作的参数有窗体名称、视图、筛选名称等。下半部右侧的 3D 框中给出了帮助信息。

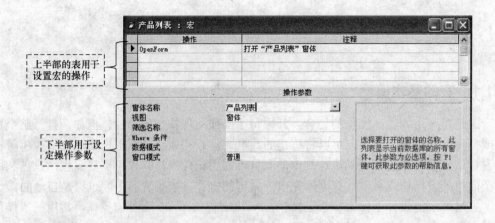

图 7.1　宏的设计视图

2. 宏的运行

宏设计好后，如果当前窗口是宏的设计视图，单击"工具"选项组中的"运行"按钮，即可直接运行宏。

由于宏是具有特定功能的操作集合，因此它更多的是作为窗体或控件等对象的事件响应过程来运行，那么在直接运行宏之前，必须先打开相应的窗体或报表。如图 7.2 所示，在"Northwind.accdb"示例数据库的"供应商"窗体中，通过单击"回顾产品"按钮来打开"产品列表"窗体，就可以在"回顾产品"按钮的单击事件中引用"产品列表"宏，设计方法如图 7.2 所示。

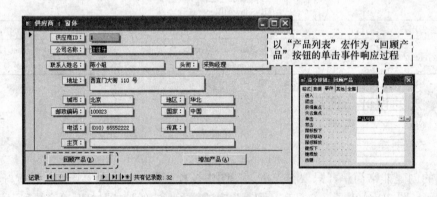

图 7.2　宏的运行

 提　示

什么是事件？Access 提供了大量的对象，几乎所有对象都有属性、方法和事件三大特性，其中事件是对象可以感知的外部动作。

对象的事件一旦被触发，就立即执行对应的事件过程，事件过程可以是 VBA 代码，也可以是一个宏，通过执行事件过程以完成各种各样的操作和任务。如单击窗体上的按钮，则该按钮的 Click（单击）事件便会被触发，指派给 Click 事件的宏或事件程序就跟着被执行。

不同对象有不同的事件集合。进入窗体、报表、控件的"属性表"窗口，切换到"事件"选项卡，可以看到该对象的所有事件。常用的事件根据任务的类型大致可以分成六大类：数据操作事件、窗体报表事件、焦点事件、键盘事件、鼠标事件、错误和计时器事件。

3. 宏的修改

如果需要单击"回顾产品"按钮，而打开的"产品列表"窗体中只列出了当前供应商提供的产品，并且把"产品列表"窗体放在"供应商"窗体内的右下方，则必须对"产品列表"宏做进一步的设计。

Access 提供的宏的修改操作如下。

（1）添加宏操作

在宏的设计视图中定位到要插入的位置，然后单击"工具"选项组中的"插入行"按钮 ⅲ，窗口内将出现一个空白行。在其"操作"列中设定要使用的操作，在窗口的下半部设置操作参数，即可完成宏操作的添加。

（2）删除宏操作

在宏的设计视图中单击要删除的宏操作，然后单击"工具"选项组中的"删除行"按钮 ⅲ。

例如，修改"产品列表"宏，使打开的"产品列表"窗体中只显示与"供应商"窗体中的当前记录具有相同的供应商 ID 的产品。

修改后的产品列表宏如图 7.3 所示。其中，最重要的修改是为 OpenForm 操作设置了 Where 条件：[供应商 ID]=[Forms]![供应商]![供应商 ID]。条件中的等号左边的是"产品列表"窗体数据源字段名，等号右边的是"供应商"窗体中的供应商 ID 控件的值。

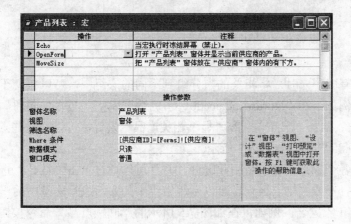

图 7.3 宏的修改

4. 条件宏

单击"设计"选项卡中的"条件"按钮，可以打开或关闭添加宏的"条件"列。在宏的"条件"列中，可以输入逻辑表达式或省略号作为宏操作的执行条件。如果条件是逻辑表达式，则当其值为真时，系统才执行相应的宏操作。如果是省略号，则当省略号前的条件为真时，Access 会执行设置条件的操作及在操作后有省略号的所有操作。图 7.4 是一个条件宏的例子，它在"供应商"窗体中的供应商 ID 值为空时会给出提示信息。

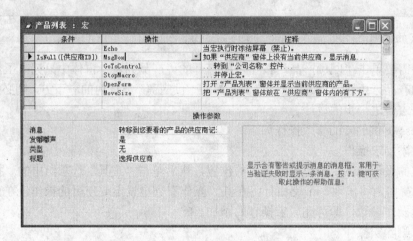

图 7.4 条件宏

提示

宏中使用的条件通常都是逻辑表达式，在输入表达式的过程中，经常要引用某个控制的值，表达式中的控件必须符合以下格式：

```
Forms![窗体名]![控件名]
Reports![报表名]![控件名]
```

7.1.3 宏组

当系统中有多个宏时，将相关的宏分组到不同的宏组中，可以有助于方便地对数据库进行管理。例如，在"Northwind.accdb"示例数据库中，与"供应商"窗体相关的有"回顾产品"宏，增加"产品"宏和"显示相关产品"宏等。可以将这些宏集中起来，形成一个"供应商"宏组，如图 7.5 所示。

宏组中的各个宏是通过宏名相互区分，并且可以通过单击"设计"选项卡中的"宏名"按钮以打开或关闭宏名列。可以引用宏组中的宏，执行宏组中的一部分宏，其使用格式为：宏组名.宏名。例如，在如图 7.5 所示的"回顾产品"命令按钮的单击事件中使用了供应商宏组的"回顾产品"宏作为事件响应。

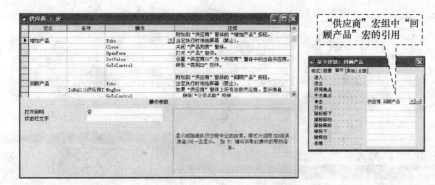

图 7.5 "供应商"宏组

在执行宏组中的宏时，Access 将按顺序执行宏名列中的宏所设置的操作以及其后的宏名列为空的操作。

7.1.4 宏的应用

下面以"Northwind.accdb"示例数据库为例，介绍宏的各种应用。

1. 条件宏的应用

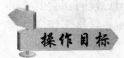

"Northwind.accdb"示例数据库中的"供应商"窗体上验证输入的国家和邮政编码是否相符。由于不同国家/地区的邮政编码规则不一样，所以存储各个国家/地区邮政编码的数据库不能只依靠简单的有效性规则来确保输入的邮政编码的正确性。不过，可以通过创建宏来首先检测国家/地区控件上输入的国家/地区名称，然后再检查邮政编码控件上输入的值是否符合该国/地区的邮政编码规则。

1）打开"Northwind.accdb"示例数据库，在"创建"选项卡的"其他"选项组中，单击"宏"按钮，然后执行"宏"命令，则 Access 打开一个空白的宏的设计视图，如图 7.6 所示。

2）单击"设计"选项卡中的"条件"按钮 ，添加宏的条件列。

3）在宏的设计视图中创建一个宏，根据国家/地区控件的值和邮政编码控件的输入值长度来显示不同的消息，如图 7.6 所示。

4）在设计视图中打开"供应商"窗体，然后将窗体的"更新前"事件过程设置为"验证邮政编码"的宏。

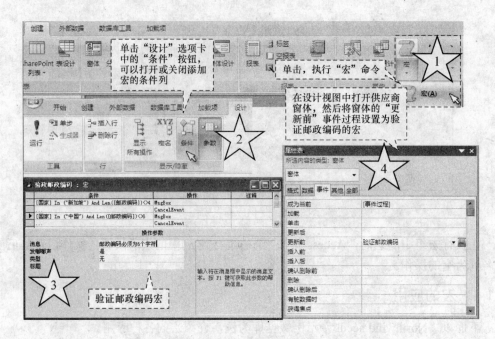

图 7.6　创建条件宏

向窗体上添加新的供应商时，Access.2007 会在输入完新记录，但还没有保存到"供应商"表之前运行有效性规则。如果满足宏中的任何一个条件，Access 将显示相应的信息息并且不将记录保存到"供应商"表中。

2. AutoExec 宏与 AutoKeys 宏

每次打开"Northwind.accdb"示例数据库时，系统都会打开一个启动画面，这是通过把应用程序的启动设置为"启动"窗体来实现的。设置启动窗体的设置步骤详见 5.3.3 节。

当然也可以通过使用 Access 中的"AutoExec"宏来达到同样的目的。每当打开一个数据库时，Access 就会自动扫描是否包含"AutoExec"宏。如果有，则自动执行其中的操作。图 7.7 就是"Northwind.accdb"中的"AutoExec"宏，它在系统启动后自动打开"主切换面板"窗体。

 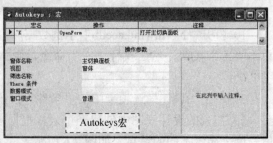

图 7.7　AutoExec 宏与 AutoKeys 宏

"AutoKeys"宏将一个操作或一组操作指派给某个特定的键或组合键。这样，当按指定的键或组合键时，Access 就会执行相应的操作。图 7.7 所示的"AutoKeys"宏使得用户可以用组合键"^K"（Ctrl+K）打开"切换面板"窗体。

3. 宏组的应用

"按金额汇总销售额"报表按金额降序显示销售额，并在第一页只显示十个最大的客户。以销售金额相差 1000 为一个分组，每个分组之间以横线隔开，在每页的页脚中显示每页的销售金额合计数。本示例中没有任何代码，是一个学习宏运用的示例。

进入报表设计视图，如图 7.8 所示，报表的记录源是"按金额汇总销售额"查询。报表页眉中包含报表标题"按金额汇总销售额"及打印日期。页面页眉是为主体进行说明的标题，用标签显示，并以灰色作为背景色。主体节中包含三个文本框字段，它们对应的控件来源分别为"销售金额"、"订单 ID"、"公司名称"。无报表页脚节。

下面重点讨论最后一个名为"计数器"的文本框，如图 7.8 所示。"计数器"文本框的控件来源设为"=1"，并且设置运行总和的属性为"全部之上"，表示将该控件的值随着其在主体中出现的次数累加。出现第一次时值为 1；出现第二次时，用控件来源中的值 1 加上上次出现的值 1，显示为 2；第三次出现时，用控件来源中的值 1 加上上次出现的值 2，显示为 3；以此类推。这种方法常用在报表中，用来统计主体中记录出现的次数或用来实现统计累计数。

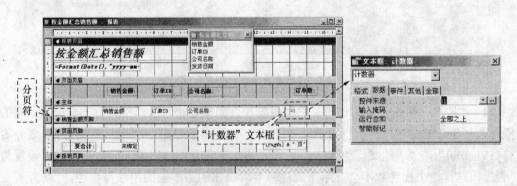

图 7.8 "按金额汇总销售额"报表

 提 示

读者结合本示例可以体会文本框作为计数器的用处，若要体会用作累加器的作用，可以把控件来源改为"销售金额"即可。

"主体"节的下方有一条虚线，这是一个名为"隐藏分页符"的分页符控件。分页符的作用是从放置分页符的位置开始强行分页，下面的数据从下一页中显示。在"主体"的这个位置放置这样一个分页符的作用是显示一行数据后就分页。但通过预览可知本例并没有马上分页，而是在第一页显示了十条数据后才分页的。这个功能是通过宏来实现的。

从数据库的对象中选择宏，选择其中名为"按金额汇总销售额"的宏。切换到"设计"选项卡，打开宏的设计视图。

"按金额汇总销售额"宏组中包含了多个宏，在"宏名"列中显示的是在本宏组中存在的宏，如图 7.9 所示。在执行宏时，如果指定了宏名，将按顺序执行宏名下的每个操作，遇到其他宏名时，则将停止执行。可以使用"宏组名.宏名"的形式来执行宏组中的某个宏。下面依次讲解宏组中的每个宏。

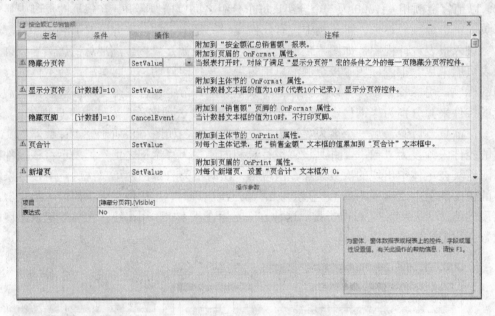

图 7.9　"按金额汇总销售额"宏组

1）"隐藏分页符"宏的作用是将分页符控件隐藏起来，这样报表就不会分页。它的操作为"SetValue"，表示设置值，在下半部的操作参数中，"项目"为"[隐藏分页符].[Visible]"，"表达式"为"No"，表示将"隐藏分页符"控件的可见性属性设置为"否"，这样这个控件就不会显示了。注释字段描述的是本宏的用法与说明。

2）"显示分页符"宏的作用是将分页符在[计数器]=10 时，显示出来并将报表分页。这个宏的操作是"SetValue"，操作参数中，"项目"为"[隐藏分页符].[Visible]"，"表达式"为"Yes"。将宏的条件列设置为"[计数器]=10"，表示只有当满足这个条件时才将"隐藏分页符"的可见性属性设置为"是"。

3）"隐藏页脚"宏的作用是在[计数器]=10 时，取消"销售金额"组页脚中的格式显示。这个宏的操作是"CancelEvent"，表示取消事件的执行，这个操作没有参数。在哪个事件中执行该宏，那么这个事件即被取消操作。执行该宏的条件为"[计数器]=10"。

4）"页合计"宏的作用是将"销售金额"文本框的值累加到"页合计"文本框中。宏的操作是"SetValue"。在操作参数中，"项目"为"[页合计]"，"表达式"为"[页合计]+[销售金额]"。

5)"新增页"宏的作用是每一个页面开始时,将"页合计"控件中的值设置为"0"。宏的操作是"SetValue"。在操作参数中,"项目"为"[页合计]","表达式"为"0"。

下面来介绍各个宏在本报表中是如何调用的,首先查看主体节的事件,如图 7.10 所示。主体的"格式化"事件中设置为"按金额汇总销售额.显示分页符",表示在格式化主体节时,执行"按金额汇总销售额"宏组中的"显示分页符"宏。如果满足条件,即可显示分页符。另外主体的"打印事件"中设置为"按金额汇总销售额.页合计",表示主体中的每一条记录都会发生 Print 事件。这样,当前记录显示一次就会在"页合计"文本框中累加一次,实现了页面的累加功能。

 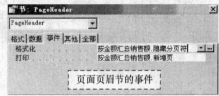

图 7.10　主体节与页面页眉节的事件

继续分析页面页眉的事件,如图 7.10 所示。在页面页眉"格式化"事件中调用"隐藏分页符"宏,表示在显示每页页眉前就先将分页符控件隐藏,并配合主体格式化时调用的"显示分页符"宏,这样就可以实现在第一页显示十条数据的功能。页面面眉"打印"事件中调用"新增页"宏,表示在每页页眉显示前把当前页的"页"合计文本框中的值清零。

销售金额页脚是一个组页脚,在排序与分组的设置中,只设置了页脚,没有设置组页眉。分组形式为"间隔",组间距为"1000",表示按销售金额的数值,每隔 1000 分一组,排序次序为降序,这样就会按销售金额由大到小显示。销售金额页脚中只有一条水平线,用于分隔每组,在"格式化"事件中调用"隐藏页脚"宏。这是因为在主体中运行了"显示分页符"宏,在第十条数据时插入了分页符,这样该组的组页脚就会显示到下一页中,所以这里设置了"隐藏页脚"宏。

页面页脚中包含一条粗水平线及页码,另外还有一个名为"页合计"的文本框,内容未绑定,"页合计"文本框中的值是结合页面页眉"打印"事件中的"按金额汇总销售额.新增页"宏及主体"打印"事件中的"按金额汇总销售额.页合计"宏来生成的。

7.2　模　　块

7.2.1　模块的基本概念

VBA（Visual Basic for Applications）是微软公司在 Microsoft Office 套件中内嵌的一种应用程序开发工具。VBA 由 VB 发展而来,其很多语法源自 VB,所以可以像编写 VB 程序那样编写 VBA 程序,以实现某个功能。VBA 程序编译通过后,将保存在 Access 的一个模块里，并通过类似在窗体中激活宏的操作来启动该模块，从而实现某一特定功能。

模块作为 Access 的对象之一，用于存放用户编写的 VBA 代码。模块将 VBA 声明、过程和函数结合在一起，并作为一个整体被存储和使用。利用模块可以将各种数据库对象连接起来，从而使其构成一个完整的系统。

Access 中的模块分成两种基本类型：标准模块和类模块。类模块是指包含新对象定义的模块，在模块中定义的任何过程都将成为对象的属性和方法。Access 2007 中的类模块与窗体和报表相关联，也就是说，窗体模块和报表模块就是与特定窗体和报表相关联的类模块。窗体模块和报表模块常常包括事件过程，它用来响应窗体和报表中的事件，用户使用事件过程对控制窗体和报表的行为以及对用户操作做出响应。

标准模块是指存放整个数据库都可用的子程序和函数的模块。标准模块包括通用过程和常用过程。通用过程不与任何对象相关联，常用过程可以放在数据库的任意位置并且可被直接调用执行。

 **提 示**

宏和模块都是实现数据库操作自动化的重要工具。对于相对简单的工作，例如，打开、关闭窗体，使用宏较为直观和简便。对于复杂的系统操作，例如，引用自定义函数、使用 ADO 组件等就必须使用模块。宏和模块之间可以互相调用。模块是由 VBA 语言来实现的，而宏的每个基本操作在 VBA 中都有相应的等效语句，使用这些语句就可以实现所有单独的宏命令。模块和宏的使用方法类似，Access 中的宏可以方便地转换成模块。

将宏保存为模块，可以加速宏操作的执行速度。要将宏转化为模块，只要在数据库窗口中选择这个宏，然后单击数据库左上角的"Office 按钮"按钮，在弹出的下拉菜单中执行"另存为"命令，弹出"另存为"对话框，然后在"保存类型"下拉列表中选择"模块"选项。单击"确定"按钮，弹出"转换宏"对话框，选中"给生成的函数加入错误处理"和"包含宏注释"复选框后，单击"转换"按钮即可将这个宏转换为模块。

7.2.2 模块的设计与使用

Access 利用 Visual Basic 编辑器（Visual Basic Editor，VBE）来编写函数、过程以及完成其他功能的代码。VBE 以微软的 VB 编程环境的布局为基础，实际上是一个集编辑、调试、编译等功能于一体的编程环境。所有的 Office 应用程序都支持 VB 编程环境，而且其编程接口都是相同的。使用该编辑器可以创建过程，也可以编辑已有的过程。

VBE 界面分为菜单、工具栏和窗口三个部分。图 7.11 为一个 VBE 窗口，窗口中的各个部分已经给出了相应的标识。

（1）菜单

VB 开发环境中包括"文件"、"编辑"、"视图"、"插入"、"调试"、"运行"、"工具"、"外接程序"、"窗口"和"帮助"等十个菜单。

（2）工具栏

默认情况下，在 VBE 窗口中将显示"标准"工具栏，用户也可以通过执行"视图→工具栏"，菜单中的相关命令来显示其他工具栏。

（3）窗口

在菜单栏和工具栏下方是主要的工作区，左侧上方为工程资源管理器，它显示了当前工程中的所有的类对象，窗体、报表及自己建立的类及模块都会在列表中显示出来。右方的窗体是代码编辑窗，在这里进行 VBA 程序的编写与修改。从"视图"菜单中可以添加其他窗口，如"本地窗口"，"立即窗口"等。在 VBE 窗口中提供有工程资源管理器窗口、属性窗口、对象组合框等多个窗口。

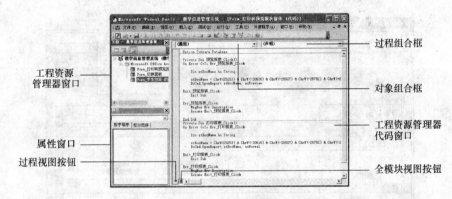

图 7.11　VBE 窗口

 提　示

可以通过以下几种方法打开 VBE 窗口。

方法 1： 新建或打开一个 Access 应用程序，切换到"数据库工具"选项卡，然后单击"宏"选项组中的"Visual Basic"按钮，即可打开 VBE 窗口。

方法 2： 在数据库窗口中切换到"创建"选项卡，在"其他"选项组中单击"宏"按钮，然后在弹出的下拉列表中选择"模块"选项。

方法 3： 在"所有 Access 对象导航窗格"中找到已经创建的模块，然后双击该模块即可进入 VBE 窗口。

方法 4： 在窗体中打开控件的"属性表"窗口，切换到"事件"选项卡，单击任一事件右侧的"生成器"按钮，在弹出的"选择生成器"对话框中选择"代码生成器"选项，然后单击"确定"按钮即可进入 VBE 窗口。

下面以"Northwind.accdb"示例数据库中的"各国雇员销售额"报表为例，介绍使用 VBA 编程的方法。

 操作目标

"各国雇员销售额"报表实现按国家和雇员分组打印销售额，并计算小计、百分比、总计等。运行时需要输入日期参数。如果雇员的总销售额>5000，则还会显示"超额完成"标签。这个报表中没有用到宏，有关功能都是通过 VBA 编程来实现的。

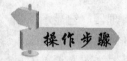

1）打开"Northwind.accdb"示例数据库，进入"各国雇员销售额"报表的设计视图，如图 7.12 所示。

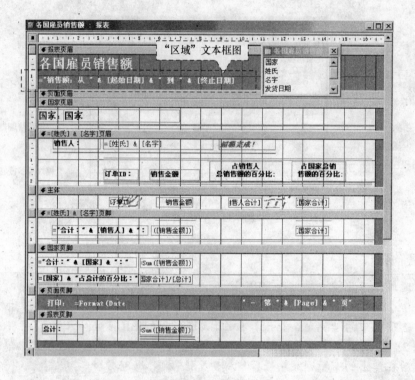

图 7.12　"各国雇员销售额"报表的设计视图

报表的记录源是"各国雇员销售额"查询，且"各国雇员销售额"查询是个参数查询，所以在报表运行时系统会提示要求输入参数。

报表页眉中包含报表标题和一个统计的日期范围，这个范围是由一个名为"区域"的文本框实现的。文本框的控件来源为：="销售额：从 " & [起始日期] & " 到 " & [终止日期]。它用 "&"（字符串连接符）将三部分的字符串连接起来，其中"起始日期"和"终止日期"是数据源中的参数，可以直接在报表中使用，从而在运行时弹出提示框要求输入日期值。另外，报表页眉也设置了深灰色的背景色。

页面页眉无内容。"国家页眉"是组页眉，即按国家分组，其中包含一个标签，一个"国家"文本框，用一条粗线作分隔。

"=[姓氏] & [名字]"页眉是一个二层组页眉，嵌套在第一层"国家组"中，即按姓名分组。由于数据源中并没有直接的姓名字段，所以将"姓氏"和"名字"用连字符"&"连起来使用。"保持同页"设置为"与第一条详细记录"，表示该组中的内容，第一条数据要与组页眉在同一页。本组页眉中有一个显示姓名的文本及一些提示标签，给主体内容以标示。另外还有一些分隔线。设成红色字体的"超额完成"是否显示是通过代码来实现的。

2）在代码编辑器（VBE）中写入代码，可以通过事件属性进入 VBE（Visual Basic 编辑器）。在这里，先定位到"=[姓氏] & [名字]"页眉，双击该节前的"节选定器"会弹出该节的"属性"窗口，切换到事件属性，如图 7.13 所示。

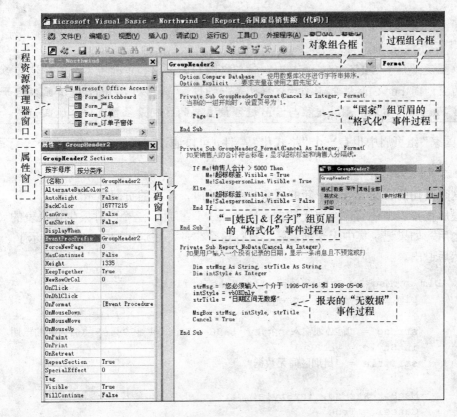

图 7.13 "各国雇员销售额"报表的事件过程

在"=[姓氏] & [名字]"组页眉的"格式化"事件中加入代码，单击右侧的生成器（即有…的小方框），即可打开 VBE 窗口，以及可自动加上 Sub 过程的开始与结束语句，并且只需在中间写上如下语句即可。

```
If Me!销售人合计 > 5000 Then
        Me!超标标签.Visible = True
        Me!SalespersonLine.Visible = True
    Else
        Me!超标标签.Visible = False
        Me!SalespersonLine.Visible = False
    End If
```

这里用到一个条件结构：IF...then…else…END IF。结合本示例的含义：销售人合计>5000 时，超标标签的内容"超额完成"即可显示出来，下面的横线也可见；否则超标标签不可见，下面的横线也不可见。

 **提 示**

> 过程就是指能够执行特定功能的语句块，可分为两种：Sub 过程与函数过程。
>
> Sub 过程 1 ()
>
> ……
>
> End Sub
>
> 以上便是一个 Sub 过程，以 Sub 加过程名及()开始，()中放置参数，如没有参数则保留为空；以 End Sub 结束。函数过程也是一种过程，可以以 Function 加函数名开始，以 End Function 结束。函数过程与 Sub 过程最主要的区别是函数有一个返回值。

"国家"组页眉中也有一个"格式化"事件，可以通过同样的方法编写如下一行语句：

```
Page = 1
```

这个语句的含义为当一个新的国家分组开始时，该页的页码显示为 1。

最后在报表中还有一个"无数据（NoData）"事件，这个事件发生在报表的 Open 事件之后，如果记录集中无数据，就会执行这个事件，在这里用 MsgBox 显示了一个信息，然后退出。

```
Dim strMsg As String, strTitle As String
    Dim intStyle As Integer

    strMsg = "您必须输入一个介于 1996-07-16 和 1998-05-06 之间的日期。"
    intStyle = vbOKOnly
    strTitle = "日期区间无数据"

    MsgBox strMsg, intStyle, strTitle
    Cancel = True
```

3）主体节包含四个文本框控件，前两个来自于数据源中的字段，"占销售人总销售额的百分比"文本框的控件来源为"=[销售金额]/[销售人合计]"，[销售人合计]是姓名页脚中的字段，格式设为百分比。同样地，"占国家总销售额的百分比"文本框的控件来源为"=[销售金额]/[国家合计]"，格式为百分比，[国家合计]是国家页脚中的字段。

"=[姓氏] & [名字]"页脚是与"=[姓氏] & [名字]"页眉相对应的组页脚，包含三个文本框，"雇员合计标题"文本框的控件来源为表达式 ="合计：" & [销售人] & "："。"销售人合计"文本框的控件来源为表达式=Sum([销售金额])，对本组中的销售金额用聚合函数进行求和，在组页眉或页脚中可以访问本组中的数据。"占国家总销售额的百分比 2"的控件来源为表达式"=[销售人合计]/[国家合计]"，与"占国家总销售额的百分比 1"的区别为这是一个人的总销售额占国家合计的百分比，而不是每笔订单占国家合计的比例。

国家页脚中有四个文本框，与"=[姓氏] & [名字]"页脚相同，只是所在的分组不同，所以访问的数据也不同。可以对比两个相同的控件来源"=Sum([销售金额])"在两个组页脚中所产生的不同数据。

页面页脚中包含日期和页码，背景为灰色。报表页脚中包含全部销售额的汇总，控件来源还是相同的表达式"=Sum([销售金额])"。

7.2.3　模块的应用

在 Access 2007 中，使用宏可以完成许多任务，但是有些工作却需要使用 VBA 而不是宏来完成。

1. 自行创建函数

Access 包含许多内置的函数，例如，用于计算内部收益率的 MIRR 函数。在计算时使用这些函数可以避免创建复杂的表达式。使用 VBA 还可以创建自己的函数，通过这些函数可以执行表达式难以胜任的复杂计算，或者用来代替复杂的表达式。此外，也可在表达式中使用自己创建的函数对多个对象应用公共操作。

图 7.14 所示是一个用 VBA 编写的函数，它能够将汉字按照拼音进行排序，而这项工作用宏就很难完成。

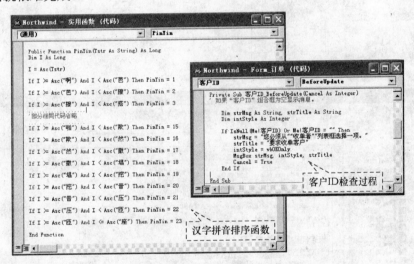

图 7.14　汉字拼音排序函数与客户 ID 检查过程

2. 处理错误消息

如果在使用数据库的过程中遇到意外情况，Access 将显示一则错误消息。这种消息对用户而言可能是难以理解的，因为它使用的通常是一些专门术语。可以利用 VBA 编写错误处理程序，显示自己指定的消息或执行某些操作。

图 7.14 所示是一个用 VBA 为"Form_订单"窗体的"BeforeUpdata"事件编写的事件过程，其作用是检查订单中客户 ID 是否为空。

3. 创建或处理对象

在大多数情况下，在对象的设计视图中创建和修改对象是最简易的方法。而在某些情况下，可能需要在代码中对对象进行定义。使用 VB 可以处理数据库中所有的对象，包括数据库本身。

例如，在"Northwind.accdb"示例数据库的"产品"窗体中的"输出产品列表为 HTML"命令按钮。这个按钮的功能是利用 VBA 编程方式实现的，查看该按钮的"事件"属性，在"单击"事件后面显示为"事件过程"，单击右侧的生成器按钮来查看代码的内容。读者自己编写代码时，也是首先定位到某个具体的事件上，然后单击其右侧的生成器按钮，即可进入 VBE 窗口进行代码的编写，如图 7.15 所示。

这里的 On Error GoTo 的语句是系统自动生成的错误捕获处理语句。核心的语句：DoCmd.OutputTo acOutputReport, "按汉语拼音顺序的产品列表", acFormatHTML, "Products.htm", True, "Nwindtem.htm"。其中，用逗号"，"间隔的是几个参数，表示按 HTML 格式输出"按汉语拼音顺序的产品列表"报表，名字为"Products.htm"，并自动打开 IE 浏览器显示输出结果。

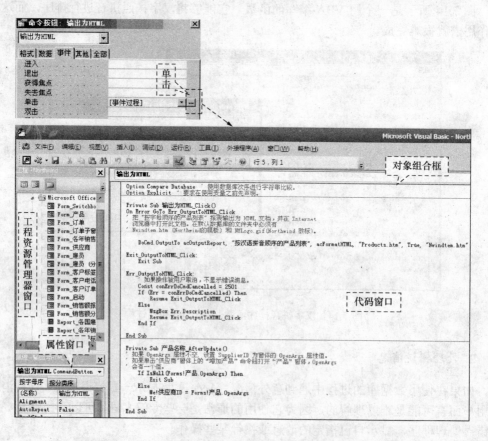

图 7.15　"输出产品列表为 HTML"命令按钮的事件过程

提 示

读者在今后的学习中，遇到没用过的语句，可以定位在上面，按 F1 键调用系统的帮助，就可以查看对应的帮助。例如，在这里可以定位到 OutputTo 上面并按 F1 键。

4. 执行系统级操作

虽然宏操作 RunApp 可以在一个应用程序中运行另一个应用程序，但是它具有很大的局限性。而使用 VB 则执行更多的系统级操作，如查看系统中是否存在某个文件，与另外一个 Windows 应用程序（如 Microsoft Excel）进行通信、调用 Windows 动态链接库（DLL）中的函数等。

例如，在"Northwind.accdb"示例数据库中的"雇员"窗体中添加雇员的照片时，需要通过 Office 文件对话框打开图形文件，相应的 VBA 程序如图 7.16 所示。

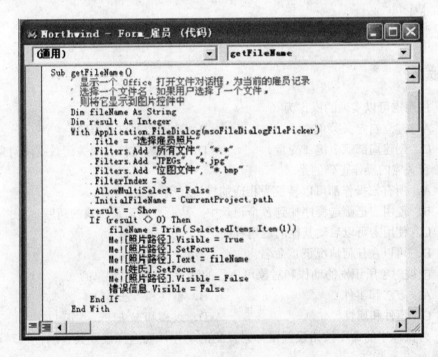

图 7.16　打开图形文件

5. 一次处理多条记录

使用 VB 可以一次选择一个记录集或是单条记录，并对每条记录执行一项操作。而宏只能一次对整个记录集进行操作。

6. 将参数传递给 VB 过程

创建宏时，可以在宏窗口的下半部设置宏操作的参数，但在运行宏时无法对参数进行更改。而 VB 则可在程序运行期间将参数传递给代码，或者可以将变量用于参数中，而这在宏中难以做到。

小　结

在 Access 数据库中，宏和 VBA 都是编写应用程序的常用工具。宏是一个或多个操作的集合，其中每个操作实现特定的功能，灵活地使用宏可以方便地完成多项任务。例如，打开窗体或打印报表等。

VBA 是微软公司在 Microsoft Office 套件中内嵌的一种应用程序开发工具。VBA 与 VB 具有相似的语言结构和开发环境，它能够完成许多宏不能承担的工作，如自行创建函数、处理错误消息、创建或处理对象等。

习　题

一、单选题

1. 使用宏可以实现的操作为（　　）。
   A. 建立自定义菜单栏　　　　　B. 实现数据自动传输
   C. 创建局部赋值键（变量）　　D. 可以随时打开或关闭数据库对象
2. 有关宏的操作正确的是（　　）。
   A. 所有宏操作都可以转换为相应的模块代码
   B. 使用宏把筛选程序加到各个记录中，从而提高记录查找的速度
   C. 使用宏可以启动其他的应用程序
   D. 可以在任何情况下重命名
3. 能被对象所识别的动作和对象可执行的活动分别称为对象的（　　）。
   A. 方法和事件　　　　　　　　B. 事件和方法
   C. 事件和属性　　　　　　　　D. 过程和方法
4. 为窗体中的命令按钮设置鼠标时发生的动作，应选择设置其"属性"对话框的（　　）。
   A. "格式"选项卡　　　　　　　B. "事件"选项卡
   C. "方法"选项卡　　　　　　　D. "数据"选项卡
5. 在宏中运行 Windows 应用程序，要采用（　　）操作。
   A. RunCommand　　　　　　　B. RunApp
   C. RunSQL　　　　　　　　　　D. RunMacro
6. 为宏添操作条件，如果要延续前一个条件，在条件栏填写（　　）。
   A. 不必填写　　　　　　　　　B. 重复填写条件
   C. 填写　　　　　　　　　　　D. 填写 Continue

7. 在宏操作中, 焦点移动到某个控件, 可以用 (　　)。

    A. GotoControl   B. GotoPage

    C. GotoObject   D. GotoRecord

8. 在宏中调用计算器, 要采用 (　　) 操作。

    A. RunCommand   B. RunApp

    C. RunSQL   D. RunMacro

二、填空题

1. 默认设置下, 宏的设计视图分为三个部分: _____、_____ 和 _____。

2. 调用宏组中的宏的方法是在执行宏对话框中输入 _____。

3. VBA 程序保存在 _____ 文档内, 无法脱离 _____ 应用环境而独立运行。

4. MsgBox 宏操作的作用是 _____。

5. 模块编写的脚本是 _____。

6. 在窗体、报表或控件的事件中调用宏, 可将事件属性设置为 _____。

三、思考题

什么是事件? 什么是事件过程?

参 考 文 献

巴尔特. 2008. Access 2007 开发指南[M]. 北京：人民邮电出版社.

布鲁特曼. 2008. Access Cookbook 中文版：数据分析详解[M]. 北京：清华大学出版社.

克罗恩克. 2008. 数据库原理[M]. 第 3 版. 北京：清华大学出版社.

罗摩克里希纳. 2007. 数据库管理系统原理与设计[M]. 第 3 版. 北京：清华大学出版社.

王珊，萨师煊. 2006. 数据库系统概论[M]. 第 4 版. 北京：高等教育出版社.

西尔伯沙茨，等. 2006. 数据库系统概念[M]. 第 5 版. 杨冬青等译. 北京：机械工业出版社.

詹尼斯. 2009. Access 2007 应用大全[M]. 北京：人民邮电出版社.

CCI Learning Solutions Inc. 2011. Microsoft Office Access 2007 专业级认证教程[M]. 北京：中国铁道出版社.